Proyectos de instalaciones eléctricas de baja tensión
Aplicación a edificios de viviendas

Asunción León y Enrique Belenguer

Proyectos de instalaciones eléctricas de baja tensión
Aplicación a edificios de viviendas

Asunción León y Enrique Belenguer

Marcombo

Proyectos de instalaciones eléctricas de baja tensión. Aplicación a edificios de viviendas

Segunda edición, 2021

Diseño y maquetación: cuantofalta.es
Imagen de la cubierta: María Blasco Arnandis
Diseño de la cubierta: ENEDENÚ DISEÑO GRÁFICO

ISBN: 978-84-267-3178-4

D.L.: B 1486-2021
Impreso en Servicepoint
Printed in Spain

Presentación

Este libro surge como una revisión de la primera edición publicada en el 2013. En estos últimos 7 años se han producido cambios importantes en las instalaciones que han hecho necesario reelaborar algunos aspectos y actualizar otros. Los más notables son la inclusión de las instalaciones para recarga de vehículos eléctricos, la utilización de contadores inteligentes para la tarificación de la energía y la publicación del *Real Decreto 842/2013, de 31 de octubre, por el que se aprueba la clasificación de los productos de construcción y de los elementos constructivos en función de sus propiedades de reacción y de resistencia frente al fuego*, que transpuso el Reglamento Europeo de Productos de la construcción (PCR).

Por ello, hemos tratado de actualizar el texto a todos esos cambios, además de corregir algunos errores de la anterior edición. Esperemos que este libro actualizado sea de utilidad tanto a estudiantes, docentes como profesionales del ámbito de instalaciones eléctricas de baja tensión.

Aprovechamos esta presentación para agradecer la colaboración y todo lo que aportó en su momento nuestro compañero Vicente Sanmartín Sáez, quien ha preferido desmarcarse de esta nueva publicación.

Los autores

Índice

1 Descripción de las instalaciones eléctricas en edificios de viviendas

1.1 Introducción

Las instalaciones eléctricas en edificios de viviendas se caracterizan, respecto a otros tipos de instalaciones eléctricas, porque su configuración, componentes y características están perfectamente definidas y normalizadas en el Reglamento Electrotécnico de Baja Tensión (REBT). El contenido de este libro se centra precisamente en realizar la descripción detallada de cada una de las partes que componen dichas instalaciones atendiendo principalmente a las condiciones de diseño que deben regir la elaboración de un proyecto de instalación eléctrica. Por este motivo, el libro está fundamentalmente dirigido a los técnicos encargados de la elaboración de los proyectos o de las memorias técnicas de diseño pertinentes, aunque igualmente puede ser de interés para las personas encargadas de la ejecución y supervisión de las instalaciones.

Las instalaciones eléctricas en edificios de viviendas tienen algunos elementos específicos que las caracterizan respecto a otros tipos de instalaciones eléctricas como puedan ser la de una industria o de un edificio comercial. Sin embargo, comparten, como es obvio, muchos conceptos de diseño comunes con estas últimas como es, por ejemplo, el cálculo de la sección de las líneas o la selección de protecciones. Por este motivo, en el libro se tratan dichos aspectos de diseño de forma general, es decir, válida para cualquier instalación eléctrica de baja tensión y, posteriormente, se particularizan para las instalaciones específicas de los edificios de viviendas.

En este capítulo se realiza una descripción inicial y básica de todas las partes que componen una instalación eléctrica de un edificio de viviendas. Sin embargo, y como paso previo, se considera interesante conocer la estructura global del sistema eléctrico que alimenta a los edificios de viviendas y a cualquier otra instalación eléctrica. Debe tenerse en cuenta que para algunos aspectos de diseño, el proyectista debe disponer de cierta información que le permita modelar la red eléctrica que alimenta la instalación que está proyectando. En este sentido, la Figura 1.1 representa la estructura de un sistema eléctrico de potencia cuya función es la de generar, transportar y distribuir la energía eléctrica desde las centrales de generación eléctrica hasta los diferentes puntos de consumo. Como se aprecia en la figura, la energía eléctrica se genera en centrales eléctricas de diverso tipo como centrales hidroeléctricas, nucleares, de ciclo combinado, etc. y que disponen de generadores eléctricos trifásicos que producen la energía a una tensión típica de 20.000 V. Puesto que este nivel de tensión es demasiado reducido para transportar la energía, ya que se necesitarían corrientes muy elevadas, es necesario elevar la tensión a la salida de las centrales a valores superiores. Con estas tensiones más elevadas, que en España tienen valores típicos de 220 y 400 kV, se transporta la energía eléctrica mediante líneas de transporte que son usualmente aéreas.

Una vez que la energía se aproxima a los centros o puntos de consumo, se hace necesario reducir la tensión para aproximarla a sus valores de utilización, proceso que se suele realizar en varios pasos. El elemento encargado tanto de elevar la tensión del sistema eléctrico como de reducirla es el transformador. Los parques de transformadores que se utilizan para elevar o reducir la tensión en los niveles de alta y media tensión se denominan subestaciones transformadoras (ST) e incluyen, además de los transformadores, toda la aparamenta de protección, medida y maniobra necesaria. Por otro lado, los centros que reducen la tensión desde el nivel de media (20.000 V usualmente) al nivel de baja (400 V) se denominan centros de transformación (CT). Las líneas eléctricas de 20.000 V constituyen la red de distribución de media tensión y pueden ser líneas tanto aéreas como subterráneas. En zonas urbanas se utilizan preferentemente líneas subterráneas mientras que en zonas rurales, debido a su menor coste, se prefiere la utilización de líneas aéreas. El último nivel de distribución lo constituyen las líneas de distribución de baja tensión que son las que alimentan a los consumos de baja como pueden ser los edificios de viviendas.

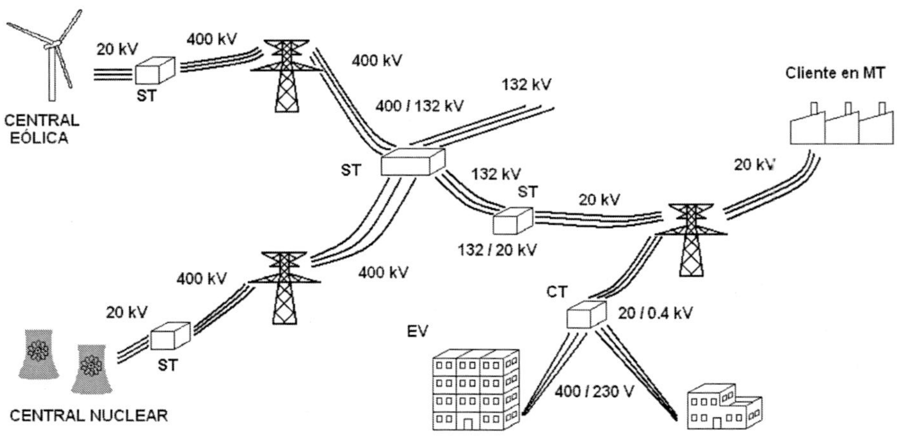

Figura 1.1. *Esquema del sistema eléctrico*

En la Figura 1.2 se muestra el diagrama unifilar simplificado de un sistema eléctrico en el que las líneas trifásicas se representan mediante un único hilo. En la figura se aprecian los tres niveles típicos de un sistema eléctrico de potencia: generación, transporte y distribución de la energía eléctrica. Como se aprecia, los transformadores se encargan de interconectar los diferentes niveles de tensión del sistema.

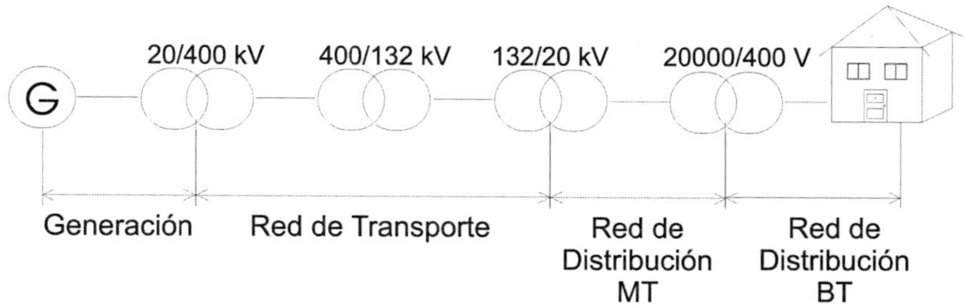

Figura 1.2. Esquema unifilar simplificado del sistema eléctrico

1.2 Instalación eléctrica de un edificio destinado principalmente a viviendas

Según el REBT la instalación eléctrica de un edificio de viviendas se compone de las siguientes instalaciones y elementos:

1. Acometida
2. Instalaciones de enlace
    - 2.1 Caja general de protección
    - 2.2 Línea general de alimentación
    - 2.3 Centralización de contadores
    - 2.4 Derivaciones individuales
    - 2.5 Caja para interruptor de control de potencia
    - 2.6 Dispositivos generales de mando y protección
3. Instalaciones interiores
4. Instalaciones de los servicios generales
5. Instalación de puesta a tierra

La Figura 1.3 muestra, simplificado, un edificio de viviendas sobre el que se han representado algunos de los elementos principales de la instalación eléctrica. Siguiendo el flujo de energía, desde la red eléctrica hacia los consumos de las viviendas, el primer elemento que aparece es la acometida.

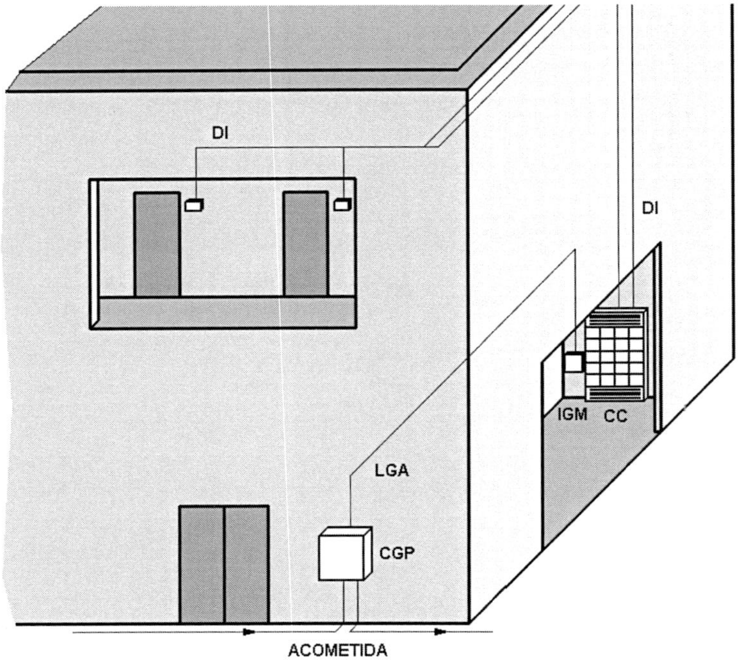

Figura 1.3. Instalaciones de enlace en un edificio de viviendas

Según la instrucción ITC-BT-11, la acometida es la parte de la red de distribución que alimenta a la Caja General de Protección. El propietario de la misma es, por tanto, la empresa eléctrica de distribución.

A continuación de la acometida se encuentran las instalaciones de enlace que unen (según la ITC-BT-12) la Caja General de Protección (CGP) con las instalaciones interiores de cada una de las viviendas del edificio.

La Caja General de Protección aloja los elementos de protección (fusibles) de la línea o líneas generales de alimentación (LGA), las cuales alimentan al cuadro de contadores o Centralización de Contadores (CC). Como se aprecia en la Figura 1.3, la CGP se instala usualmente en la fachada exterior del edificio con el objeto de facilitar el acceso. Cuando la acometida es aérea, la CGP se suele colocar a cierta altura (entre 3 y 4 metros) sobre el suelo mientras que si la acometida es subterránea, se instala dentro de un nicho fabricado en la fachada. La Figura 1.4 muestra una CGP con acometida subterránea y su esquema eléctrico. Se aprecia en la figura la posición de los tres conductores de fase, protegidos mediante fusible, y la del conductor neutro situado a la izquierda de las fases y sin protección.

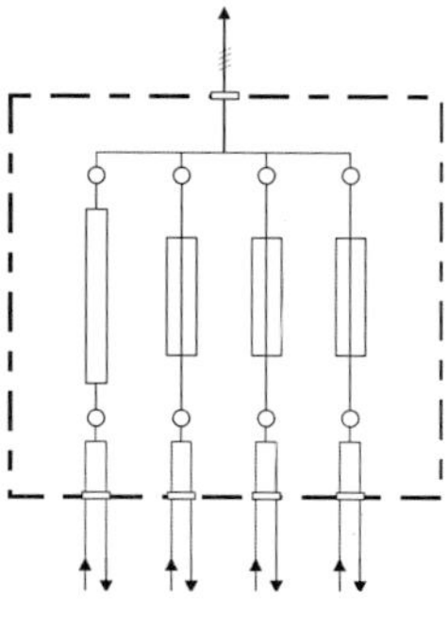

Figura 1.4. Fotografía y esquema de una CGP con acometida subterránea

De la CGP sale la Línea General de Alimentación (LGA) que alimenta al cuadro de contadores. A la entrada de este cuadro se sitúa un Interruptor General de Maniobra (IGM) que permite desconectar toda la instalación en caso necesario. La Figura 1.5 muestra el cuadro para la centralización de contadores que se construye de forma modular adaptando su tamaño al número de viviendas y, por tanto, de contadores del edificio. Como se aprecia, el IGM se coloca sobre un módulo situado, en este caso, en la parte inferior izquierda del cuadro.

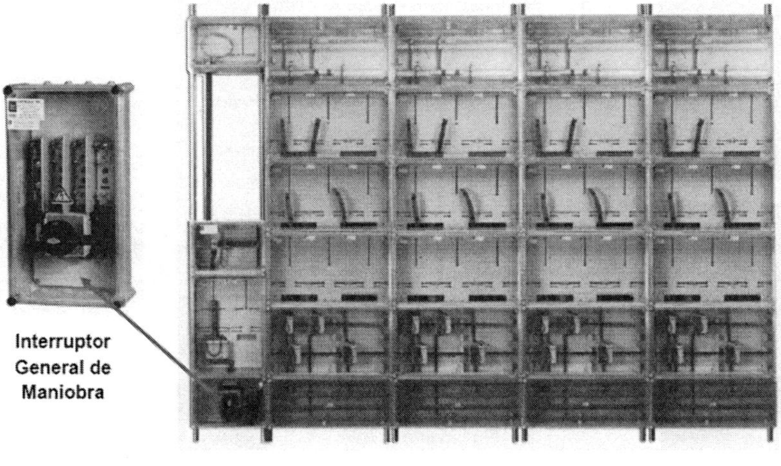

Figura 1.5. Módulo para centralización de contadores

Para alimentar a cada una de las viviendas del edificio se utiliza una línea que sale de la centralización de contadores y que se denomina derivación individual (DI) tal como muestra la Figura 1.3. Además de la línea en sí, la derivación individual incluye los fusibles de seguridad situados en el embarrado general de la centralización de contadores, el conjunto de medida de energía y los dispositivos generales de mando y protección de las instalaciones interiores que se encuentran en la propiedad de los usuarios. La Figura 1.6 muestra el esquema de la instalación de un edificio en el que se aprecian la derivación individual de una vivienda y sus instalaciones interiores.

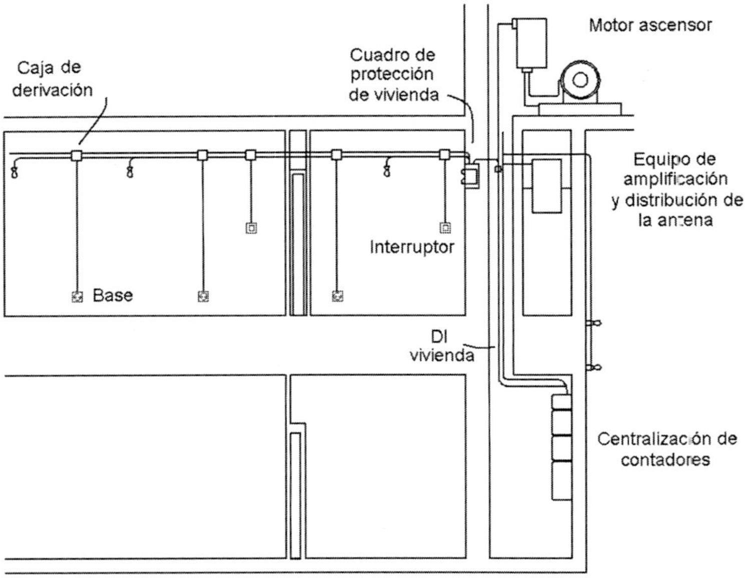

Figura 1.6. *Esquema edificio con derivaciones individuales e instalaciones interiores*

La derivación individual comprende, por tanto, tanto el interruptor de control de potencia como los dispositivos generales de mando y protección de cada usuario. La Figura 1.7 muestra un esquema de un cuadro de protección típico de una vivienda en el que se aprecian las distintas protecciones (básicamente interruptor diferencial e interruptores magnetotérmicos) que protegen a las diferentes líneas de la instalación del usuario.

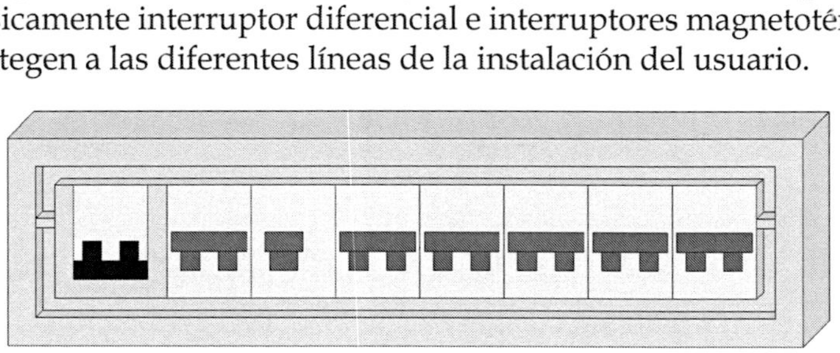

Figura 1.7. *Cuadro de protección de una vivienda*

El REBT establece dos posibles esquemas para las instalaciones de enlace para edificios de viviendas dependiendo de que los contadores se encuentren centralizados en un único lugar o centralizados en dos o más lugares. Dichos esquemas se muestran en las Figuras 1.8 y 1.9.

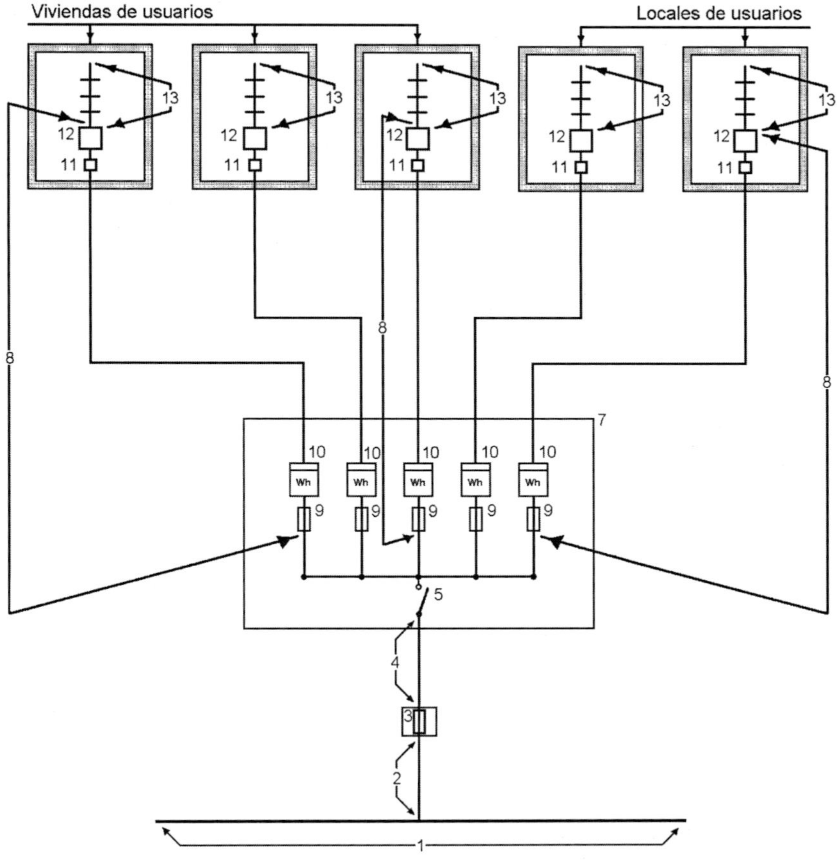

Leyenda

1 Red de distribución.
2 Acometida.
3 Caja general de protección.
4 Línea general de alimentación.
5 Interruptor general de maniobra.
6 Caja de derivación.
7 Emplazamiento de contadores.
8 Derivación individual.
9 Fusible de seguridad.
10 Contador.
11 Caja para interruptor de control de potencia.
12 Dispositivos generales de mando y protección.
13 Instalación interior.

Figura 1.8. *Esquema de las instalaciones de enlace para varios usuarios con contadores en forma centralizada en un lugar*

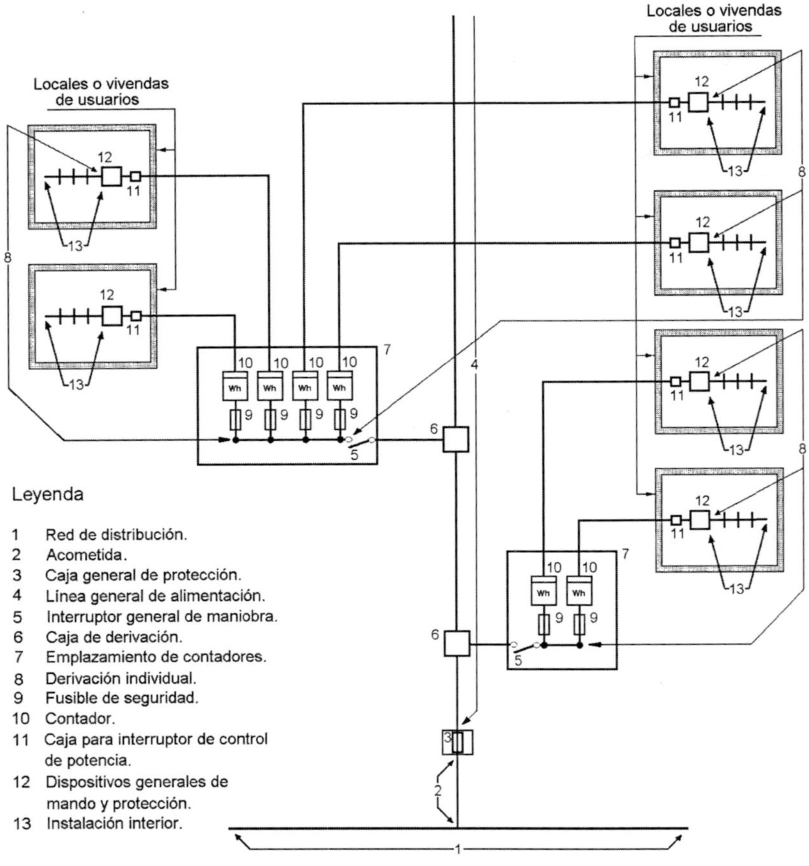

Figura 1.9. *Esquema de las instalaciones de enlace para varios usuarios con contadores en forma centralizada en más de un lugar*

Como ya se ha visto, las instalaciones de enlace permiten llevar la energía desde la red de distribución de la compañía eléctrica hasta la instalación eléctrica de cada vivienda constituyendo las llamadas instalaciones interiores. Tal como muestra la Figura 1.6, comprenden las diferentes líneas o circuitos que salen del cuadro de protección de cada vivienda y alimenta a los distintos consumos eléctricos. Los circuitos posibles para vivienda según el REBT se estudiarán con detalle en el capítulo 12 aunque se indican a nivel descriptivo en la Tabla 1.2.

Tabla 1.2. *Circuitos interiores en viviendas*

NÚMERO	DESCRIPCIÓN
C1	Iluminación
C2	Tomas de corriente
C3	Cocina y horno
C4	Lavadora, lavavajillas y termo eléctrico
C5	Tomas de corriente de cuartos de baño y auxiliares de cocina
C6	Adicional de iluminación
C7	Adicional de tomas de corriente
C8	Calefacción eléctrica
C9	Aire acondicionado
C10	Secadora
C11	Sistema de automatización (domótica)
C12	Adicional de los tipos C3, C4 o C5
C13	Circuito exclusivo para la recarga de vehículo eléctrico

Además de los consumos propios de cada vivienda, un edificio de viviendas incluye una serie de consumos eléctricos que son comunes a todos los propietarios o usuarios del edificio. Tal como establece el REBT, se consideran servicios generales o comunes de un edificio a los siguientes consumos eléctricos:

- Ascensores y aparatos elevadores.
- Centrales de calor y frío.
- Grupos de presión.
- Alumbrado de portal, caja de escalera, alumbrado auxiliar y espacios comunes.

Para alimentar a estos consumos o servicios generales, se dispone de una línea específica que sale de los correspondientes contadores de energía trifásicos que se sitúan de forma separada en el local destinado a centralización de contadores y que alimenta a un cuadro de protección de los servicios generales. Este cuadro se suele colocar en alguna zona común protegida de la planta baja o el sótano.

Por último, es importante hacer referencia a la instalación de puesta a tierra del edificio ya que está directamente relacionada con la seguridad de las personas que utilizan sus instalaciones eléctricas. Todo edificio de viviendas debe disponer de un sistema de puesta a tierra que asegure la actuación de las protecciones correspondientes en caso de aparición de contactos peligrosos para la salud de las personas.

La instalación de puesta a tierra se realiza típicamente utilizando un conductor de cobre desnudo que se entierra de forma horizontal en las zanjas de cimentación del edificio comprendiendo todo su perímetro. Al electrodo así formado se le unen los conductores de protección de la instalación en una serie de puntos de puesta a tierra que se establecen posteriormente. Si es necesario, al electrodo horizontal se le añaden picas verticales hasta alcanzar la resistencia de puesta a tierra necesaria. La Figura 1.10 muestra un esquema de la puesta a tierra de un edificio de viviendas.

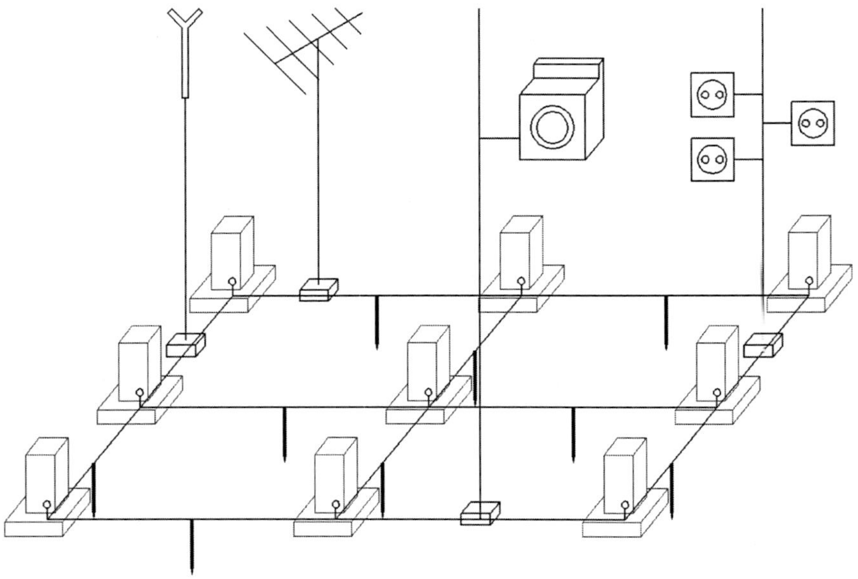

Figura 1.10. *Instalación de puesta a tierra de un edificio de viviendas*

1.3 Instalación eléctrica de una vivienda unifamiliar

En el caso de viviendas unifamiliares se pueden simplificar las instalaciones de enlace haciendo coincidir en el mismo lugar la Caja General de Protección y el equipo de medida. En este caso, no existe línea general de alimentación y el fusible de seguridad coincide con el fusible de la CGP. A la caja resultante se le denomina Caja de Protección y Medida (CPM). Las Figuras 1.11 y 1.12 muestran esquemas y tipos de estas cajas.

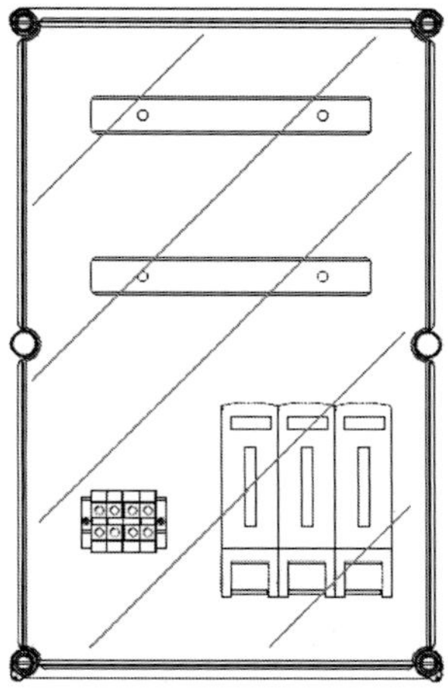

Figura 1.11. CPM de interior

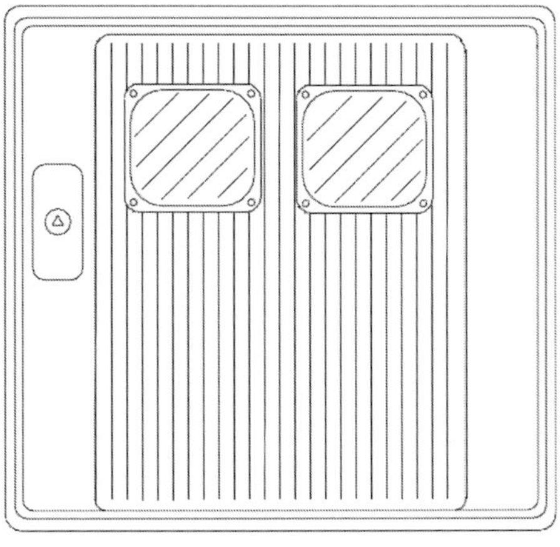

Figura 1.12. CPM de intemperie

La Figura 1.13 representa el esquema de las instalaciones de enlace para un único usuario mientras que la Figura 1.14 representa el esquema para dos usuarios alimentados desde el mismo lugar. Las leyendas coinciden con las de la Figura 1.8.

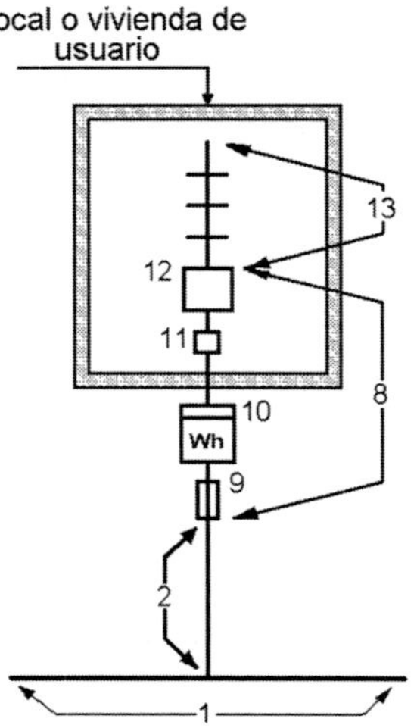

Figura 1.13. Instalación de enlace para un único usuario

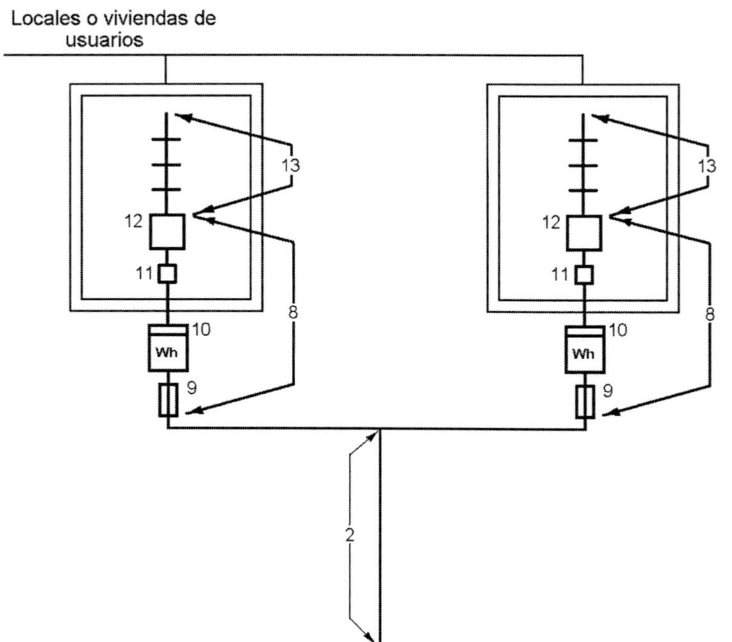

Figura 1.14. Instalación de enlace para dos usuarios alimentados desde el mismo lugar

2 Verificación e inspección de las instalaciones

2.1 Introducción

Aun siendo uno de los pilares básicos para garantizar la calidad y seguridad de una instalación eléctrica en baja tensión, un diseño correcto y eficiente no es suficiente; debe también ponerse especial cuidado en su ejecución. En esta fase, se realizan una serie de acciones destinadas a validar cada uno de los pasos dados cuyo significado exacto conviene clarificar:

- **La revisión:** Es una acción natural en el montaje de instalaciones que consiste en la comprobación de cada una de las operaciones realizadas con la correspondiente corrección del fallo en caso de producirse. Desde el punto de vista normativo no es preceptiva y la realiza el operario en el momento de la ejecución.
- **La verificación:** Es una operación preceptiva que responde a la aplicación de la reglamentación siguiendo una metodología normalizada (UNE 20.460-6-61). La lleva a cabo la **empresa instaladora** de forma previa a la puesta en servicio de todas las instalaciones de BT nuevas o ampliaciones significativas, generándose una documentación técnica precisa para su puesta en funcionamiento.
- **La inspección:** Se trata también de una operación preceptiva en cumplimiento con unas exigencias reglamentarias. Se precisa en ciertas instalaciones eléctricas de BT, cuya peligrosidad impone un especial cuidado. Puede realizarse de forma previa a la puesta en funcionamiento, o bien con carácter periódico. Son ejecutadas por **Organismos de Control** acreditados en ese campo reglamentario.

La primera es una acción natural en todo montaje. Las otras dos son de carácter reglamentario y se rigen por lo establecido en la ITC-BT-05 del REBT, por lo que a continuación se desarrolla cada una de ellas.

2.2 Verificaciones previas a la puesta en servicio

Las verificaciones implican todo un proceso reglado realizado por las empresas instaladoras responsables de la ejecución y deben ser supervisadas por el Director de Obra cuando este intervenga. Al tener un carácter preceptivo son operaciones normalizadas. Según la UNE 20.460-6-61, existen dos tipos de verificaciones:

- **Verificación por examen:** No requiere tomar medidas de parámetros eléctricos, suele ser visual y se efectúa sin tensión para el conjunto de la instalación. En ella se comprueba que el material eléctrico ha sido elegido e instalado correctamente, es conforme a la documentación técnica y no presenta daños visibles que afecten a la seguridad. Concretamente se verifica:
  - La existencia de medidas de protección contra contactos directos.
  - La existencia de medidas de protección contra contactos indirectos.
  - La existencia de dispositivos de protección bien calibrados.
  - La ejecución correcta de las conexiones.
  - La señalización, los esquemas, la identificación de circuitos, los bornes, los interruptores, etc.
  - Las barreras cortafuegos.
  - La correcta protección frente a las influencias externas. Cumplimento de los grados IP e IK exigidos.
- **Verificación mediante medidas o ensayos:** Con esta se utilizan los aparatos de medida que forman parte de los medios técnicos exigibles a las empresas instaladoras y requieren la toma y registro de ciertos valores obtenidos a través de ensayos. Estos son:
  - Medida de la continuidad de los conductores activos y de protección.
  - Medida de la resistencia de aislamiento de los conductores.
  - Medida de la rigidez dieléctrica o tensión de aislamiento.
  - Medida de la intensidad de fuga.
  - Comprobación de la intensidad de disparo de los ID.
  - Comprobación de la secuencia de fases.
  - Medida de la resistencia de puesta a tierra.

Para que la instalación se considere terminada y segura, los resultados de ambos tipos de verificaciones deben estar conformes a lo indicado en la norma UNE 20.460-6-61 y la ITC-BT-19 de REBT. Una vez corregidos los defectos detectados si los hubiere, se pueden generar dos documentos: el **Certificado Final de Obra** y el **Certificado del Instalador**. En ellos se hace constar que la instalación se ha realizado de conformidad con lo establecido en el reglamento y sus instrucciones técnicas complementarias y de acuerdo con la documentación técnica de partida.

El **Certificado de Instalación** debe ser suscrito por un instalador en baja tensión que figure en la plantilla de la empresa instaladora responsable de la obra. Es preceptivo para cualquier instalación eléctrica de baja tensión nueva y para aquellas modificaciones o ampliaciones sustanciales de instalaciones existentes. Cada comunidad autónoma posee su propio modelo por lo que debe consultarse en los servicios territoriales del órgano competente.

Cabe observar que el documento contiene información obtenida mediante las pruebas reglamentarias como lo es la verificación del disparo del diferencial y las medidas de las resistencias de la tierra de protección y del aislamiento.

El otro documento que puede generarse una vez completadas las verificaciones es el **Certificado Final de Obra** emitido por un técnico titulado competente, normalmente el que se encargó de la redacción del proyecto en caso de haber sido este necesario; consecuentemente, este impreso solamente se emite cuando la instalación requiere proyecto.

Si durante la ejecución de la obra se ha producido alguna variación respecto a lo que refleja la documentación técnica, esta circunstancia debe reflejarse y justificarse cuando se produce su certificación; se redactarán entonces unos anexos a los certificados que deberán registrarse ante la Administración para que quede constancia escrita de las modificaciones introducidas.

Completada la fase de verificación y emitidos los certificados, se puede dar el siguiente paso: la inspección.

2.3 Inspecciones

Las realizan los **Organismos de Control** (OC) acreditados en este campo reglamentario sobre las instalaciones eléctricas de BT de especial relevancia con el fin de asegurar el cumplimiento de la normativa a lo largo de su vida útil. Según la Ley de Industria, los Organismos de Control son aquellas personas naturales o jurídicas, que teniendo capacidad de obrar, dispongan de los medios técnicos, materiales y humanos e imparcialidad necesarios para realizar su cometido y cumplan las disposiciones técnicas que se dicten con carácter estatal a fin de su reconocimiento en el ámbito de la Unión Europea. Para desempeñar sus funciones han de haber pasado primero por un proceso de acreditación en el cual la Entidad Nacional de Acreditación (ENAC) habrá evaluado la competencia técnica y humana de la organización.

Las inspecciones se clasifican en:

- **Iniciales:** Tienen lugar antes de la puesta en servicio de las instalaciones una vez ejecutadas, o bien cuando se realicen ampliaciones o modificaciones significativas en los siguientes casos:
  - · Instalaciones industriales con potencia instalada superior a 100 kW.
  - · Locales de pública concurrencia.
  - · Locales con riesgo de incendio o explosión de clase I, excepto garajes de menos de 25 plazas.
  - · Locales mojados con potencia instalada superior a 25 kW.
  - · Piscinas con potencia instalada superior a 10 kW.
  - · Quirófanos y salas de intervención.
  - · Instalaciones de alumbrado exterior con potencia instalada superior a 5 kW.
  - · Instalaciones de las estaciones de recarga para el vehículo eléctrico, que requieran la elaboración de proyecto para su ejecución.
- **Periódicas:** Se realizan de forma regular con intervalos de tiempo preestablecidos. Serán:
  - · *Cada 5 años*: Aquellas instalaciones eléctricas de BT que precisaron inspección inicial.
  - · *Cada 10 años*: Las instalaciones comunes de los edificios de viviendas con potencia total instalada superior a 100 kW.

Los OC realizan las inspecciones de las instalaciones teniendo en cuenta tanto las prescripciones del REBT y normativa de aplicación, como la documentación técnica correspondiente. La empresa instaladora puede asistir a estas inspecciones si lo estima conveniente. Tras la inspección, el Organismo de Control emite un **Certificado de Inspección** (ver figura 2.1) que puede ser:

- **Favorable:** Cuando no existen defectos ni graves ni muy graves. En este caso se anotan los defectos leves detectados si los hubiera, que el titular debe corregir antes de la siguiente inspección. Esta información también sirve para las estadísticas que recoge la administración competente del buen hacer de las empresas instaladoras.

- **Condicionado:** Se emite cuando es detectado un defecto grave o cuando uno o varios defectos leves advertidos en la anterior inspección no han sido subsanados. En este caso:
  - Las instalaciones nuevas no pueden entrar en servicio hasta que no se corrijan.
  - Las instalaciones en servicio tienen un plazo no superior a 6 meses para subsanarlo.
- **Negativo:** Se produce cuando se detecta al menos un defecto muy grave. En ese caso:
  - Las instalaciones nuevas no pueden entrar en servicio hasta que no se corrijan.
  - Las instalaciones en servicio obtienen un Certificado Negativo que será remitido al órgano competente de la Comunidad Autónoma. En este caso el OC propone el aislamiento de la parte con defecto grave y en un plazo de 48 horas se presentará un inspector de industria a verificar y proponer el corte del suministro en su caso.

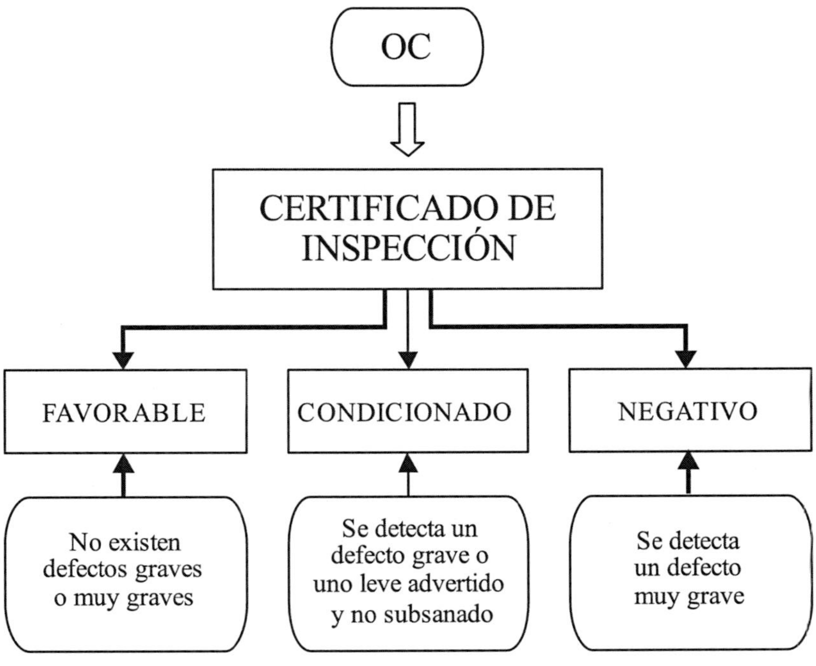

Figura 2.1. *Tipos de Certificados de Inspección*

El **Certificado de Inspección** es un documento normalizado por el órgano competente en materia de seguridad industrial.

Puesto que el tipo de anomalías detectadas determina la clase de certificado de inspección emitido, es necesario esclarecer los fundamentos de su clasificación. En la ITC-BT-05 aparece una lista exhaustiva de los distintos tipos de defectos aunque, en esencia, se clasifican en:

- **Muy Graves:** Constituyen un peligro inmediato para las personas o los bienes. Se consideran como tales los incumplimientos de las medidas de seguridad en el caso de:
  - Contactos directos, en cualquier tipo de instalación.
  - Locales de pública concurrencia.
  - Locales con riesgo de incendio o explosión.
  - Locales de características especiales.
  - Instalaciones con fines especiales.
  - Quirófanos y salas de intervención.
- **Graves:** No suponen un peligro inmediato para la seguridad de las personas o de los bienes, pero pueden serlo al originarse un fallo en la instalación. También se consideran como tales aquellos que pueden reducir de modo sustancial la capacidad de utilización de la instalación eléctrica.
- **Leves:** Son aquellos que no suponen un peligro para las personas o los bienes, no perturba el funcionamiento de la instalación y en el que la desviación respecto de lo reglamentado no tiene valor significativo para el uso efectivo o el funcionamiento de la instalación.

3 Proyecto de una instalación eléctrica en edificio de viviendas

3.1 Fases desde el diseño a la puesta en servicio

La ejecución completa de una instalación eléctrica en edificio de viviendas implica una serie de etapas que van desde el diseño a su puesta en servicio, tal como se muestra en la Figura 3.1.

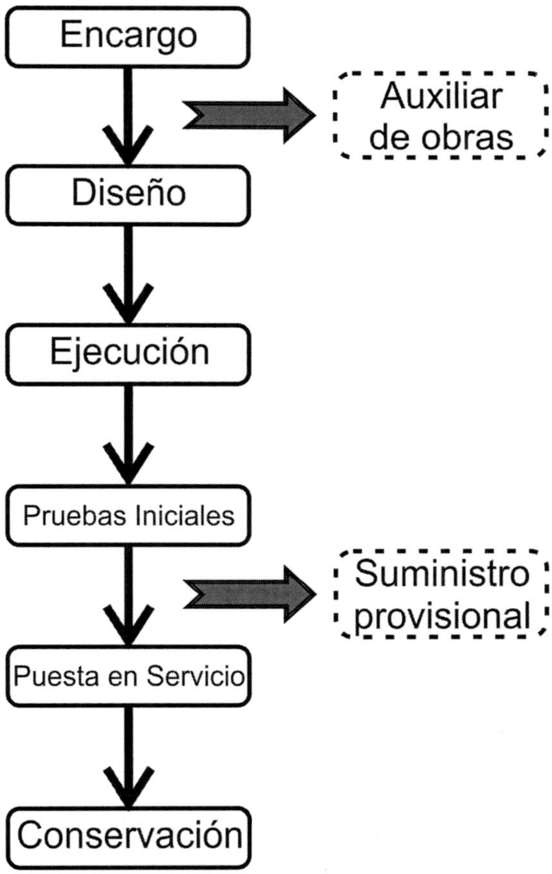

Figura 3.1. Fases de la ejecución de una instalación eléctrica

En cada una de las fases se producen una serie de acciones características que son:

- **Encargo del cliente:** El procedimiento de diseño y ejecución de una instalación eléctrica siempre comienza con el encargo de un cliente. La necesidad puede estar motivada por que se quiere ejecutar un nuevo edificio, el cual requiere de unas dotaciones en cuanto a instalaciones para su posterior funcionamiento, entre ellas la eléctrica; pero también puede ser debida a que haya que hacer una modificación, ampliación o reforma de una instalación existente, en cuyo caso el proceso desencadenado es el mismo.

  El usuario, en función de la naturaleza y la magnitud de la instalación, contacta con una empresa instaladora y, en ocasiones, con un técnico titulado competente, a quienes encomienda la responsabilidad de la realización de la obra. Para asegurar la satisfacción de forma adecuada de las necesidades del cliente y poder, a su vez, realizar el diseño, se deben acordar una serie de especificaciones de la instalación que, junto con los planos del edificio o local, constituyen el punto de partida del diseño.

  Puesto que este es el momento en que se redacta el contrato entre el cliente y la empresa instaladora (y técnico titulado competente, si es el caso), cabe resaltar que, con carácter previo a la redacción del documento, ambos agentes deben cumplir con las obligaciones de información de los prestadores y las obligaciones en materia de reclamaciones establecidas en los artículos 22 y 23 de la Ley 17/2009 sobre el libre acceso a las actividades de servicio y su ejercicio.

  En edificios de nueva construcción es preciso solicitar un suministro auxiliar de obras para llevar a cabo los trabajos de construcción que será conforme a la ITC-BT-33. Para ello no será necesario haber implementado todavía el diseño de la instalación eléctrica.

- **Diseño de la instalación eléctrica:** En ella se toman todas las decisiones destinadas a satisfacer los requerimientos acordados y se efectúan los cálculos, siempre teniendo presente toda la normativa de aplicación. Es necesario también en esta fase solicitar una serie de datos y acordar ciertas circunstancias (como por ejemplo la ubicación de la CGP o la CPM) con la empresa suministradora que asumirá el servicio. Por último, resultado del diseño, se genera una documentación técnica donde se describen las características de la instalación.

- **Ejecución de la instalación eléctrica:** Según el artículo 22 del REBT, las instalaciones eléctricas de baja tensión se ejecutan por empresas instaladoras en baja tensión o, dicho de otro modo, por personas físicas o jurídicas que han presentado la declaración responsable de inicio de actividad ante el órgano competente de la comunidad autónoma donde se establezcan. Es requisito para ello el contar con los medios técnicos y humanos exigidos por la ITC-BT-03 actualizada a las modificaciones introducidas por el RD 560/2010.

- **Pruebas iniciales:** Acabada la obra e inmediatamente antes de su entrada en servicio, deben realizarse una serie de comprobaciones destinadas a asegurar un conjunto de parámetros de calidad y seguridad del funcionamiento de la instalación eléctrica, así como el cumplimiento de las prescripciones reglamentarias. Los resultados darán lugar a tres documentos: el Certificado del Instalador en todas las instalaciones eléctricas de baja tensión, y el Certificado Final de Obra y el Certificado de Inspección en aquellas de especial relevancia. Esta fase ha sido desarrollada con detalle en el Capítulo 2.

  Si por motivos de urgencia fuese necesaria la entrada en funcionamiento de la instalación eléctrica y siempre que se obtuviese la autorización motivada del órgano competente en materia de seguridad industrial, podría obtenerse un suministro provisional antes de completar la siguiente fase que es meramente administrativa.

- **Puesta en servicio:** Finalizada la ejecución y emitidos los correspondientes certificados, el siguiente paso en el protocolo de puesta en funcionamiento de la instalación consiste en su registro ante el órgano competente de la Administración. Para ello debe presentarse la siguiente documentación:

  - Documentación Técnica: memoria técnica de diseño o proyecto.
  - Certificado de Instalación. Normalmente la Administración exige la presentación de 5 copias de este documento.
  - Documentación para el usuario.
  - Certificado de Dirección de obra, si procede.
  - Certificado de Inspección Inicial favorable, si procede.
  - Contrato de mantenimiento, si procede.

La **Documentación para el usuario** es una novedad que introdujo el REBT 2002 respecto al anterior. La elabora la empresa instaladora y la adjunta como anexo al Certificado de Instalación cuando se produce el registro ante la Administración. Tiene que ser entregada al titular y la información mínima que debe contener es:

· Instrucciones de uso y mantenimiento correcto de la instalación eléctrica.

· Esquema unifilar de la instalación indicando las características principales de los equipos y materiales eléctricos empleados.

· Croquis o planos de trazado de las canalizaciones, redes de tierra y ubicación de materiales y mecanismos empleados (dispositivos de protección, interruptores, bases de tomas de corriente, puntos de luz, aparatos de alumbrado de emergencia, etc.).

Cuando se entrega la documentación, de las cinco copias del Certificado de Instalación, una queda en el expediente y las cuatro restantes son devueltas debidamente diligenciadas. De estas últimas, dos son para el instalador y las otras dos para el propietario de la instalación que las necesitará para conseguir el alta del suministro eléctrico.

Para lograr el alta de suministro, el titular de la instalación debe cursar solicitud ante la Compañía Suministradora de Energía presentando una copia del Certificado de Instalación con la diligencia del órgano competente de la Comunidad Autónoma en la que se ubique. La Compañía Eléctrica puede, a su vez, realizar las verificaciones que considere oportunas antes de proceder a su conexión a la red.

Esta acción devenga en una serie de tasas que se desarrollan en el capítulo de Acometidas.

- **Conservación:** Según el Artículo 20 del REBT, es responsabilidad de los titulares de las instalaciones eléctricas en baja tensión mantenerlas en buen estado, utilizarlas de manera adecuada a sus características y no alterarlas salvo que se encomiende las modificaciones a una empresa instaladora. Por otro lado, tal y como se desarrolla en el Capítulo 2, algunos tipos de instalaciones requieren la intervención de un Organismo de Control con carácter periódico para llevar a cabo la correspondiente inspección.

3.2 Documentación de las instalaciones

Según la ITC-BT-04 del REBT existen dos tipos de documentación técnica:

- **Memoria Técnica de Diseño:** Se trata de una documentación simplificada que describe la instalación eléctrica de baja tensión. Su redacción se realiza sobre impresos específicos que el órgano competente de la comunidad autónoma destina a este fin y la autoría puede corresponder tanto a un técnico titulado competente como a un instalador en esa categoría de instalación.
- **Proyecto Técnico:** Consiste en un conjunto de documentos que describen las distintas partes de la instalación, representan todos los cálculos justificativos que han llevado a la solución adoptada y establece las condiciones de ejecución. Es redactado y firmado por un técnico titulado competente quien se responsabiliza de que la instalación se adapta a las disposiciones reglamentarias. Los documentos son confeccionados libremente ajustándose a unos contenidos mínimos dictados por el órgano competente de la comunidad autónoma quien también establece su estructura. En el caso de la Comunidad Valenciana, según la Resolución 20-06-2003 de la Dirección General de Industria y Energía, el proyecto consta de cinco documentos:

  · Memoria.

  · Cálculos Justificativos.

  · Pliego de Condiciones.

  · Presupuesto.

  · Planos.

  Además debe contener el Estudio de Seguridad y Salud en obras estipulado en el RD 1627/1997.

El Proyecto se reserva para instalaciones eléctricas de mayor importancia por razones de seguridad, de complejidad o porque jueguen un papel relevante en el sistema eléctrico. El resto podrá legalizarse mediante una memoria técnica de diseño.

Las nuevas instalaciones eléctricas de baja tensión que requieren proyecto son las indicadas en la Tabla 3.1:

Tabla 3.1. Instalaciones que requieren elaboración de proyecto

Grupo	Tipo de instalación	Límites
a	Industrias en general.	P > 20 kW
b	Locales húmedos, polvorientos o con riesgo de corrosión. Bombas de extracción o elevación de agua, industriales o no.	P > 10 kW
c	Locales mojados. Generadores y convertidores. Conductores aislados para caldeo, excluyendo las viviendas.	P > 10 kW
d	De carácter temporal para alimentación de maquinaria de obras en construcción. De carácter temporal en locales o emplazamientos abiertos.	P > 50 kW
e	Los edificios de viviendas que no tengan la consideración de locales de pública concurrencia en edificación vertical u horizontal.	P > 100 kW por CGP
f	Viviendas unifamiliares.	P > 50 kW
g	Garajes con ventilación forzada.	Cualquier ocupación
h	Garajes con ventilación natural.	Más de 5 plazas
i	Locales de pública concurrencia.	Sin límite
j	Líneas de BT con apoyos comunes con las de AT. Máquinas de elevación y transporte. Las que utilicen tensiones especiales. Las destinadas a rótulos luminosos salvo los considerados de BT. Cercas eléctricas. Redes aéreas o subterráneas de BT.	Sin límite

Grupo	Tipo de instalación	Límites
k	Instalaciones de alumbrado exterior.	P > 5 kW
l	Locales con riesgo de incendio o explosión, excepto garajes.	Sin límite
m	Quirófanos y salas de intervención.	Sin límite
n	Piscinas y fuentes.	P > 5 kW
z	Las correspondientes a las infraestructuras para la recarga del vehículo eléctrico	P > 50 kW
	Instalaciones de recarga situadas en el exterior	P > 10 kW
	Todas las instalaciones que incluyan estaciones de recarga previstas para el modo de carga 4	Sin límite
o	Todas aquellas que, no estando comprendidas en los grupos anteriores, determine el Ministerio con competencias en materia de seguridad industrial, mediante la oportuna disposición.	Según corresponda

Además se precisará proyecto para las modificaciones y ampliaciones de las instalaciones siguientes:

- Las modificaciones de importancia de todas ellas.
- Las ampliaciones de los tipos b, c, g, i, j, l, m.
- Las ampliaciones de las instalaciones que no alcanzasen los límites de potencia establecidos para la redacción de proyecto pero que los superen con la ampliación.
- Las ampliaciones de las instalaciones que requirieron proyecto originalmente si en una o varias ampliaciones se supera el 50 % de la potencia prevista en el proyecto anterior.

Según el REBT, el Proyecto:

Deberá ser redactado y firmado por técnico titulado competente, quien será directamente responsable de que el mismo se adapte a las disposiciones reglamentarias. El proyecto de instalación se desarrollará, bien como parte del proyecto general del edificio, bien en forma de uno o varios proyectos específicos.

De acuerdo con la instrucción ITC-BT-04, la memoria del proyecto debe incluir especialmente:

- Datos relativos al propietario.
- Emplazamiento, características y uso al que se destina.
- Características y secciones de los conductores a emplear.
- Características y diámetros de los tubos para las canalizaciones.
- Relación nominal de los receptores que se prevean instalar y su potencia, sistemas y dispositivos de seguridad adoptados.
- Esquema unifilar de la instalación y características de los dispositivos de corte y protección adoptados, puntos de utilización y secciones de los conductores.
- Croquis de su trazado.
- Cálculos justificativos del diseño.

Las instalaciones de potencia inferior a las indicadas en la Tabla 3.1 no requieren la elaboración de un proyecto siendo suficiente la presentación de una Memoria Técnica de Diseño:

Según el REBT:

La Memoria Técnica de Diseño se redactará sobre impresos, según modelo determinado por el Órgano competente de la Comunidad Autónoma, con objeto de proporcionar los principales datos y características de diseño de las instalaciones. El instalador autorizado para la categoría de la instalación correspondiente o el técnico titulado competente que firme dicha Memoria será directamente responsable de que la misma se adapte a las exigencias reglamentarias.

La Memoria Técnica de Diseño debe incluir los siguientes datos:

- Los referentes al propietario.
- Identificación de la persona que firma la memoria y justificación de su competencia.
- Emplazamiento de la instalación.
- Uso al que se destina.
- Relación nominal de los receptores que se prevean instalar y su potencia.
- Cálculos justificativos de las características de la línea general de alimentación, derivaciones individuales y líneas secundarias, sus elementos de protección y sus puntos de utilización.

- Pequeña memoria descriptiva.
- Esquema unifilar de la instalación y características de los dispositivos de corte y protección adoptados, puntos de utilización y secciones de los conductores.
- Croquis de su trazado.

3.3 Contenido del proyecto

Los contenidos mínimos del proyecto están regulados por cada comunidad autónoma. A modo de referencia se muestran a continuación los contenidos mínimos que debe contener un proyecto de instalación eléctrica de baja tensión de un edificio destinado principalmente a viviendas exigidos en la Comunidad Valenciana:

1. Memoria

1.1 Resumen de características

1.2 Objeto del proyecto

1.3 Promotor de la instalación

1.4 Emplazamiento de las instalaciones

1.5 Reglamentación y normas técnicas consideradas

1.6 Descripción del edificio

1.6.1 Viviendas

1.6.2 Locales comerciales y oficinas

1.6.3 Servicios generales

1.7 Potencia prevista para el edificio

1.8 Descripción de la instalación

1.8.1 Centro de transformación (en su caso)

1.8.2 Caja general de protección

* Número de cajas y características

* Situación

* Puesta a tierra

1.8.3 Línea general de alimentación

* Descripción: longitud, sección, diámetro tubo

* Canalizaciones materiales

* Conductores

* Tubos protectores
* Puesta a tierra

1.8.4 Centralización de contadores

* Características
* Situación
* Puesta a tierra

1.8.5 Derivaciones individuales

* Descripción: longitud, sección, diámetro tubo
* Canalizaciones materiales
* Conductores
* Tubos protectores
* Conductor de protección

1.8.6 Instalación interior en vivienda

* Cuadro general de distribución
* Características instalación interior de la vivienda
* Descripción: conductores, longitud, sección, diámetro tubo
* N.º circuitos, destino y puntos de utilización de cada circuito
* Sistema de instalación elegido
* Conductor de protección

1.8.7 Instalaciones de usos comunes

* Cuadros generales de protección
* Descripción de las instalaciones
* Alumbrado de escalera
* Ascensor
* Amplificador TV
* Portero eléctrico
* Grupo de presión para el agua
* Emergencia
* Piscinas

* Servicios de jardinería
* Zonas deportivas

1.8.8 Instalación de puesta a tierra del edificio

* Toma de tierra (electrodos)
* Conductor de tierra o línea de enlace
* Borne principal de tierra
* Conductores de protección
* Red de equipotencialidad
* Cuartos de baño
* Centralización de contadores de agua

1.8.9 Protecciones contra sobretensiones

* Nivel de aislamiento

1.8.10 Protecciones contra sobrecargas

1.8.11 Protecciones contra contactos directos e indirectos

3.4 Simbología eléctrica

El diseño de una instalación eléctrica de baja tensión implica la elaboración de una serie de esquemas eléctricos que permiten representar las características y disposición de los distintos elementos que componen la instalación. En la documentación tanto de un Proyecto Técnico como de una Memoria Técnica de Diseño es obligatorio incluir el esquema unifilar y un croquis del trazado de la instalación. Para desarrollar estos esquemas se hace uso de una serie de símbolos eléctricos que se encuentran normalizados en la colección de normas IEC TS 63064. En la Figura 3.2 se muestran los símbolos más utilizados en esquemas unifilares, incluidos en dicha norma, para el caso de instalaciones eléctricas en edificios de viviendas.

El esquema unifilar de una instalación eléctrica permite realizar su representación en la que cada línea eléctrica se representa por un único hilo independientemente del número de conductores de la línea. Como ejemplo se muestra en la Figura 3.3 el esquema unifilar de la instalación de una vivienda con electrificación básica. Como se aprecia en la figura, el esquema representa los dispositivos de protección con sus características básicas y el número de líneas de la instalación. Para este caso, el cuadro de protecciones consta de un interruptor de control de potencia (ICP), de un interruptor automático magnetotérmico general, de un interruptor diferencial y de cinco interruptores automáticos magnetotérmicos situados en el origen de cada una de las cinco líneas (o circuitos) que componen la instalación. Cada uno de los circuitos alimenta a un conjunto específico de consumos eléctricos de la vivienda. Por ejemplo, el circuito C1 se utiliza para alimentar los equipos de iluminación. Para cada línea o circuito se indica también el número de conductores activos que la componen mediante los trazos oblicuos situados sobre ellas. En este caso las líneas son monofásicas por lo que se componen de dos conductores activos (conductor de fase y conductor neutro). En el caso de representar una línea trifásica se utilizarían tres trazos si la línea no distribuyera el neutro (tres conductores de fase) y cuatro trazos si distribuyera el neutro (tres fases más neutro). Se aprecia también en la figura que el esquema unifilar puede incluir la sección de cada una de las líneas. Por ejemplo, el circuito C1 está formado por dos conductores (fase y neutro) de 1,5 mm^2 de sección más un conductor de protección de la misma sección.

El croquis de trazado permite representar la disposición de las diferentes líneas en el interior de la vivienda lo que facilita posibles modificaciones o reparaciones. En la Figura 3.4 se muestra un ejemplo de un croquis de trazado.

Es también habitual utilizar representaciones en planta de la vivienda indicando la disposición de los mecanismos eléctricos (interruptores, conmutadores, bases de enchufe, etc.) y los puntos de consumo. Un ejemplo de este tipo de representación se muestra en la Figura 3.5.

SÍMBOLO	SIGNIFICADO	SÍMBOLO	SIGNIFICADO
	Interruptor		Punto de luz o lámpara
	Interruptor bipolar		Timbre
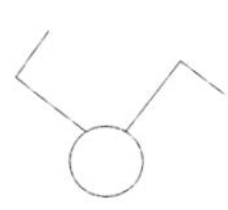	Interruptor doble	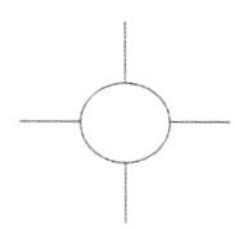	Caja de registro
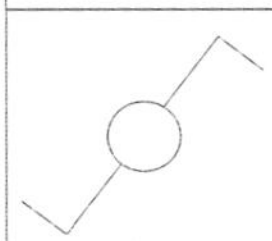	Conmutador	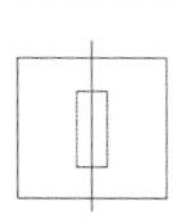	Caja general de protección
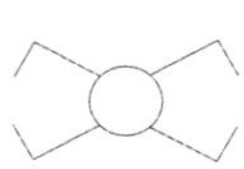	Conmutador de cruzamiento		Fusible

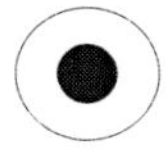	Pulsador		Interruptor de control de potencia
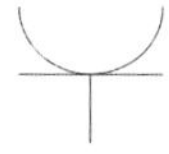	Toma de corriente bipolar de 16 A con toma de tierra T	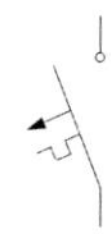	Interruptor automático magnetotérmico
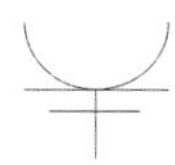	Toma de corriente bipolar de 25 A con toma de tierra	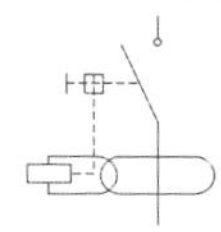	Interruptor diferencial
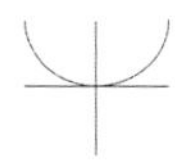	Toma de corriente trifásica con toma de tierra	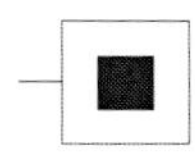	Automático de escalera

Figura 3.2. *Selección de símbolos eléctricos utilizados en esquemas eléctricos de instalaciones de viviendas*

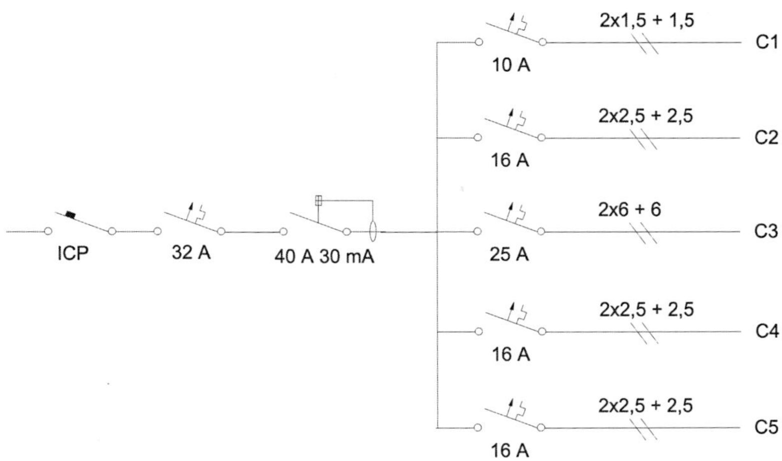

Figura 3.3. *Esquema unifilar de la instalación eléctrica de una vivienda con electrificación básica*

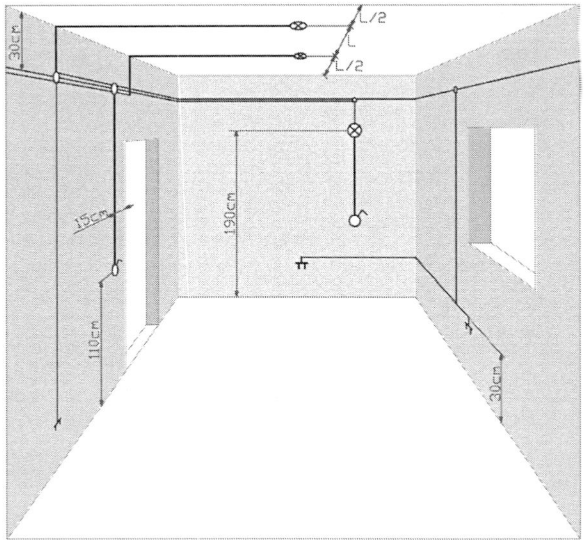

Figura 3.4. *Ejemplo de croquis de trazado*

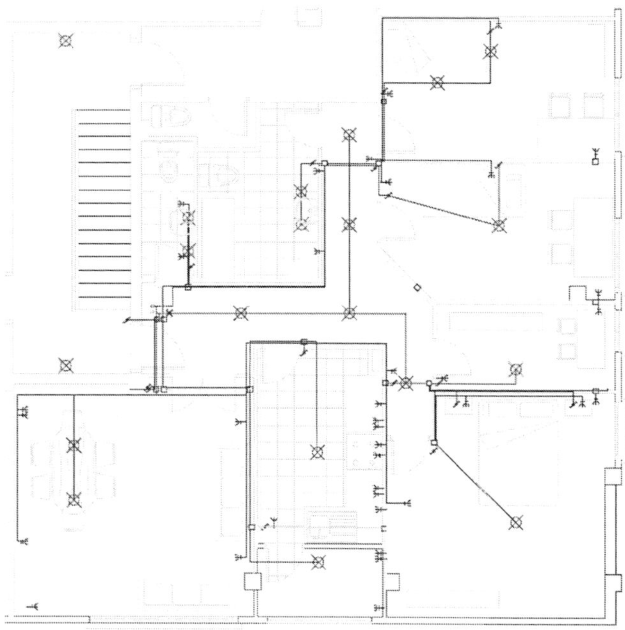

Figura 3.5. *Representación en planta de una vivienda con indicación de la posición y tipo de mecanismos y puntos de consumo*

4 Cables y conductores en las instalaciones eléctricas

4.1 Introducción

Uno de los elementos fundamentales del diseño de una instalación eléctrica es la elección de los cables adecuados y su forma de instalación. La decisión debe orientarse a satisfacer la demanda de potencia prevista en cada punto en condiciones de seguridad. Por tanto, requiere el conocimiento de las distintas posibilidades existentes en el mercado, las exigencias reglamentarias que son de aplicación en cada caso y los criterios de diseño que deben adoptarse. En este capítulo se describen tanto el procedimiento de dimensionado como los condicionantes a los que se enfrenta el técnico a la hora de abordar esta cuestión.

4.2 Tipos de cables

De manera general, los cables de baja tensión están formados por los siguientes componentes (Figura 4.1.):

- **Conductor:** Es la parte fundamental del cable ya que constituye el medio a través del cual circula la corriente eléctrica. Por consiguiente, se emplean materiales con buena conductividad eléctrica para que esta función se realice en condiciones de eficiencia energética.
- **Aislante:** Confinan la corriente eléctrica al interior del conductor, evitando el contacto entre elementos a distinta tensión y los contactos directos de las personas con las partes activas de la instalación. Son adecuados para este fin materiales de elevada rigidez dieléctrica.
- **Protecciones:** De manera opcional, los cables pueden estar dotados de otros elementos que les confieran protección eléctrica y/o mecánica. Los materiales empleados serán acordes a la función que realicen.

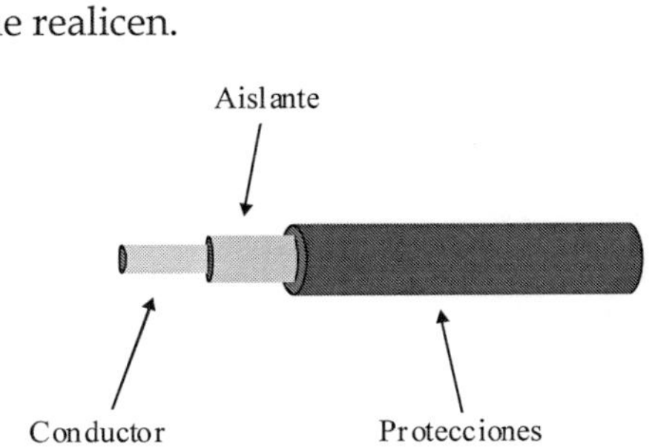

Figura 4.1. *Esquema general de un cable*

4.2.1 Designación de cables

Las diferentes combinaciones de los elementos anteriores dan lugar a una gran variedad de cables eléctricos. Por ello, resulta imprescindible adoptar una nomenclatura normalizada para designarlos, en la cual debe representarse la composición y características del cable. No existe un código único, sino que se adoptan designaciones particulares en función de la tensión de aislamiento del cable.

4.2.1.1 Cables de tensión asignada hasta 450/750 V

Se nombran conforme las especificaciones de la norma UNE 20434 «Sistema de designación de los cables». Esta norma corresponde a un sistema armonizado (Documento de armonización HD 361 de CENELEC) y, por lo tanto, de aplicación en todos los países de la Unión Europea.

La nomenclatura de los cables comprende una serie de símbolos que, según su posición, tienen un determinado significado. En esencia, se tienen tres partes diferenciadas:

Primera parte

Hace referencia tanto a la correspondencia con la normalización (Tabla 4.1) como a la tensión de aislamiento asignada al cable (Tabla 4.2):

Tabla 4.1. *Primer símbolo de la primera parte: Correspondencia del cable con la normalización*

Símbolo	Correspondencia con la normalización
H	Cable conforme normas armonizadas
a	Cable no armonizado

a Los Comités Nacionales pueden utilizar cualquier símbolo o sistema que no entre en conflicto con la Norma UNE 20434. Si el sistema establecido por la Norma UNE 20434 se utiliza para cables no armonizados se recomienda no utilizar un símbolo como prefijo.

Tabla 4.2. *Segundo símbolo de la primera parte: Tensión asignada*

Símbolo	Tensión asignada Uo/U
01	100/100 V ≤ Uo/U < 300/300 V*
03	300/300 V
05	300/500 V
07	450/750 V

* Las tensiones asignadas aún no armonizadas se disponen entre paréntesis.

Segunda parte

Comprende una secuencia de símbolos que hacen referencia a la constitución del cable, usualmente partiendo del aislamiento hasta llegar a la cubierta (Tablas 4.3 a 4.8). En ocasiones, el símbolo de un material representa realmente un grupo de mezclas de características análogas; en ese caso hay que consultar la norma específica del cable donde figuran los detalles completos.

Tabla 4.3. *Segunda parte: Materiales para aislamientos y envolventes no metálicas*

Símbolo	Material
B	Goma de etileno-propileno para una temperatura de servicio de 90 °C
G	Etileno-acetato de vinilo
J	Trenza de fibra de vidrio
M	Mineral
N	Policloropreno (o material equivalente)
N2	Mezcla especial de policloropreno para recubrimiento de los cables para máquinas de soldar, según UNE 21027-6
N4	Polietileno clorosulfonado o clorado
N8	Material de policloropreno especial, resistente al agua
Q	Poliuretano
Q4	Poliamida

Símbolo	Material
R	Goma de etileno propileno ordinario, (o elastómero sintético equivalente), para una temperatura de servicio de 60 °C
S	Goma de silicona
T	Trenza textil, impregnada o no, sobre conductores aislados reunidos
T6	Trenza textil, impregnada o no, sobre conductores constitutivos de un cable multiconductor
V	Policloruro de vinilo ordinario
V2	Mezcla de policloruro de vinilo para temperaturas de servicio de 90 °C
V3	Mezcla de PVC para cables instalados a bajas temperaturas
V4	Policloruro de vinilo reticulado
V5	Mezcla especial de policloruro de vinilo resistente al aceite
Z	Compuesto reticulado a base de poliolefina, conteniendo un bajo nivel de emisión de gases corrosivos, siendo adecuado para su utilización en cables que, cuando se queman, su emisión de humos es muy baja
Z1	Compuesto termoplástico a base de poliolefina, conteniendo un bajo nivel de emisión de gases corrosivos, siendo adecuado para su utilización en cables que, cuando se queman, su emisión de humos es muy baja

Tabla 4.4. Segunda parte: Revestimientos metálicos

Símbolo	Envolventes, conductores concéntricos y pantallas
C	Conductor concéntrico de cobre
C4	Pantalla de cobre en forma de trenza, sobre el conjunto de los conductores aislados reunidos

Tabla 4.5. *Segunda parte: Elementos constitutivos especiales de un cable*

Símbolo	Elementos constitutivos
D3	Elemento portador constituido por uno o varios componentes (metálicos o textiles) situados en el centro de un cable circular o repartidos en el interior de un cable plano
D5	Relleno central (elemento no portador solamente para cables de ascensor)
Cuando estos símbolos sean necesarios, se deben colocar a continuación de los símbolos de las tablas 4.3 y 4.4.	

Tabla 4.6. *Segunda parte: Construcciones especiales de un cable*

Símbolo	Construcción especial
Ningún símbolo	Cable circular
H	Cables planos, con o sin cubierta, cuyos conductores aislados pueden separarse
H2	Cables planos cuyos conductores aislados no pueden separarse
H6	Cables planos con tres o más conductores aislados, según UNE-EN 50214
H7	Cable con doble capa de aislamiento aplicada por extrusión
H8	Cable extensible
Cuando estos símbolos sean necesarios, se deben colocar a continuación de los símbolos de las tablas 4.3 y 4.4.	

Tabla 4.7. Segunda parte: Material del conductor

Símbolo	Material del conductor
Ningún símbolo	Cobre
-A	Aluminio

Cuando estos símbolos sean necesarios, se deben colocar a continuación de los símbolos de las tablas 4.3 a 4.6 detrás de un guion

Tabla 4.8. Segunda parte: Forma del conductor

Símbolo	Forma del conductor
-D	Conductor flexible para uso en cables de máquinas de soldar según especificación de la UNE 21027-6 (flexibilidad distinta a la UNE-EN 60228, clase 5)
-E	Conductor muy flexible para uso en cables de máquinas de soldar según especificación de la UNE 21027-6 (flexibilidad distinta a la UNE-EN 60228, clase 6)
-F	Conductor flexible de un cable flexible (flexibilidad correspondiente a la clase 5 de la UNE-EN 60228)
-H	Conductor extraflexible de un cable flexible (flexibilidad correspondiente a la clase 6 de la UNE-EN 60228)
-K	Conductor flexible de un cable para instalaciones fijas (a no ser que se indique otra cosa, la flexibilidad debe corresponder a la clase 5 de la UNE-EN 60228)
-R	Conductor rígido, de sección circular, de varios alambres cableados
-U	Conductor rígido, de sección circular, de un solo alambre
-Y	Conductor formado por cintas de cobre arrolladas en hélice alrededor de un soporte textil (Oropel)

Cuando estos símbolos sean necesarios, se deben colocar a continuación de los símbolos de las tablas 4.3 a 4.6 detrás de un guion.

En los cables que tengan conductores de dos formas distintas, el símbolo solo designará la forma del conductor de fase.

Tercera parte

En este último componente de la designación se expresa el número y la sección nominal de los conductores.

Tabla 4.9. *Tercera parte: Número de conductores y sección nominal de los conductores*

Símbolo	Número de conductores y su sección nominal
(Número)	Número, n, de conductores aislados
X	Signo de multiplicación, en ausencia de un conductor aislado de color amarillo/verde
G	Tiene el significado del signo de multiplicación, cuando existe un conductor aislado de color amarillo/verde
(Número)*	Sección nominal, S, del conductor, en mm^2 En el caso de conductores formados por cintas de cobre arrolladas en hélice alrededor de un soporte textil (Oropel) se especifica la sección nominal

*Se puede utilizar el símbolo N (colocado a continuación de la sección nominal de los conductores) para indicar que la identificación de los conductores aislados se efectúa mediante cifras.

Tabla 4.10. *Resumen de símbolos y orden en el que figuran en la designación del cable*[1]

1	2	3	4	5	6	7	8	9	10	11
Parte 1		**Parte 2**						**Parte 3**		
Correspondencia con la normalización	**Tensión asignada**	**Aislamiento**	**Revestimientos metálicos**[2]	**Envolvente no metálica**[2]	**Elementos constructivos y construcciones especiales**	**Material del conductor**	**Forma del conductor**	**Número de conductores**	**Símbolo, signo de multiplicación**	**Sección nominal del conductor mm²**
SÍMBOLOS ACUERDO CON TABLAS										
Tabla 4.1	**Tabla 4.2**	**Tabla 4.3**	**Tabla 4.4**	**Tabla 4.2**	**Tabla 4.5 y 4.6**	**Tabla 4.7**	**Tabla 4.8**	**Tabla 4.9**		
H	01	B	C	B	D3		-D	1	X	Y
(3)	03	G	C4	G	D5	Ningún símbolo: cobre	-E	2	G	0,5
	05	J		J	Ningún símbolo: cable sección circular		-F	3		0,75
	07	M					-H	4		1
		N, N4		N, N2, N4, N8			-K	5		1,5
				Q, Q4	H	-A	-R	etc.		2,5
		R		R	H2		-U			4
		S		S	H6		-Y			6
				T, T6	H7					10
		V, V2, V3, V4		V, V2, V3, V4, V5	H8					16
		Z, Z1		Z, Z1						etc.

(1) Si deben usarse dos o más símbolos listados para designar el cable, se debe seguir un orden de secuencia radial empezando por el eje del cable.

(2) En la designación puede cambiarse la posición de estos símbolos con el fin de tener en cuenta la construcción del cable.

(3) Para cables no armonizados que utilicen el sistema de designación UNE 20434, se recomienda no utilizar símbolo.

La Tabla 4.10. resume todos los símbolos que se utilizan en la designación de los cables.

Para especificaciones relativas a aplicaciones concretas de cada cable, se recomienda consultar las siguientes normas UNE:

- UNE-EN 50525: Cables eléctricos de baja tensión. Cables de tensión asignada inferior o igual a 450/750 V (Uo/U).
- UNE 21027: Cables eléctricos de baja tensión. Cables de tensión asignada inferior o igual a 450/750 V (Uo/U). Cables unipolares sin cubierta, con aislamiento reticulado y con altas prestaciones respecto a la reacción al fuego, para instalaciones fijas.
- UNE 211002: Cables eléctricos de baja tensión. Cables de tensión asignada inferior o igual a 450/750 V (Uo/U). Cables unipolares sin cubierta, con aislamiento termoplástico, y con altas prestaciones respecto a la reacción al fuego, para instalaciones fijas.
- UNE-EN 60702: Cables con aislamiento mineral de tensión asignada no superior a 750 V y sus conexiones.

Ejemplo 4.1

Cable H07Z-R 1 X 25

Solución:

- **Parte 1**: H07 → Cable conforme normas armonizadas de tensión asignada 450/750 V.
- **Parte 2**: Z-R → Aislamiento de compuesto reticulado a base de poliolefina, conteniendo un bajo nivel de emisión de gases corrosivos, siendo adecuado para su utilización en cables que, cuando se queman, su emisión de humos es muy baja (Z); conductor de cobre (ausencia de símbolo) rígido, de sección circular, de varios alambres cableados (-R), es decir, de Clase 2.
- **Parte 3**: 1 X 25 → Un conductor de 25 mm^2 de sección.

Ejemplo 4.2

Cable H05V2V2-F 3G6

Solución:

- **Parte 1**: H05 → Cable conforme normas armonizadas de tensión asignada 300/500 V.

- **Parte 2**: V2V2-F → Aislamiento y cubierta mezclas de policloruro de vinilo para temperaturas de servicio de 90 °C (se trata de un cable multipolar) (V2V2); conductor de cobre (ausencia de símbolo) flexible de Clase 5(-F).
- **Parte 3**: 3G6 → Tres conductores, uno de ellos con aislamiento de color amarillo y verde, de 6 mm^2 de sección.

4.2.1.2. Cables de tensión asignada 0,6/1kV

Estos cables no están armonizados, por lo que no siguen el sistema de designación dado por la UNE 20434. Su nomenclatura también comprende una secuencia de símbolos con un significado diferente de acuerdo con su posición. El problema es que al no existir una norma general, se producen discrepancias entre la designación de estos cables y los anteriores, ya que los mismos símbolos poseen significados distintos según el cable al que hacen referencia. Por ejemplo, en este tipo de cables el aislamiento de polietileno reticulado se representa, a diferencia con la nomenclatura anteriormente expuesta, mediante «R», el PVC mediante «V» y el etileno propileno mediante «D». Las normas que afectan a este tipo de cables son:

- UNE 21123: Cables eléctricos de utilización industrial de tensión asignada 0,6/1 kV.
- UNE-HD 603: Cables de distribución de tensión asignada 0,6/1 kV.
- UNE-HD 627: Cables multiconductores y multipares para instalación en superficie o enterrada.
- UNE 21030: Conductores aislados cableados en haz de tensión asignada 0,6/1 kV para líneas de distribución, acometidas y usos análogos.

Ejemplo 4.3

Cable RZ1-K(AS)

Solución:

Cable de tensión asignada 0,6/1 kV, con conductor de cobre clase 5 (-K), aislamiento de polietileno reticulado (R) y cubierta de compuesto termoplástico a base de poliolefina (Z1) con baja emisión de humos y gases corrosivos y no propagadores del incendio (AS).

Ejemplo 4.4

DOV-K

Solución:

Cable con aislamiento de etileno propileno (D), apantallado (O) con cubierta de policloruro de vinilo (V) con conductores de cobre (ausencia de símbolo) flexible de clase 5 (-K).

4.2.2 Parámetros esenciales en la elección de un cable

Antes de proceder al cálculo de secciones, es preciso tomar una serie de decisiones relativas a la composición y características del cable. En esencia, los atributos que son necesarios determinar en la fase de diseño son:

- La tipología del cable, es decir, si se trata de cables unipolares o multipolares.
- El tipo de aislamiento empleado para recubrir las partes activas y su comportamiento frente a incendios.
- El material conductor y su grado de flexibilidad.
- La tensión de aislamiento o tensión a partir de la cual no está garantizada la integridad del material dieléctrico.

En el mercado existen distintos tipos de cables que constituyen soluciones diferentes para las instalaciones eléctricas. Pero para una aplicación determinada, el abanico de posibilidades está acotado por las exigencias normativas establecidas en el REBT. Estas aparecen disgregadas a lo largo de las distintas instrucciones y se refieren a diversas características. A continuación se recogen de forma abreviada los requisitos reglamentarios relativos a las propiedades de los cables de cada una de las partes de las instalaciones eléctricas, especialmente para la aplicación en edificios de viviendas.

4.2.2.1 Materiales conductores

Para la transmisión de la energía eléctrica en BT se emplean esencialmente dos materiales conductores: el cobre y el aluminio. Aunque el último es el que predomina en las instalaciones de transporte y distribución por su mayor ligereza y su precio más reducido, tiene escasa aplicación en las instalaciones de interior. Así, debido a sus mejores propiedades eléctricas, el cobre es el conductor dominante en este ámbito. Desde el punto de vista reglamentario, la posibilidad de la utilización del aluminio está restringida a ciertos tipos de instalaciones. La Tabla 4.11. resume el campo de aplicación de cada material.

Tabla 4.11. *Materiales conductores admitidos en los distintos elementos de una instalación eléctrica en un edificio de viviendas*

	LGA	**Cableado Centralización Contadores**	**Derivaciones individuales**	**Circuitos interiores en viviendas**	**Circuitos interiores generales**
Cobre	Admitido	Admitido (Clase 2)	Admitido	Admitido	Admitido
Aluminio	Admitido	No admitido	Admitido	No admitido	Admitido
Normativa	ITC-BT-14	ITC-BT-16	ITC-BT-15	ITC-BT-26	ITC-BT-19

Pero el conductor del cable no queda caracterizado únicamente por su material, sino que existe otro parámetro que diferencia unos de otros: su flexibilidad. La norma UNE-EN 60228 (Conductores de cables aislados) especifica las características constructivas y eléctricas de las diferentes clases de conductor, tanto de cobre como de aluminio. Estas son:

- clase 1: conductor rígido de un solo alambre (símbolo -U).
- clase 2: conductor rígido de varios alambres cableados (símbolo -R).
- clase 5: conductor flexible de varios alambres finos,
    - no apto para usos móviles (símbolo -K).
    - apto para usos móviles (símbolo -F).
- clase 6: conductor extra-flexible para usos móviles (símbolo -H).

En algunas aplicaciones el REBT especifica una condición de flexibilidad del conductor. Por ejemplo, en la ITC-BT-16 establece que el cableado de la centralización de contadores debe realizarse con conductores de Clase 2.

4.2.2.2 Tipología del cable

Los conductores eléctricos junto con su aislamiento pueden fabricarse de las siguientes formas:

- **Cable unipolar:** Está constituido por un único conductor con su correspondiente recubrimiento aislante (Figura 4.2.a).
- **Cable multipolar:** Varios conductores provistos cada uno de ellos de su cubierta aislante y, por tanto, eléctricamente independientes, se reúnen mediante una cubierta adicional común (Figura 4.2.b).

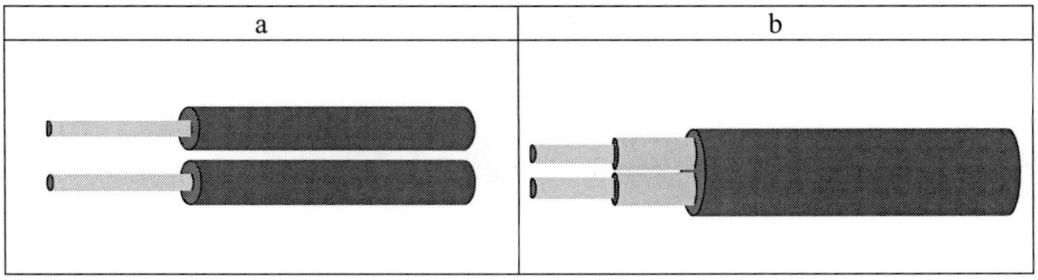

Figura 4.2. *Tipologías de cables: a) Cables unipolares, b) Cable multipolar*

La elección de una tipología para una instalación eléctrica concreta depende del criterio del proyectista que valorará factores como el coste, la facilidad de ejecución, etc. y se realizará siempre conforme a la reglamentación. La tabla 4.12 resume lo estipulado por el REBT respecto a este concepto.

Tabla 4.12. *Tipologías admitidas en cada elemento de las instalaciones eléctricas de BT*

	LGA	**Cableado Centralización Contadores**	**Derivaciones individuales**	**Circuitos interiores en viviendas**	**Circuitos interiores generales**
Unipolares	Admitido	Admitido	Admitido	Admitido	Admitido (Según tipo instalación)
Multipolares	No admitido	No admitido	Admitido 0,6/1 kV	Admitido (No utilizado)	Admitido
Normativa	ITC-BT-14	GUIA-BT-16	ITC-BT-15	GUIA-BT-26	ITC-BT-20

4.2.2.3 Tensión de aislamiento mínima

En esencia, los recubrimientos aislantes de los conductores tienen la función de asegurar la protección de las personas frente a contactos directos y evitar el cortocircuito entre elementos a distinta tensión. Consecuentemente, su espesor debe estar calibrado para una determinada tensión de aislamiento o diferencia de potencial que es capaz de soportar sin que se produzca su perforación. Por motivos de seguridad, el REBT establece unos valores mínimos de este parámetro para cada uno de los elementos de las instalaciones eléctricas (Tabla 4.13).

Tabla 4.13. *Tensiones de aislamiento admitidas en cada elemento de la instalación eléctrica*

<table>
<tr><th></th><th>LGA</th><th>Cableado Centralización Contadores</th><th>Derivaciones individuales</th><th>Circuitos interiores en viviendas</th><th>Circuitos interiores generales</th></tr>
<tr><td rowspan="2">Valor</td><td rowspan="2">0,6/1 kV</td><td rowspan="2">450/750 kV</td><td>0,6/1 kV multipolares o en tubos enterrados</td><td rowspan="2">450/750 kV</td><td rowspan="2">Depende del sistema de instalación</td></tr>
<tr><td>450/750 kV resto</td></tr>
<tr><td>Normativa</td><td>ITC-BT-14</td><td>ITC-BT-16</td><td>ITC-BT-15</td><td>ITC-BT-26</td><td>ITC-BT-20</td></tr>
</table>

NOTA: Los locales con características especiales (que contienen bañera o ducha, pública concurrencia, locales húmedos, etc.) tienen sus exigencias especificas que deben consultarse en las correspondientes Instrucciones Técnicas Complementarias del REBT.

4.2.2.4 Condiciones de protección contra incendios de los aislamientos

En julio de 2013 entró en vigor el Reglamento de Productos de la Construcción o *Construction Products Regulation* (CPR), normativa europea que afecta a todos los productos que se incorporan de forma permanente en las obras de construcción y establece un sistema de clasificación de esos productos según sea su comportamiento frente al fuego. Los cables de las instalaciones eléctricas son considerados productos de la construcción por lo que deben cumplir con dicha reglamentación. Además, en su caso, hay una norma, la UNE-EN 50575 de "Cables de energía, control y comunicación. Cables para aplicaciones generales en construcciones sujetos a requisitos de reacción al fuego", que desarrolla y concreta esta clasificación.

En este contexto, la clasificación de un cable frente al fuego se aborda desde los siguientes conceptos:

- **Reacción al fuego**. Hace referencia a cómo puede contribuir el cable, por su propia composición y naturaleza junto con los procesos de descomposición que se producen en estas circunstancias, a la propagación del incendio. Se centra básicamente en aspectos diferenciados: el calor emitido por su propia combustión y/o por las partículas incandescentes que desprende, la cantidad y transparencia de los humos y, por último, la acidez de los gases emanados.
- **Emisión de sustancias peligrosas**. Las alteraciones físicas y químicas que sufre el elemento en su exposición al fuego pueden dar lugar a emisiones de gases y humos que resulten dañinas para los equipos y peligrosas para las personas.
- **Resistencia al fuego**. Consiste en la capacidad que tiene un cable de mantener la continuidad del suministro durante un cierto tiempo en una situación de incendio. Este aspecto es muy importante para mantener en funcionamiento los servicios de emergencia y facilitar así la evacuación. Sin embargo, a nivel normativo todavía no se ha desarrollado una clasificación que la contemple.

Teniéndolos en cuenta, se definen las Euroclases de cables, clasificación común en todos los países miembros de la Unión Europea que establece diferentes grupos en función de la energía liberada y su intervención en la propagación del fuego, sintetizadas en la Tabla 4.14.

Tabla 4.14. *Clasificación europea de los cables según su comportamiento frente al fuego*

Designación Euroclase de cable	Designación	Características	Ejemplo
Incombustibles	A_{ca}	No reacciona frente al fuego.	Cable de vidrio, sílice, etc. Materiales que no son de uso habitual y se emplearían en condiciones muy específicas ya que se trata de la exigencia más alta.

Designación Euroclase de cable	Designación	Características	Ejemplo
Combustible no inflamable	$B1_{ca}$	Muy baja reacción al fuego: no propaga la llama, no propaga el incendio (1,75 m) y la emisión de calor es muy baja.	Poliolefina, PVC, XLPE, goma, materiales habituales en la fabricación de cables.
Combustible difícilmente inflamable	$B2_{ca}$	Baja reacción al fuego. Su propagación del incendio es muy limitada (1,5 m), no lo propaga de forma continua, no propaga la llama y emite muy poco calor.	Poliolefina, PVC, XLPE, goma, materiales habituales en la fabricación de cables.
Combustible difícilmente inflamable	C_{ca}	Reacción al fuego reducida. Propaga el fuego de forma limitada (2 m), no lo hace de forma continua, sin propagación de llama y emite muy poco calor.	Poliolefina, PVC, XLPE, goma, materiales habituales en la fabricación de cables.
Moderadamente combustible	D_{ca}	Reacción al fuego mejorada. Posee efecto retardado en la propagación de la llama y su emisión de calor está mejorada.	Poliolefina, PVC, XLPE, goma, materiales habituales en la fabricación de cables.

Designación Euroclase de cable	**Designación**	**Características**	**Ejemplo**
Combustible fácilmente inflamable	E_{ca}	Reacción al fuego básica. No propagador de la llama.	Poliolefina, PVC, XLPE, goma, materiales habituales en la fabricación de cables.
Sin comportamiento declarado	F_{ca}	Su reacción y resistencia ante el fuego es totalmente imprevisible, no está verificada.	Poliolefina, PVC, XLPE, goma, materiales habituales en la fabricación de cables.

Existe toda una serie de ensayos normalizados que los fabricantes de cables deben realizar para determinar la clasificación de sus productos acordes con la generación de calor en la combustión, el índice de propagación del fuego y la propagación de la llama. Esta nueva normativa es más exigente en sus ensayos que las que se aplicaban con anterioridad al CPR.

Por otro lado, dentro de los materiales combustibles, se puede establecer una subclasificación atendiendo a tres aspectos de comportamiento en el caso de fuego:

- **La densidad, velocidad de generación y la opacidad de los humos originados en la combustión**. Estos parámetros afectan a la seguridad y facilidad de evacuación que tienen las personas que son sorprendidas por un incendio en un recinto cerrado. La clasificación que se da es la siguiente:
  - s1: Poca producción de humo y propagación lenta. Dentro de esta clasificación se distingue entre dos posibilidades:
    - s1a: Los requisitos de un s1 con una transparencia de humos superior al 80%.
    - s1b: Cumple las especificaciones de escasa generación de humo de propagación lenta con una transparencia entre el 80% y el 60%.

· s2: La producción de humo y su velocidad de propagación es media.

· s3: No cumple con las especificaciones de ninguno de los anteriores.

- Desprendimiento de gotas en la combustión. Según si se generan gotas y partículas inflamadas y en qué proporción lo hacen, los cables se clasifican en:

  · d0: No se produce ninguna durante los 20 minutos que dura el ensayo normalizado.

  · d1: Las que se producen se extinguen antes de 10 segundos.

  · d2: No cumple los requisitos de ninguno de los dos grupos anteriores.

- **La acidez de los gases producidos**. Los gases ácidos producidos en un incendio, más allá de la toxicidad de algunos de ellos, son muy perjudiciales para los equipos electrónicos e informáticos por lo que existe una clasificación según su acidez para poder seleccionar adecuadamente el cable para una determinada aplicación. La clasificación es:

  · a1: Baja acidez, con una conductividad de los gases producidos inferior a 2,5 µs/mm y pH mayor de 4,3.

  · a2: Acidez media, con valores de conductividad de 10 µs/mm y pH superior a 4,3.

  · a3: No se puede clasificar dentro de las dos clases anteriores.

Con todo esto, los cables habituales de uso en instalaciones eléctricas entrarían dentro de los grupos que se recogen en la Tabla 4.15, donde también se indican las normas de aplicación que establecen los ensayos que deben superar para que puedan considerarse incluidos dentro de ese grupo.

Tabla 4.15. *Las Euroclases de cables según su contribución al desarrollo del fuego y la normativa de aplicación para la realización de ensayos. Nótese que los ensayos se limitan a unas clases determinadas y no a todos.*

Clases	Criterios de Clasificación				Clasificación Adicional			
	EN ISO 1716 Poder Calorífico	EN 50399 Emisión de calor e índice de crecimiento del fuego	EN 50399 No propagación del incendio	En 60332-1-2 No propagación de la llama	EN 50399 Producción de humos	EN 61034 Transmitancia de humos	EN 50399 Caída de partículas inflamadas	En 60754-2 Acidez
A_{ca}								
$B1_{ca}$								
$B2_{ca}$					↓ s1	↓ s1a s1b	↓ d0	↓ a1
C_{ca}					s2		d1	a2
D_{ca}					s3		d2	a3
E_{ca}								
F_{ca}								

La nomenclatura de los cables se estructura en hasta 4 dígitos cuyo orden es el siguiente:

- Primer dígito: Euroclase.
- Segundo dígito: Producción de humo.
- Tercer dígito: Generación de gotas y/o partículas inflamables.
- Cuarto dígito: Acidez de los gases emanados.

Ejemplo 4.5

Propiedades de un cable Cca s1a d1 a2

Solución:

Se trata de un cable de la Euroclase C_{ca} (combustible pero con poca contribución al incendio), con producción de humo tipo s1a (poca producción de humo con velocidad de propagación lenta y humo con transparencia superior al 80 %), con producción de gotas y/o partículas inflamables d1 (las que se producen se extinguen en 10 segundos) y acidez de los gases emitidos a2 (conductividad de 10 μs/mm y pH mayor que 4,3).

El REBT establece una serie de exigencias en cuanto a su comportamiento en caso de incendio en algunos de los componentes de las instalaciones eléctricas. La Tabla 4.16 sintetiza los requisitos de los elementos más característicos de las instalaciones de viviendas, así como la Euroclase mínima que los cumple.

Tabla 4.16. *Requisitos exigibles por el REBT a los cables de algunos elementos de las instalaciones eléctricas de BT y la Euroclase mínima aplicable*

<table>
<tr><th>Elemento</th><th>Instrucción del REBT</th><th>Exigencia de comportamiento frente al fuego</th><th>Cable mínimo según el código CPR</th></tr>
<tr><td>Línea General de Alimentación</td><td>ITC-BT-14</td><td rowspan="5">No propagadores de incendio y con emisión de humos y opacidad reducida</td><td rowspan="5">C_{ca}-s1b,d1,a1 (Equivalente al cable AS o de Alta Seguridad según normativa anterior)</td></tr>
<tr><td>Cableado de la Centralización de contadores</td><td>ITC-BT-16</td></tr>
<tr><td>Derivaciones individuales</td><td>ITC-BT-15</td></tr>
<tr><td>Locales de pública concurrencia</td><td>ITC-BT-28</td></tr>
<tr><td>Locales con riesgo de incendio y explosión</td><td>ITC-BT-29</td></tr>
<tr><td>Sistemas de instalación en general</td><td>ITC-BT-20</td><td>No propagadores de la llama</td><td>E_{ca}</td></tr>
</table>

4.2.3 Cables más habituales empleados en las instalaciones eléctricas de BT

Una vez expuestas las exigencias del REBT respecto a ciertas características de los cables, cabe resaltar que además de estas conviene tener en cuenta los hábitos o costumbres adoptados en la práctica. Por ello se exponen en la Tabla 4.17 la relación de los cables más empleados en las distintas partes de las instalaciones eléctricas.

Tabla 4.17. *Cables más utilizados normalmente según el tipo de instalación. Fuente FACEL*

ITC-BT	TIPO INSTALACIÓN			CABLE HABITUAL
06	DISTRIBUCIÓN	aérea	Conductor aislado	RZ (Cu o Al)
			Conductor desnudo	Cu duro, AL1/ST1A, AL1/A20SA
07		subterránea		RV, XZ1
11		acometidas	Aéreas	RZ (Cu o Al)
			Subterráneas	RV, XZ1
14	ENLACE	Línea general de alimentación		RZ1-K (Mínimo C_{ca}-s1b,d1,a1)
15		Derivación individual		ES07Z1-K (AS), RZ1-K (Mínimo C_{ca}-s1b,d1,a1)
16		Centralización contadores		H07Z-R, ES07Z1-R (Mínimo C_{ca}-s1b,d1,a1)
09	ALUMBRADO EXTERIOR	Acometidas		subterráneas o aéreas con cables aislados
		Red alimentación	Aérea	RZ (Cu)
			subterránea	VV-K, RV-K
		Interior de los soportes		VV-K, RV-K
		Luminarias suspendidas		VV-K, RV-K
		Puesta a tierra		Cu desnudo, H07V-U, H07V-R, H07V-K
20	INTERIORES O RECEPTORAS	Bajo Tubo	Tensión asig. 450/750 V	H07V-K, ES07V-K (Mínimo C_{ca}-s1b,d1,a1)
			Tensión asig. 0,6/1 kV	VV-K, RV-K, RZ1-K (Mínimo C_{ca}-s1b,d1,a1)
		Sobre las paredes		VV-K, RV-K, RZ1-K (Mínimo C_{ca}-s1b,d1,a1)
		Empotrado en la estructura		RV-K
		Aéreos		RZ (Cu, Al)
		Huecos construcción	Tubo o canal	H07V-K, ES07V-K (Mínimo C_{ca}-s1b,d1,a1)
			Directo	VV-K, RV-K, RZ1-K (Mínimo C_{ca}-s1b,d1,a1)
		Canal apertura herramienta		H07V-K, ES07Z1-K (Mínimo C_{ca}-s1b,d1,a1)
		Canal apertura sin herramienta		H05VV-F, H05Z1Z1-F
		Bajo molduras		H07V-K, ES07Z1-K (Mínimo C_{ca}-s1b,d1,a1)
		En bandeja		VV-K, RV-K, RZ1-K (Mínimo C_{ca}-s1b,d1,a1)

ITC-BT	TIPO INSTALACIÓN			CABLE HABITUAL
26	INTERIORES EN VIVIENDAS	General		H07V-U, H07V-R, H07V-K
27		Locales con bañera o ducha		H07V-U, H07V-R, H07V-K, H05VV-F
28	LOCALES DE PÚBLICA CONCURRENCIA	General		ES07Z1-K (Mínimo C^{ca}-s1b,d1,a1), RZ1-K (Mínimo C^{ca}-s1b,d1,a1)
		Conexión interior de cuadros		ES07Z1-K (Mínimo C^{ca}-s1b,d1,a1)
		Circuitos de servicios de seguridad		Cables Resistentes al Fuego
29	LOCALES CON RIESGO DE INCENDIO Y EX.	Instalación fija bajo tubo		H07V-K (+ no propagador de incendio), ES07Z1-K (Mínimo C^{ca}-s1b,d1,a1)
		Cables con protección mecánica		RVMV-K, RVMV (+ no propagador de incendio), RZ1MZ1-K
		Alimentación de equipos portátiles		H07RN-F
30	LOCALES ESPECIALES	Local húmedo	Bajo tubo	H07V-K, H07V-U, H07V-R
			Canal aislante	H05VV-F, H05Z1Z1-F
			Sin tubo protector	RVMV-K, RVMV
		Local mojado	Bajo tubo	H07V-K, H07V-U, H07V-R
			Canal aislante	RV-K, H07RN-F
		Local a temperatura elevada		T<50 °C: se aplica factor de reducción para Imax T>50 °C: H07V2-K, H07G-K
		Local a temperatura baja		Consultar con fabricante
31	PISCINAS Y FUENTES	Piscinas volúmenes 0,1,2		Igual que locales mojados
		Fuentes volúmenes 0,1		Igual que locales mojados
32	MÁQ. ELE. Y TRANSPORTE	General		Consultar con fabricante
		Servicios móviles al exterior		H07RN-F
33	PROVISIONALES Y TEMP. OBRAS	Acometidas y exteriores		H07RN-F
		Interiores		H05VV-F, H07RN-F
34	FERIAS Y STANDS	Interiores		H05VV-F, H05Z1Z1-F, H07RN-F
		Exteriores		H07RN-F
		Alumbrados festivos		H03RN-F, H05RN-F, H07RNH2-F, H03VH7-H
41	CARAVANAS	Dispositivos de conexión		H07RN-F
		Caravanas		H07V.K, H07V-R, H07RN-F
42	PUERTOS Y BARCOS REC.	Contacto con agua		H07RN8-F
		Conexión a barcos		H07RN-F
44	RECEPTORES ALUMBRADO	Suspendidos		Consultar con fabricante
		Cableado Interno		Cables 300/300 (consultar fabricante)
		Rótulos luminosos		Cables según UNE-EN 50143
49	MUEBLES			H05VV-F, H05RR-F

Nota: Los cables en los que no se especifica sus condiciones de respuesta frente a incendios deben ser de seguridad básica, es decir, mínimo E_{ca}.

4.3 Sistemas de Instalación

Además de determinar el tipo de cable que se va a emplear en una cierta aplicación, otra elección previa a la fase de dimensionado es el sistema de instalación de los conductores. Existen infinidad de posibilidades, la mayoría de ellas recogidas en la ITC-BT-20, siendo las siguientes las más destacadas en instalaciones de interior:

- **Conductores aislados en tubos:** Los conductores se alojan en el interior del tubo y su tensión de aislamiento mínima ha de ser 450/750 V. Estos a su vez pueden instalarse de distintas formas:

  · **Tubos en canalizaciones empotradas:** los tubos se alojan en regatas y no son visibles a los usuarios. Se emplean tubos rígidos, curvables o flexibles.

  · **Tubos en canalizaciones fijas en superficie:** los tubos quedan a la vista al colocarse sobre las paredes mediante sujeciones de tipo brida. Se utilizan preferentemente tubos rígidos aunque en casos especiales también son admisibles los curvables.

  · **Canalizaciones aéreas o con tubos al aire:** son propias de las alimentaciones a máquinas u otros elementos de movilidad restringida y se utilizan tubos curvables.

- **Conductores aislados fijados directamente sobre las paredes:** Para ello se emplearán cables de tensión asignada mínima 0,6/1 kV provistos de aislamiento y cubierta que se fijan a las paredes mediante bridas, abrazaderas o collares lo suficientemente próximos entre sí para que el cable no se doble por su propio peso y nunca separados más de 40 cm.

- **Conductores aislados enterrados:** Los cables se entierran a una profundidad mínima de 60 cm en acera y 80 cm en calzada y de acuerdo con las condiciones que se dictan en la ITC-BT-07. Existen dos posibilidades de ejecución:

  · **Cables directamente enterrados:** para ello se entierran cables con cubierta de tensión de aislamiento mínimo 0,6/1 kV.

  · **Bajo tubo.**

- **Conductores aislados directamente empotrados en estructuras:** Los cables discurren empotrados en estructuras sin tubos protectores. En este caso deben llevar preceptivamente cubierta y el aislamiento ha de permitir alcanzar temperaturas de hasta 90 °C, es decir, ha de ser de material termoestable.

- **Conductores aéreos:** Este tipo de instalación es exclusiva de líneas de distribución aérea y se rige por la ITC-BT-06.

- **Conductores aislados en el interior de huecos de la construcción:** Los cables se disponen en huecos de la construcción situados en muros, paredes, vigas, forjados o techos siempre que adopten la forma de conductos continuos o que discurran entre dos superficies paralelas, como es el caso del falso techo. Los cables empleados deben tener una tensión de aislamiento mínima de 450/750 V y ser no propagadores de la llama.

- **Conductores aislados bajo canales protectoras:** Los cables se alojan en canales formados por un perfil que se cierra mediante una tapa desmontable. Existen dos tipos de canales:

  · Canales con grado de protección mínimo IP4X (impide la penetración de cuerpos sólidos de más de 1 mm) y clasificados como «canales con tapa de acceso que solo puede abrirse con herramienta». En este sistema se permite la colocación de conductores aislados de tensión asignada 450/750 V, instalar mecanismos (interruptores, tomas de corriente, etc.) y realizar en su interior empalmes y la conexión de los conductores a los mecanismos.

  · Canales con grado de protección inferior a IP4X o clasificados como «canales con tapa de acceso que puede abrirse sin herramientas». Únicamente está permitido emplear conductores aislados bajo cubierta estanca de tensión asignada mínima 300/500 V.

- **Conductores aislados bajo molduras:** Los cables discurren en las ranuras de molduras, guarniciones de puertas, astrágalos o rodapiés ranurados que cumplan con las exigencias de la ITC-BT-20. Deben ejecutarse con cables de tensión asignada mínima 450/750 V.

- **Conductores aislados en bandeja o soportes de bandeja**. Esta instalación solamente se permite con cables dotados de cubierta.

- **Canalizaciones eléctricas prefabricadas**. Constituyen un sistema de instalación muy versátil y, por tanto, muy adecuado para instalaciones industriales y comerciales cuyas necesidades son cambiantes. Distribuyen la energía eléctrica a lo largo del local de manera que los receptores se conectan directamente a ellas en cualquiera de sus tramos. Estas canalizaciones deben satisfacer las normas UNE pertinentes (UNE EN 60570 para iluminación y UNE 60439-6 para uso general) y deben gozar de un grado de protección adecuado a las características del local donde se instalan.

La Figura 4.4 muestra imágenes de diferentes formas de instalación.

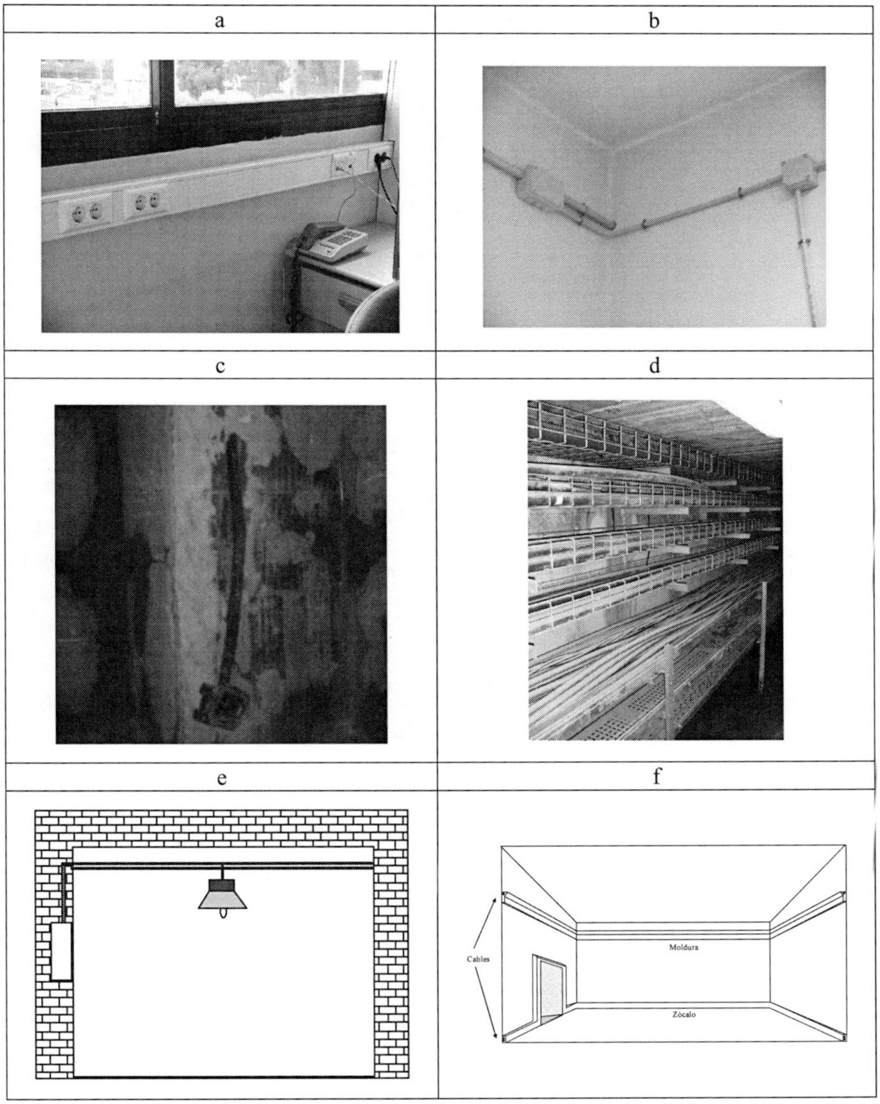

Figura 4.4. *Diferentes formas de instalación: a) conductores aislados en canales protectoras, b) conductores aislados en el interior de tubos en montaje superficial, c) conductores aislados en tubos empotrados en obra, d) conductores en bandejas, e) conductores aislados en falso techo, f) conductores aislados en zócalos y molduras*

En cuanto a los sistemas de instalación admisibles en cada caso, la Tabla 4.18 resume las posibilidades establecidas en el REBT.

Tabla 4.18. *Sistemas de instalación admisibles en los distintos elementos de la instalación eléctrica*

LGA y Derivaciones Individuales	Circuitos interiores en viviendas	Circuitos interiores generales
Conductores aislados en tubos empotrados. Conductores aislados en tubos enterrados. Conductores aislados en tubos en montaje superficial. Conductores aislados en canales protectoras cuya tapa solo se pueda abrir con ayuda de un útil. Canalizaciones prefabricadas (UNE-EN 60.439). Conductores aislados en conductos cerrados de obra de fábrica.	**Instalaciones empotradas** Cables aislados en tubo flexible. Cables aislados en tubo curvable. **Instalaciones superficiales** Cables aislados en tubo flexible. Cables aislados en tubo curvable. Cables aislados en canal protector. Canalizaciones prefabricadas.	Conductores aislados en tubos. Conductores aislados fijados directamente sobre pared. Conductores aislados enterrados. Conductores aislados directamente empotrados. Conductores aéreos. Conductores aislados en huecos de la construcción. Conductores aislados en canales protectores. Conductores aislados bajo molduras. Conductores aislados en bandejas. Canalizaciones prefabricadas.
ITC-BT-14 ITC-BT-15	ITC-BT-26	ITC-BT-20

4.4 Cálculo de Secciones

4.4.1 Consideraciones previas

El cálculo de la sección de los conductores constituye una pieza fundamental del diseño de una instalación eléctrica. Las dimensiones escogidas han de ser capaces de soportar las intensidades de corriente para las que ha sido concebida la instalación, garantizando la seguridad y el funcionamiento adecuado de los receptores a lo largo de su vida útil. De ahí que se establezcan unos valores de sección mínimos reglamentarios que nunca deben rebasarse. Así, el proceso de diseño comienza siempre por determinar estos valores umbrales y se aplican posteriormente consideraciones como las posibilidades de ampliación, la eficiencia energética, criterios económicos, la protección de los cables, etc. La decisión final de la magnitud de la sección corresponderá al proyectista quien hará uso de sus propios criterios y experiencia, siempre respetando los mínimos requeridos.

De forma previa a cualquier cálculo debe haberse decidido el tipo de cable que se va a emplear, sus características esenciales y su forma de instalación, todo ello partiendo de las consideraciones expuestas en apartados anteriores. A partir de ese momento se inicia el cálculo de la sección de cada uno de los conductores de la instalación aplicando diferentes criterios. De manera general, los criterios más empleados en el dimensionado de las instalaciones eléctricas son:

- Intensidad máxima admisible o criterio térmico en régimen permanente.
- Caída de tensión.
- Pérdida de potencia.
- Intensidades de cortocircuito o criterio térmico en régimen transitorio.
- Esfuerzos electromecánicos susceptibles de producirse en caso de cortocircuito.
- Otros esfuerzos mecánicos a los que pueden someterse los conductores (peso propio, tensado de catenaria, hielo, etc.).
- Económico, que resulta de confrontar el coste de las pérdidas con el de la inversión en una mayor sección.

De todos estos criterios, el de intensidad máxima admisible y el de caída de tensión son reglamentarios para la selección de secciones en instalaciones interiores en baja tensión. Además, también se utiliza el criterio de cortocircuito pero aplicado con posterioridad en la elección de la protección contra sobreintensidades, ya que depende del tiempo de actuación de la protección. Por ello, este último se plantea como una comprobación posterior.

En cuanto a los restantes criterios, o no se usan en este tipo de instalaciones, o su utilización tiene un carácter opcional.

Así, partiendo de que en principio únicamente se emplean los dos métodos primeros, existen dos posibilidades para abordar el cálculo de secciones dependiendo de si el criterio de caída de tensión se quiere realizar de forma exacta o, por contra, se prefiere simplificar el procedimiento recurriendo a un cálculo aproximado. Sin entrar en detalles de cómo implementar cada una de las dos opciones (se desarrolla en el apartado 4.3.), de manera general se procede de la siguiente forma:

- **Adoptando el cálculo exacto por caída de tensión:** se determina la sección mínima normalizada que satisface el criterio de intensidad máxima admisible y a continuación se calcula la caída de tensión que se produciría en dicha sección y se compara con el límite reglamentario establecido. Si el valor obtenido es inferior al admisible, la sección es válida; en caso contrario, se prueba con los valores de sección normalizados sucesivos hasta encontrar uno adecuado. (Figura 4.5a).
- **Adoptando el cálculo aproximado por caída de tensión:** en este caso se realizan de forma independiente los cálculos de sección por intensidad máxima admisible y por caída de tensión, obteniéndose un valor determinado en cada caso. La sección mínima válida que satisface simultáneamente los dos criterios es la mayor de las dos deducidas anteriormente. (Figura 4.5b).

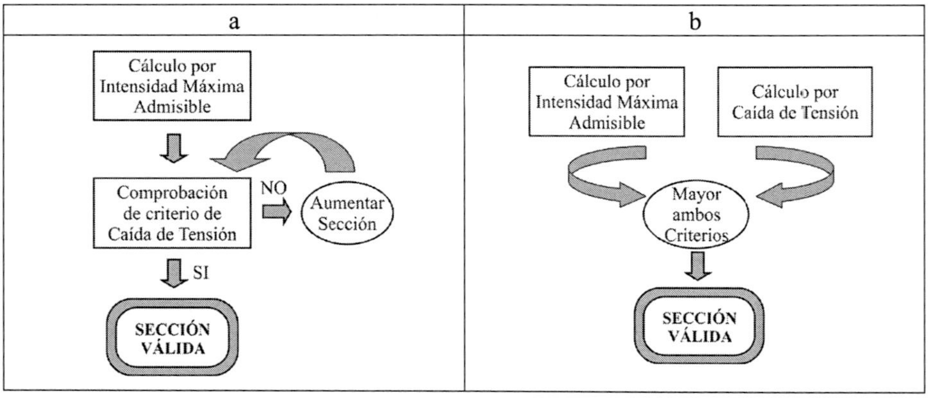

Figura 4.5. Procedimiento general de cálculo de secciones para instalaciones interiores de BT: a) Empleando cálculo exacto en el criterio de caída de tensión, b) Con cálculo aproximado de la sección por caída de tensión

Cabe resaltar que la elección de la sección para un determinado circuito no concluye hasta que se ha seleccionado la protección contra sobreintensidades que se instalará en su origen; no solo porque es a partir de ese momento cuando se tiene en cuenta el criterio de intensidad de cortocircuito, sino también porque en ocasiones la inexistencia de un calibre adecuado para proteger una sección obliga a utilizar una sección mayor de la inicialmente calculada.

A continuación se desarrollan detalladamente los procedimientos de cálculo en cada caso.

4.4.2 Cálculo de Secciones por Intensidad Admisible

4.4.2.1 En condiciones estándar

Los materiales conductores empleados en la fabricación de cables eléctricos poseen una pequeña resistencia eléctrica. Esto hace que la circulación de corriente a través de ellos genere un calor (Q_g) cuyo valor depende tanto del material conductor como de la magnitud de la intensidad de corriente que lo atraviesa. Exactamente se determina mediante la expresión [4.1]:

$$Q_g = R \cdot I^2 \cdot t \quad [4.1]$$

donde:

Q_g → Calor generado, en julios (J).

R → Resistencia del conductor, en ohmios (Ω).

I → Intensidad de corriente, en amperios (A).

t → Tiempo, en segundos (s).

Parte de ese calor producido es evacuado al exterior a través de la superficie del aislante (Q_e) y el resto se acumula en el interior del cable (Q_a) contribuyendo al aumento de temperatura tanto del conductor como del aislante. Inicialmente, cuando la corriente eléctrica empieza a circular, el calor evacuado es elevado debido a la diferencia de temperatura entre el conductor y el medio ambiente. Poco a poco, la temperatura del cable se va elevando hasta alcanzar el equilibrio térmico en el cual el valor de la temperatura se estabiliza y el calor evacuado y el generado se igualan. Para un cierto valor de la intensidad de corriente, la temperatura a la que se alcanza el equilibrio depende, entre otras cosas, de las condiciones ambientales que rodean al cable (Figura 4.6).

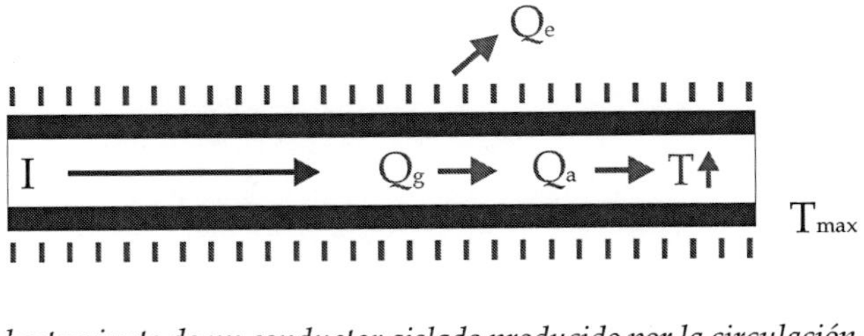

Figura 4.6. Calentamiento de un conductor aislado producido por la circulación de corriente eléctrica

Como medida de prevención frente a contactos directos de las personas con las partes activas, los conductores eléctricos se recubren con materiales aislantes. Los más comúnmente empleados son los plásticos, cuya integridad y durabilidad está supeditada a que no se sobrepase una temperatura máxima, por encima de la cual se produce el deterioro del cable y la alteración de sus propiedades dieléctricas. Su valor está en función de la sustancia empleada, distinguiéndose entre dos tipos de materiales: termoplásticos (PVC y poliolefina) y termoestables (polietileno reticulado y etileno propileno). Ambos son materiales poliméricos pero mientras que los primeros al aumentar la temperatura pierden propiedades mecánicas y se deforman al aplicarles una presión, los segundos, debido a la reticulación de sus cadenas poliméricas, al aumentar la temperatura ni se funden ni se deforman.

La Tabla 4.19. refleja los límites de temperatura para los aislantes más comunes:

Tabla 4.19. *Temperaturas máximas de funcionamiento según los tipos de aislamiento (UNE-HD 60364-5-52:2014 que sustituye a la UNE 20460-5-523:2004)*

Tipo de Aislamiento	Tipo de material	Límite de temperatura en servicio permanente
Polietileno reticulado (XLPE)	Material termoestable	90 °C En el conductor
Goma Etileno propileno (EPR)		
Policloruro de vinilo (PVC)	Material termoplástico	70 °C En el conductor
Poliolefina (Z1)		
Mineral (con cubierta termoplástica o desnudo y expuesto al contacto)	Mineral	70 °C En el conductor
Mineral (desnudo, no expuesto al contacto y no en contacto con materiales combustibles)	Mineral	105 °C En el conductor

De lo expuesto anteriormente se concluye que para un cable concreto, una forma de instalación determinada y unas condiciones ambientales fijas, la temperatura que se alcanza en el cable depende exclusivamente de la intensidad de corriente que circula a través de él. Consecuentemente, limitar la temperatura de los aislantes es equivalente a acotar el paso de la intensidad a un valor máximo por encima del cual no está garantizada ni la seguridad ni la integridad del cable. Por este motivo, se han confeccionado las denominadas tablas de intensidad admisible que reflejan los valores máximos de corriente que debe circular a través de cada sección normalizada de los distintos cables en unas ciertas condiciones de instalación.

A lo largo del REBT aparecen algunas de estas tablas, concretamente en las ITC-BT-06 e ITC-BT-07 empleadas para el cálculo de líneas de distribución en baja tensión, y en la ITC-BT-19 que se aplica en el diseño de instalaciones de enlace e interiores. Sin embargo, todas estas tablas están referenciadas a normas UNE que han sido anuladas y reemplazadas por nuevas UNE, por lo que para un cálculo de secciones hay que recurrir siempre a la UNE actualizada. En la Tabla 4.20 se exponen las normas actualizadas donde se deben buscar las tablas de intensidades máximas admisibles para cada tipo de instalación.

Tabla 4.20. *Normas UNE de consulta para el cálculo de sección por criterio de intensidad máxima admisible en cada tipo de instalación junto con las ITC-BT del REBT en donde hacen referencia:*

Tipo de instalación	Instrucción Técnica Complementaria del REBT	Norma UNE en Vigor
Líneas aéreas de distribución en BT	ITC-BT-06	UNE 21030-1:2014
Líneas subterráneas de distribución en BT	ITC-BT-07	UNE 211435:2011
Instalaciones de enlace e interiores	ITC-BT-19	UNE-HD 60364-5-52:2014

La norma UNE HD 60634-5-52 trata de la selección e instalación de canalizaciones en baja tensión (hasta 1000 V en corriente alterna y 1500 V en corriente continua), entendiendo por estas el conjunto de cables desnudos o aislados que transportan energía eléctrica. Pertenece a un conjunto de normas aplicables en el diseño y ejecución de instalaciones de baja tensión que garantizan la seguridad de las personas, animales y bienes frente a los peligros y riesgos que pueden producirse en el uso razonable de estas instalaciones, además de asegurar su buen funcionamiento. Esta norma consta de un Anexo A normativo donde se establecen los distintos sistemas de instalación de referencia y la equivalencia a estos de muchos otros sistemas de instalación. A continuación está el Anexo B, con carácter informativo, donde aparecen 12 tablas de intensidad admisible (de la B.52.2 a la B.52.13) que corresponden a diferentes aislamientos, tipos de suministro y sistemas de instalación. Para localizar la tabla adecuada en cada situación particular se debe partir del sistema de instalación adoptado.

En la citada norma, los sistemas de instalación se clasifican en dos grupos:

- **Métodos de instalación de referencia:** Son aquellos cuya intensidad máxima admisible ha sido determinada o bien mediante cálculos, o bien a través de ensayos. Se designan como:

  · A1: Conductores aislados en tubos en una pared térmicamente aislante.

  · A2: Cable multipolares en tubos en una pared térmicamente aislante.

  · B1: Conductores aislados en tubos sobre una pared de madera. En paredes de mampostería son equivalentes a este sistema.

  · B2: Cable multipolares en tubos sobre una pared de madera. En paredes de mampostería son equivalentes a este sistema.

  · C: Cable unipolar o multipolar en una pared de madera.

  · D1: Cable multipolar en conductos en el suelo.

  · D2: Cables multipolares diseñados para enterrarse directamente en el suelo.

  · E: Cables multipolares sobre bandejas perforadas en recorrido horizontal o vertical.

  · F: Cables unipolares sobre bandejas perforadas en recorrido horizontal o vertical.

  · G: Conductores aislados o desnudos sobre aisladores.

  Las intensidades admisibles para estos sistemas figuran en las tablas de la B.52.2 a la B.52.13 de la norma UNE.

- **Otros métodos de instalación:** Es cualquiera que no se encuentre en el grupo anterior. En la tabla A.52.3 de la UNE aparecen todos los métodos reconocidos y la equivalencia a un determinado método de referencia, lo que implica que pueden utilizarse las tablas de intensidad admisible correspondientes al método de referencia en condiciones de seguridad.

En la tabla B.52.1 de la UNE 60.364-5-52 se relacionan cada uno de los métodos de instalación de referencia junto con las tablas de intensidad admisible, en función de los cables empleados en la instalación y del tipo de suministro de aplicación en cada caso.

La Tabla 4.21 de este texto es equivalente a la de la norma UNE.

Tabla 4.21. *Referencias a las tablas de intensidad máxima admisible de la UNE 60.364-5-52 para el cálculo de secciones en función del sistema de referencia conforme con la instalación que se está diseñando.*

Instalación de referencia	Tabla y columna							
	Intensidad admisible para los circuitos simples					Factor de temperatura ambiente	Factor de reducción por agrupamiento	Factor de corrección por resistividad térmica del terreno
	Aislamiento PVC		Aislamiento XLPE o EPR		Aislamiento mineral			
	Número de conductores							
	2	3	2	3	1, 2 y 3			
A1	B.52.2 Col 2	B.52.4 Col 2	B.52.3 Col 2	B.52.5 Col 2	-	B-52-14	B-52-17	-
A2	B.52.2 Col 3	B.52.4 Col 3	B.52.3 Col 3	B.52.5 Col 3	-	B-52-14	B-52-17	-
B1	B.52.2 Col 4	B.52.4 Col 4	B.52.3 Col 4	B.52.5 Col 4	-	B-52-14	B-52-17	-
B2	B.52.2 Col 5	B.52.4 Col 5	B.52.3 Col 5	B.52.5 Col 5	-	B-52-14	B-52-17	-
C	B.52.2 Col 6	B.52.4 Col 6	B.52.3 Col 6	B.52.5 Col 6	Cubierta 70 °C B.52.6 Cubierta 105 °C B.52.7	B-52-14	B-52-17	-
D1	B.52.2 Col 7	B.52.4 Col 7	B.52.3 Col 7	B.52.5 Col 7	-	B-52-15	B-52-19	B-52-16
D2	B.52.2 Col 8	B.52.4 Col 8	B.52.3 Col 8	B.52.5 Col 8	-	B-52-15	B-52-19	B-52-16
E	Cobre B.52.10 Aluminio B.52.11		Cobre B.52.12 Aluminio B.52.13		-	B-52-14	B-52-20	-
F	Cobre B.52.10 Aluminio B.52.11		Cobre B.52.12 Aluminio B.52.13		-	B-52-14	B-52-21	-
G	Cobre B.52.10 Aluminio B.52.11		Cobre B.52.12 Aluminio B.52.13		-	B-52-14	-	-

Cuando se quiere identificar la tabla de intensidad admisible para una situación concreta, si el sistema de instalación es de referencia, basta con localizarlo en la Tabla 4.21 (B.52.1 de la UNE 60.364-5-52) y buscar la columna correspondiente al tipo de aislamiento empleado y a la naturaleza del suministro; con ello se determina la casilla donde se indica la tabla de intensidad admisible correspondiente. Cuando el sistema de instalación no es de referencia pero se trata de un método reconocido, se empieza por consultar Tabla A.52.3 de la UNE 60.364-5-52 para averiguar a qué método de referencia equivale y después se procede análogamente al caso anterior.

Nota: Para entender los siguientes ejemplos es imprescindible consultar la norma UNE 60.364-5-52:2014.

Ejemplo 4.6

Se tiene un receptor monofásico a 230 V alimentado mediante cables unipolares sobre una bandeja perforada en recorrido horizontal, con aislamiento de polietileno reticulado y conductores de cobre. Suponiendo una temperatura de referencia de 30 °C, determina qué tabla y qué columna deben consultarse para ver las intensidades máximas admisibles de las diferentes secciones de los cables empleados.

Solución:

Se trata de un sistema de instalación de referencia, concretamente el F. Si se consulta la Tabla 4.21 (Tabla B.52.1 de la UNE), en la columna de XLPE o EPR, teniendo presente que no hay una tabla diferenciada para sistemas monofásicos y trifásicos, se deduce que la tabla de intensidad admisible que debe utilizarse es la B.52.12. En el encabezado de la tabla se especifica que la temperatura de referencia es de 30 °C, tal y como lo plantea el enunciado. En dicha tabla, deberíamos mirar la columna 4 que es la que corresponde al sistema de instalación F y a dos conductores cargados dispuestos en contacto. En este caso no se contempla la posibilidad de cables multipolares y la sección más pequeña que podría emplearse para este caso sería 25 mm^2.

Ejemplo 4.7

Un receptor trifásico a 400 V se alimenta a través de un cable multipolar con conductores de cobre y aislamiento de etileno propileno instalado en un canal suspendido sin que coexista en él ningún otro circuito y siendo la temperatura de referencia 30 °C. Indica la tabla de intensidad admisible necesaria para el cálculo de la sección.

Solución:

La instalación en canales suspendidos no constituye un sistema de referencia aunque si lo es reconocido. Por tanto, debe consultarse la tabla A.52.3 de la norma UNE 60.364-5-52 para determinar a qué sistema de referencia es equivalente. En dicha tabla aparece como el sistema número 11 y es equivalente al B2. En la Tabla 4.21 (B.52.1 de la UNE) se ve que por tratarse de un sistema con tres conductores y aislamiento de EPR, las intensidades admisibles figuran en la columna 5 de la tabla B.52.5.

En la práctica la mayoría de las instalaciones eléctricas de baja tensión utilizan sistemas de instalación de referencia y cables con aislamientos plásticos. Por otro lado, en España debe adoptarse como patrón una temperatura ambiente de 40 °C. Por ello, en el Anexo C de la norma UNE 60.364-5-52:2014 aparece la tabla C.52.1 bis como simplificación de algunas de las tablas restantes para facilitar la localización de las secciones por el criterio de intensidad máxima admisible. En este texto aparece como la Tabla 4.22.

Tabla 4.22. *Intensidades máximas admisibles en amperios (A) para instalaciones con cables no enterrados y temperatura ambiente 40 °C. Se corresponde con la Tabla C.52.1 bis de la UNE 60.364-5-52:2014 que ha reemplazado a la UNE 20460-5-523:2004. Se trata de una tabla informativa y simplificada, por lo que para un cálculo preciso se recomienda utilizar las tablas del Anexo B de la citada norma.*

Método de instalación	***Número de conductores cargados y tipo de aislamiento***																	
A1		3PVC	2PVC				3XLPE		2XLPE									
A2	3PVC	2PVC			3XLPE		2XLPE											
B1				3PVC		2PVC					3XLPE				2XLPE			
B2			3PVC	2PVC					3XLPE		2XLPE							
C						3PVC				2PVC			3XLPE			2XLPE		
E								3PVC				2PVC			3XLPE		2XLPE	
F										3PVC				2PVC		3XLPE		2XLPE
Sección mm² Cobre	*2*	*3*	*4*	*5a*	*5b*	*6a*	*6b*	*7a*	*7b*	*8a*	*8b*	*9a*	*9b*	*10a*	*10b*	*11*	*12*	*13*
1,5	*11*	*11,5*	*12,5*	*13,5*	*14*	*14,5*	*15,5*	*16*	*16,5*	*17*	*17,5*	*19*	*20*	*20*	*20*	*21*	*23*	-
2,5	*15*	*15,5*	*17*	*18*	*19*	*20*	*20*	*21*	*22*	*23*	*24*	*26*	*27*	*26*	*28*	*30*	*32*	-
4	*20*	*20*	*22*	*24*	*25*	*26*	*28*	*29*	*30*	*31*	*32*	*34*	*36*	*36*	*38*	*40*	*44*	-
6	*25*	*26*	*29*	*31*	*32*	*34*	*36*	*37*	*39*	*40*	*41*	*44*	*46*	*46*	*49*	*52*	*57*	-

Método de instalación	*Número de conductores cargados y tipo de aislamiento*																
A1		*3PVC*	*2PVC*				*3XLPE*		*2XLPE*								
A2	*3PVC*	*2PVC*			*3XLPE*		*2XLPE*										
B1				*3PVC*		*2PVC*					*3XLPE*				*2XLPE*			
B2			*3PVC*	*2PVC*					*3XLPE*		*2XLPE*						
C						*3PVC*				*2PVC*			*3XLPE*			*2XLPE*		
E								*3PVC*				*2PVC*			*3XLPE*		*2XLPE*	
F										*3PVC*				*2PVC*		*3XLPE*		*2XLPE*
Sección mm² Cobre	*2*	*3*	*4*	*5a*	*5b*	*6a*	*6b*	*7a*	*7b*	*8a*	*8b*	*9a*	*9b*	*10a*	*10b*	*11*	*12*	*13*
10	*33*	*36*	*40*	*43*	*45*	*46*	*49*	*52*	*54*	*54*	*57*	*60*	*63*	*65*	*68*	*72*	*78*	-
16	*45*	*48*	*53*	*59*	*61*	*63*	*66*	*69*	*72*	*73*	*77*	*81*	*85*	*87*	*91*	*97*	*104*	-
25	*59*	*63*	*69*	*77*	*80*	*82*	*86*	*87*	*91*	*95*	*100*	*103*	*108*	*110*	*115*	*122*	*135*	*146*
35	-	-	-	*95*	*100*	*101*	*106*	*109*	*114*	*119*	*124*	*127*	*133*	*137*	*143*	*153*	*168*	*182*
50	-	-	-	*116*	*121*	*122*	*128*	*133*	*139*	*145*	*151*	*155*	*162*	*167*	*174*	*188*	*204*	*220*
70	-	-	-	*148*	*155*	*155*	*162*	*170*	*178*	*185*	*193*	*199*	*208*	*214*	*223*	*243*	*262*	*282*
95	-	-	-	*180*	*188*	*187*	*196*	*207*	*216*	*224*	*234*	*241*	*252*	*259*	*271*	*298*	*320*	*343*
120	-	-	-	*207*	*217*	*216*	*226*	*240*	*251*	*260*	*272*	*280*	*293*	*301*	*314*	*350*	*373*	*397*
150	-	-	-	-	-	*247*	*259*	*276*	*289*	*299*	*313*	*322*	*337*	*343*	*359*	*401*	*430*	*458*
185	-	-	-	-	-	*281*	*294*	*314*	*329*	*341*	*356*	*368*	*385*	*391*	*409*	*460*	*493*	*523*
240	-	-	-	-	-	*330*	*345*	*368*	*385*	*401*	*419*	*435*	*455*	*468*	*489*	*545*	*583*	*617*

Método de instalación	*Número de conductores cargados y tipo de aislamiento*																	
A1		*3PVC*	*2PVC*				*3XLPE*		*2XLPE*									
A2	*3PVC*	*2PVC*			*3XLPE*		*2XLPE*											
B1				*3PVC*		*2PVC*					*3XLPE*				*2XLPE*			
B2			*3PVC*	*2PVC*					*3XLPE*		*2XLPE*							
C						*3PVC*				*2PVC*			*3XLPE*			*2XLPE*		
E								*3PVC*				*2PVC*			*3XLPE*		*2XLPE*	
F										*3PVC*				*2PVC*		*3XLPE*		*2XLPE*
Sección mm² Aluminio	*2*	*3*	*4*	*5a*	*5b*	*6a*	*6b*	*7a*	*7b*	*8a*	*8b*	*9a*	*9b*	*10a*	*10b*	*11*	*12*	*13*
2,5	*11,5*	*12*	*13*	*14*	*15*	*16*	*16,5*	*17*	*17,5*	*18*	*19*	*20*	*20*	*20*	*21*	*23*	*25*	-
4	*15*	*16*	*17*	*19*	*20*	*21*	*22*	*22*	*23*	*24*	*25*	*26*	*28*	*27*	*29*	*31*	*34*	-
6	*20*	*20*	*22*	*24*	*25*	*27*	*29*	*28*	*30*	*31*	*32*	*33*	*35*	*36*	*38*	*40*	*44*	-
10	*26*	*27*	*31*	*33*	*35*	*38*	*40*	*40*	*41*	*42*	*44*	*46*	*49*	*50*	*52*	*56*	*60*	-
16	*35*	*37*	*41*	*46*	*48*	*50*	*52*	*53*	*55*	*57*	*60*	*63*	*66*	*66*	*70*	*76*	*82*	-
25	*46*	*49*	*54*	*60*	*63*	*63*	*66*	*67*	*70*	*72*	*75*	*78*	*81*	*84*	*88*	*91*	*98*	*110*
35	-	-	-	*74*	*78*	*78*	*81*	*83*	*87*	*89*	*93*	*97*	*101*	*104*	*109*	*114*	*122*	*136*
50	-	-	-	*90*	*94*	*96*	*100*	*101*	*106*	*108*	*113*	*118*	*123*	*127*	*132*	*140*	*149*	*167*
70	-	-	-	*115*	*121*	*121*	*127*	*130*	*136*	*139*	*145*	*151*	*158*	*162*	*170*	*180*	*192*	*215*
95	-	-	-	*140*	*146*	*147*	*154*	*159*	*166*	*169*	*177*	*183*	*192*	*197*	*206*	*219*	*233*	*262*
120	-	-	-	*161*	*169*	*171*	*179*	*184*	*192*	*196*	*205*	*213*	*222*	*228*	*239*	*254*	*273*	*306*
150	-	-	-	-	-	*196*	*205*	*213*	*222*	*227*	*237*	*246*	*257*	*264*	*276*	*294*	*314*	*253*
185	-	-	-	-	-	*222*	*232*	*243*	*254*	*259*	*271*	*281*	*293*	*301*	*315*	*337*	*361*	*406*
240	-	-	-	-	-	*261*	*273*	*287*	*300*	*306*	*320*	*332*	*347*	*355*	*372*	*399*	*427*	*482*

Partiendo de que se tiene un único cable o sistema de cables unipolares que se encuentran a la temperatura ambiente estándar, una vez determinada la tabla de intensidad máxima admisible adecuada y la columna correspondiente al tipo de cable y su sistema de instalación (Figura 4.7.), la sección mínima válida será la primera que satisfaga la expresión [4.2].

$$I_b \leq I_z \quad [4.2]$$

donde:

I_z → Intensidad máxima admisible del conductor o valor tabulado, en amperios (A).

I_b → Intensidad transportada por la línea, en amperios (A).

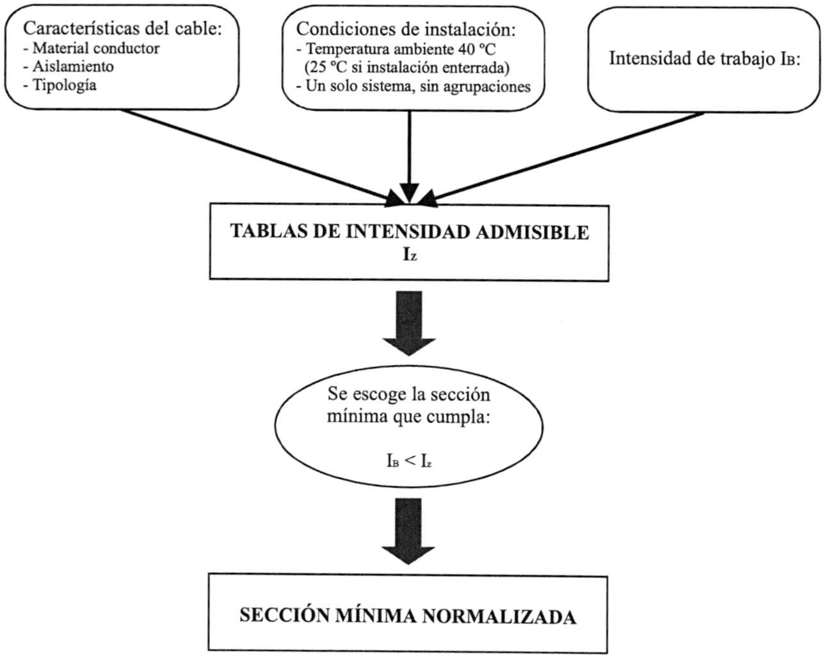

Figura 4.7. *Procedimiento de cálculo de la sección del conductor por criterio de intensidad admisible*

Existen dos formas de establecer la intensidad de trabajo que debe emplearse para el diseño de una parte de la instalación: o bien a partir de la potencia eléctrica que se demanda, o bien porque existe una protección predefinida que limita la circulación de corriente. El primer método es el más general y, por tanto, aplicable en las líneas que alimentan a los receptores en las instalaciones interiores genéricas. El segundo se utiliza para el diseño de cables que unen diferentes protecciones eléctricas y se adopta como valor de diseño la intensidad nominal de la protección situada al final del cable.

Cuando se parte de la potencia eléctrica que se debe abastecer, el cálculo de la intensidad de trabajo máxima prevista en régimen permanente requiere definir los siguientes parámetros:

- **Tipo de suministro y tensión nominal:** Se diferencia entre:
  - Trifásico: La tensión adoptada es de 400 V, salvo que se tratase de una instalación singular donde hubiese otro valor de tensión.
  - Monofásico: se toma un valor de 230 V con carácter general.
- **Factor de potencia:** En general, el factor de potencia es característico del receptor a alimentar. Para instalaciones o partes de la instalación en que este dato se desconozca, por ejemplo, en la alimentación de edificios cuyas cargas no estén todavía definidas, la guía de aplicación del REBT sugiere adoptar un valor de 0,85.
- **Potencia de cálculo:** Depende del circuito o elemento de la instalación concreta que se esté realizando. En algunos casos particulares deben contemplarse condiciones específicas de cálculo:
  - *Receptores de alumbrado*: La ITC-BT-44 establece que para que las secciones de los conductores que alimentan a lámparas de descarga soporten los picos de corriente del arranque, debe preverse una potencia de cálculo 1,8 veces la potencia asignada de las lámparas.
  - *Motores*: En la ITC-BT-47 se estipula que los conductores que alimenten a un motor deben estar dimensionados para soportar el 125 % de la intensidad nominal del motor con el fin de prever los picos de arranque. Cuando un cable alimenta a varios motores simultáneamente, este debe ser capaz de soportar la suma del 125 % de la intensidad del motor de mayor potencia más las intensidades nominales del resto de los motores.
  - *Ascensores, grúas y aparatos de elevación en general*: De acuerdo con la ITC-BT-47, para este tipo de aparatos debe computarse como intensidad normal a plena carga la necesaria para elevar las cargas fijadas como normales a la velocidad de régimen una vez pasado el periodo de arranque, multiplicada por el coeficiente 1,3.

Por otro lado, resulta interesante recordar que en locales con riesgo de incendio y explosión, según la ITC-BT-29, la intensidad admisible de los conductores debe reducirse en un 15 % respecto al valor correspondiente a la instalación convencional.

La Tabla 4.23 resume las fórmulas de cálculo de la intensidad transportada por las líneas en función del tipo de suministro.

Tabla 4.23. *Fórmulas de cálculo de la intensidad de trabajo a partir de la potencia alimentada y en función del tipo de suministro*

Suministro monofásico	Suministro trifásico
$I_b = \dfrac{P}{V \cdot \cos\varphi}$	$I_b = \dfrac{P}{\sqrt{3} \cdot V \cdot \cos\varphi}$

I_b → Intensidad de línea en amperios (A).

P → Potencia máxima prevista en régimen permanente en vatios (W).

V → Tensión nominal simple (monofásica) o compuesta (trifásica) en voltios (V).

cosφ → Factor de potencia estimado o conocido de la carga.

Ejemplo 4.8

Se quiere determinar la sección mínima necesaria del cable que alimenta una máquina trifásica de 23,5 kW, cos φ=0,83, 400V, 50Hz, si se emplea un cable multipolar con conductores de cobre y aislamiento de etileno propileno de 450/750 V en instalación bajo tubo empotrado en pared de madera, suponiendo una temperatura ambiente de 40 °C.

Solución:

De forma ordenada se siguen los siguientes pasos:

1. Se determina la intensidad de trabajo I_b.

$$I_b = \frac{P}{\sqrt{3} \cdot V \cdot \cos\varphi} = \frac{23500}{\sqrt{3} \cdot 400 \cdot 0{,}83} = 40{,}87 \text{ A}$$

2. Se identifica la tabla de intensidad admisible adecuada.

Por tratarse de un sistema de referencia a temperatura ambiente de 40 °C, se emplea la Tabla 4.22 (Tabla C.52.1 bis de la UNE 60.364-5-52:2014). El sistema de instalación es el B2 (cables multipolares en un conducto en una pared de madera) y la columna correspondiente a este cable es la 7b (3XLPE) por ser un sistema trifásico con aislamiento de polietileno reticulado.

3. Se busca la sección mínima que cumpla con la condición $I_b < I_Z$.

En este caso es 10 mm² pues admite 54 A > 40,87 A.

4.4.2.2 En condiciones diferentes de estándar

Como ya se ha apuntado anteriormente, las tablas de intensidad máxima admisible están confeccionadas para unas circunstancias determinadas denominadas **Condiciones estándar**. Por ejemplo, la Tabla 4.22 corresponde a una temperatura ambiente de 40 °C y un solo sistema de instalación.

En una situación diferente esta tabla no resultaría válida. Puesto que sería inmanejable disponer de tantas tablas específicas como combinaciones de instalación posibles, lo que se hace es utilizar las tablas existentes para las condiciones estándar y obtener la intensidad admisible para una situación particular aplicando un **Factor de corrección** de acuerdo con la expresión [4.3].

$$I'_z = I_z \cdot F_c \quad [4.3]$$

donde:

I'_z → Intensidad máxima admisible en las circunstancias actuales, en amperios (A).

I_z → Intensidad máxima admisible en las condiciones estándar, en amperios (A).

F_c → Factor de corrección para esa situación (adimensional).

Estos factores de corrección se encuentran estructurados en diferentes tablas del Anexo B de la UNE 60.364-5-52:2014, que son:

- Tabla B.52.14: Factores de corrección para temperaturas ambiente diferentes de 30 °C a aplicar a los valores de las intensidades admisibles para cables al aire.
- Tabla B.52.15: Factores de corrección para temperaturas ambiente del terreno diferentes de 20 °C a aplicar a los valores de las intensidades admisibles para cables en conductos en el suelo.
- Tabla B.52.16: Factores de corrección para cables directamente enterrados en el suelo o en conductos enterrados para terrenos de resistividad diferente de 2,5 K·m/W a aplicar a los valores de las intensidades admisibles para el método de referencia D.
- Tabla B.52.17: Factores de reducción para un circuito o cable multipolar o para un grupo de más de un circuito, o más de un cable multipolar para usarse con las corrientes admisibles de las tablas B.52.2 a B.52.13.
- Tabla B.52.18: Factores de reducción para más de un circuito, cables directamente enterrados. Método de instalación D2 de las tablas B.52.2 a B.52.5. Cables unipolares o multipolares.

- B.52.19: Factores de reducción para más de un circuito, cables en conductos enterrados en el suelo. Método de instalación D1 de las tablas B.52.2 a B.52.5.
- B.52.20: Factores de reducción para un grupo de más de un cable multipolar a aplicar a las corrientes admisibles de referencia para cables multipolares al aire libre. Método de instalación E en las tablas B.52.8 a B.52.13.
- B.52.21: Factores de reducción para grupos de uno o más circuitos de cables unipolares a aplicar a la corriente admisible de referencia para un circuito de cables unipolares al aire libre. Método de instalación F en las tablas B.52.8 a B.52.13.

Al igual que existe una simplificación de las tablas de intensidad admisible, también la hay para los factores de corrección. Se recoge en el Anexo C de la norma UNE 60.364-5-52:2014 y se aplica a los valores de intensidad de la Tabla 4.22. Dicha tabla resumida corresponde a la Tabla 4.24 de este texto.

Tabla 4.24. *Factores de corrección por agrupamiento de cables o circuitos aplicables a las intensidades admisibles establecidas en la Tabla 4.22.*

Punto	Disposición	Número de circuitos o de cables multipolares								
		1	2	3	4	6	9	12	16	20
1	Agrupados en el aire, en una superficie, empotrados o en el interior de una envolvente	1,00	0,80	0,70	0,65	0,55	0,50	0,45	0,40	0,40
2	Capa única sobre muros, suelos o bandejas no perforadas	1,00	0,85	0,80	0,75	0,70	0,70	–	–	–
3	Capa única fijada directamente al techo	0,95	0,80	0,70	0,70	0,65	0,60	–	–	–
4	Capa única sobre bandejas perforadas horizontales o verticales	1,00	0,90	0,80	0,75	0,75	0,70	–	–	–
5	Capa única sobre bandeja de escalera, soportes o bridas de amarre, etc.	1,00	0,85	0,80	0,80	0,80	0,80	–	–	–

Ejemplo 4.9

Determinar la sección mínima necesaria para un circuito interior que debe transportar una corriente máxima de 22 A cuando discurre junto a otros dos sistemas más, siendo la temperatura ambiente de 40 °C. Se trata de una instalación monofásica con conductores unipolares bajo tubo empotrado en una pared de madera y aislamiento de PVC y conductores de cobre.

Solución:

La secuencia a seguir es:

1. Se identifica la intensidad de trabajo I_b=22 A.

2. Se identifica la tabla de intensidad admisible adecuada.

Se trata de un sistema de referencia y se aplica la Tabla 4.22 (Tabla C.52.1 bis de la UNE 60.364-5-52:2014) por ser la temperatura ambiente de 40 °C. El sistema de instalación es el B1 (cables unipolares en el interior de tubos en montaje superficial o empotrados en pared de madera) y la columna correspondiente a este cable es la 6a (2PVC) por ser monofásico y el aislamiento de PVC.

3. Se determina el factor de corrección consultando la primera fila de la tercera columna de la Tabla 4.24, F_C = 0,70 (cables empotrados o embutidos, con un total de tres circuitos).

4. Se busca la sección mínima que cumpla con este requisito calculando las intensidades admisibles a partir de los valores de la tabla multiplicados por el factor de corrección (Iz').

Sección	I_z	I'_z
4 mm^2	26 A	18,2 A
6 mm^2	34 A	23,8 A

En este caso es 6 mm^2 pues admite 23,8 A > 22 A.

4.4.3 Cálculo de Secciones por Caída de Tensión

Al circular la corriente eléctrica a través de un material conductor se produce una pérdida de energía potencial o caída de tensión (Figura 4.8).

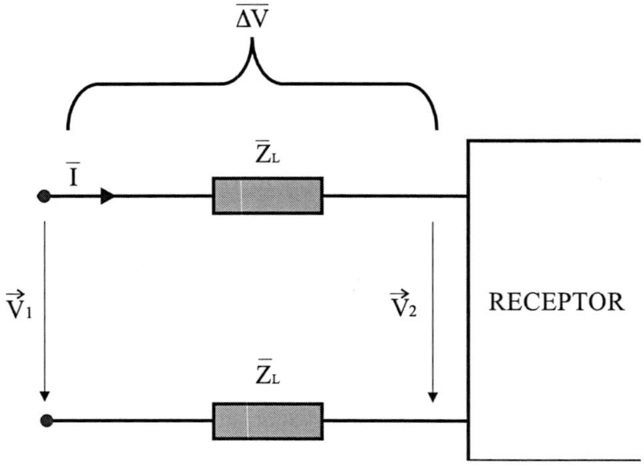

$$\Delta\vec{V} = \vec{V}_1 - \vec{V}_2$$

Figura 4.8. *Caída de tensión producida en la línea que alimenta al receptor*

Para garantizar el funcionamiento correcto y la seguridad de los receptores, esta caída de tensión debe estar acotada. Consecuentemente, de forma reglamentaria se establece el máximo admitido en cada caso. El valor del límite se expresa como un tanto por ciento de la tensión de la línea y es diferente en cada uno de los elementos de la instalación eléctrica.

Aplicar este criterio en el diseño de la instalación, supone cumplir la condición [4.4].

$$v(\%)_{\text{línea}} \leq v(\%)_{\text{límite}} \quad [4.4]$$

donde:

$v(\%)_{\text{línea}}$ → Caída de tensión porcentual producida en la sección escogida.

$v(\%)_{\text{límite}}$ → Caída de tensión porcentual máxima admisible para ese tipo de instalación según reglamentación.

El límite de caída de tensión para instalaciones de enlace e instalaciones interiores lo establece el REBT. Los máximos fijados para cada elemento a partir de la caja general de protección se sintetizan en las figuras 4.9., 4.10. y 4.11.

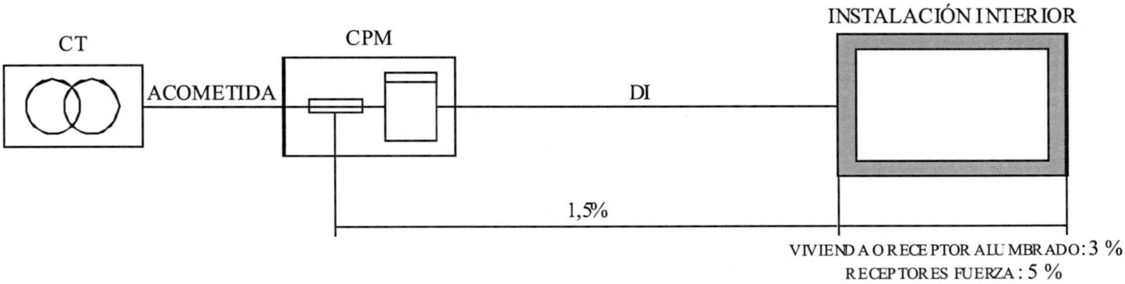

Figura 4.9. Reparto de las caídas de tensión: esquema para un único usuario

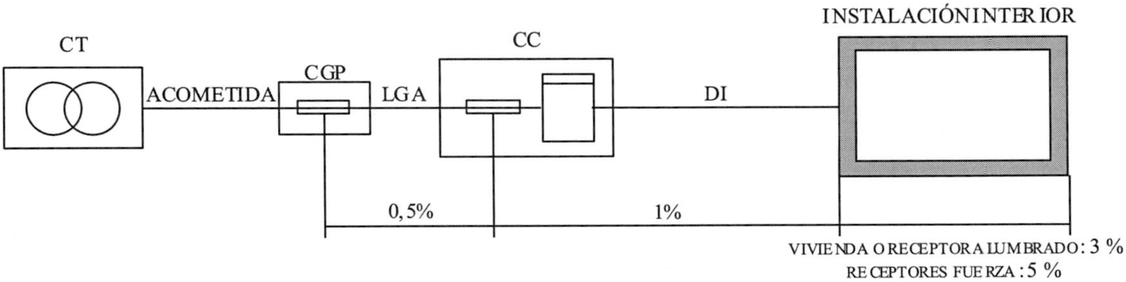

Figura 4.10. Reparto de las caídas de tensión: esquema para una sola centralización de contadores

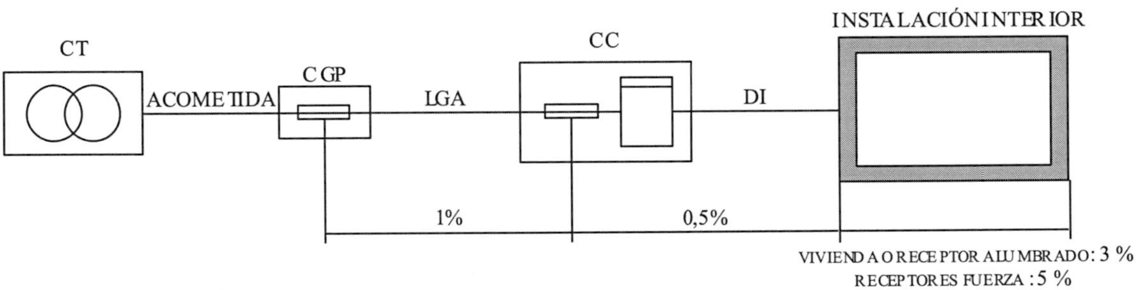

Figura 4.11. Reparto de las caídas de tensión: esquema para varias centralizaciones de contadores

La caída de tensión producida en la línea ($v(\%)_{línea}$), tras escoger el tipo de cable que se va a utilizar en la instalación y conocida su longitud, depende exclusivamente de la sección del conductor. Por lo tanto, intentar satisfacer el límite reglamentario consiste en localizar la sección mínima que cumple la condición [4.4]. Para poder determinar este valor se debe partir de un modelo del conductor y aplicar unas expresiones para el cálculo de la caída de tensión. Existen diferentes maneras de abordar este problema que se describen en los apartados sucesivos.

4.4.3.1 Método general

Este método se basa en realizar la comprobación de que con la sección escogida por el criterio de intensidad admisible, la caída de tensión producida en la línea es inferior al límite reglamentario. De no ser así, se va aumentando sección y realizando la verificación paulatinamente hasta encontrar un valor con el que se cumpla el requisito establecido. Para ello hay que llegar a unas expresiones de la caída de tensión en función de la sección de la línea, basadas en la utilización de un modelo de los elementos del circuito y la aplicación de los principios físicos que rigen su funcionamiento.

Los cables eléctricos, de manera simplificada y suponiendo que su longitud es reducida, pueden representarse a efectos de cálculo de la caída de tensión como la asociación en serie de dos elementos pasivos ideales:

- Una resistencia eléctrica debido a que los materiales conductores ofrecen una débil oposición a la circulación de corriente a través de ellos.
- Una reactancia inductiva debido a la inducción electromagnética producida básicamente por el campo magnético creado por la circulación de corriente eléctrica.

Con el objeto de deducir una expresión que permita realizar el cálculo de la caída de tensión en un conductor, se sustituye el conductor por sus elementos pasivos equivalentes, para poder aplicar las leyes de la teoría de circuitos. Esto debe plantearse de forma diferente según el tipo de suministro considerado.

4.4.3.1.1 Cálculo de la caída de tensión en una línea monofásica

Si se tiene un receptor monofásico de impedancia $\overline{Z}$ alimentado desde una fuente de tensión de valor $\overline{V}_1$ a través de un conductor de resistencia R e impedancia con coeficiente de autoinducción L, el circuito equivalente de esta conexión corresponde al representado en la Figura 4.12.

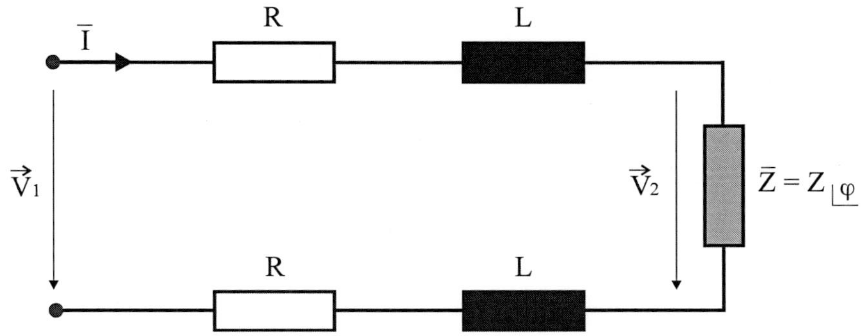

Figura 4.12. *Circuito equivalente de una línea monofásica corta alimentando a un receptor*

Aplicando la segunda Ley de Kirchhoff se obtiene la relación entre las tensiones que aparecen en el circuito, de acuerdo con la expresión [4.5].

$$\overline{V}_1 = \bar{I} \cdot (R + j \cdot X_L) + \overline{V}_2 + \bar{I} \cdot (R + j \cdot X_L) \quad [4.5]$$

donde:

$\overline{V}_1$ → Tensión en el origen de la línea, en voltios (V).

$\bar{I}$ → Intensidad que circula a través del conductor, en amperios (A).

R → Resistencia del conductor, en ohmios (Ω).

X_L → Reactancia inductiva del conductor determinada según expresión [4.6], en ohmios (Ω).

$$X_L = 2 \cdot \pi \cdot f \cdot L \quad [4.6]$$

f → Frecuencia de la corriente eléctrica, en hercios (Hz).

L → Coeficiente de autoinducción del conductor, en henrios (H).

$\overline{V}_2$ → Tensión en bornes del receptor, en voltios (V).

Reorganizando la expresión [4.5] para llegar a una ecuación de la caída de tensión en la línea, se tiene la expresión [4.7].

$$\Delta\overline{V} = \overline{V}_1 - \overline{V}_2 = 2 \cdot \bar{I} \cdot (R + j \cdot X_L) \quad [4.7]$$

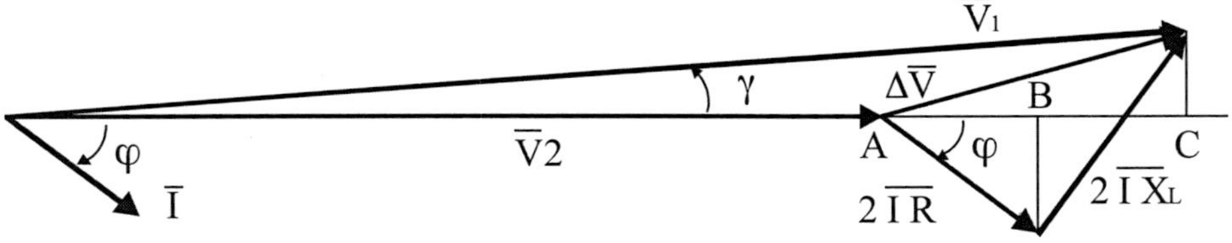

Figura 4.13. *Diagrama fasorial de la caída de tensión en la línea para un receptor monofásico*

Si se recurre a la representación fasorial de la expresión [4.7] (Figura 4.13), puede deducirse una expresión simplificada de la caída de tensión en el conductor. Para ello se asume que el fasor $\Delta\overline{V}$ es igual a su proyección horizontal AC, dado que el ángulo γ de desfase entre las dos tensiones es muy pequeño normalmente. Con esta aproximación se llega a la expresión [4.8].

$$\Delta V = \left|\overline{V}_1 - \overline{V}_2\right| \cong AB + BC = 2 \cdot I \cdot \left(R \cdot \cos\varphi + X_L \cdot \mathrm{sen}\varphi\right) \quad [4.8]$$

donde:

cos φ → Factor de potencia de la carga.

Si la ecuación [4.8] se expresa en función de la potencia abastecida (véase tabla 4.20), se tiene otra forma de calcular la caída de tensión en una línea monofásica (expresión [4.9]).

$$\Delta V = \left|\overline{V}_1 - \overline{V}_2\right| \cong 2 \cdot \frac{P}{V_1} \cdot \left(R + X_L \cdot \mathrm{tg}\varphi\right) \quad [4.9]$$

donde:

ΔV → Caída de tensión de la línea monofásica, en voltios (V).

V_1 → Tensión en el origen o nominal de la línea (230 V).

R → Resistencia de la línea, en ohmios (Ω).

X_L → Reactancia de la línea, en ohmios (Ω).

tg φ → Tangente del ángulo correspondiente al factor de potencia de la carga.

Como la comparación con la caída de tensión máxima establecida se realiza en términos porcentuales, los valores obtenidos a través de las expresiones [4.8] o [4.9], se emplean en la expresión [4.10] para calcular la caída de tensión porcentual de la línea.

$$v(\%)_{\text{línea}} = \frac{\Delta V}{V} \cdot 100 \quad [4.10]$$

donde:

$v(\%)_{\text{línea}}$ → Caída de tensión porcentual producida.

V → Tensión nominal de la línea, en voltios (V). En instalaciones de baja tensión monofásicas es 230 V y 400 V en trifásicas.

4.4.3.1.2 Cálculo de la caída de tensión en una línea trifásica

De manera genérica se supone un receptor trifásico equilibrado caracterizado por una demanda de potencia activa P_{III} y un factor de potencia cos φ y se prescinde de su forma de conexión. Dicho receptor se supone alimentado a través de tres conductores iguales cada uno de ellos con una resistencia R y un coeficiente de autoinducción L. En este supuesto, la existencia del neutro es irrelevante ya que se está admitiendo que el sistema es equilibrado. Su representación corresponde a la Figura 4.14.

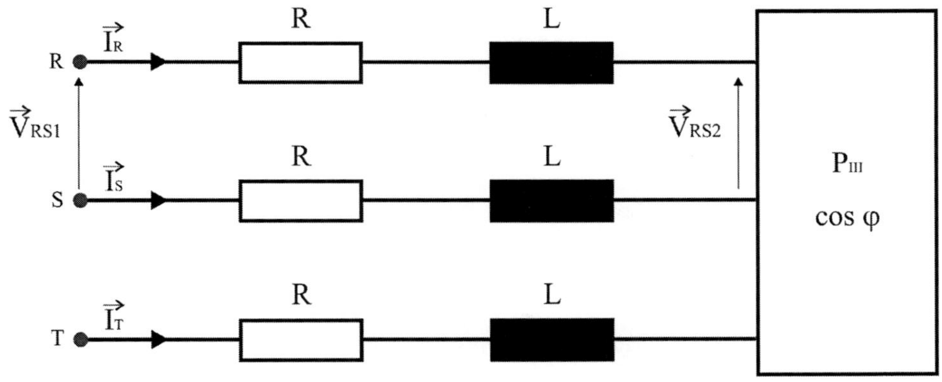

Figura 4.14. *Representación del circuito equivalente de una línea trifásica corta.*

La impedancia de la línea es una magnitud compleja que se calcula como:

$$\overline{Z}_L = R + j \cdot X_L \quad [4.11]$$

donde:

$\overline{Z}_L$ → Impedancia compleja de la línea, en ohmios (Ω).

R → Resistencia del conductor, en ohmios (Ω).

X_L → Reactancia inductiva del conductor determinada según expresión [4.6], en ohmios (Ω).

El análisis de un circuito trifásico equilibrado se realiza mediante su circuito monofásico equivalente en el que se representa una única fase del sistema y el conductor neutro, tal y como se muestra en la Figura 4.15.

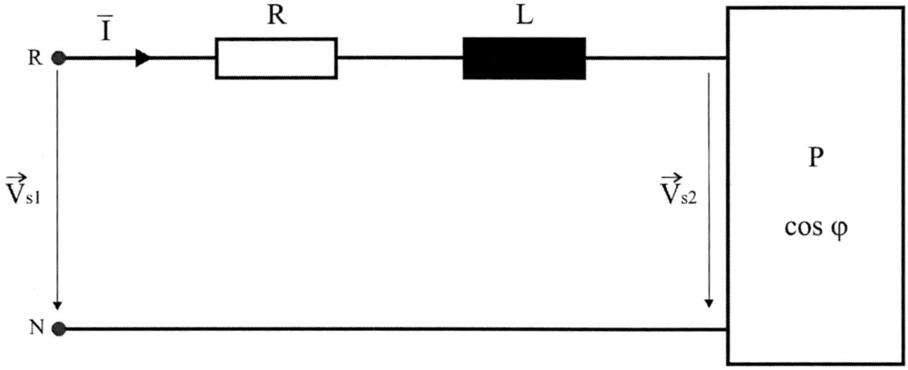

Figura 4.15. Circuito monofásico equivalente

La caída de tensión simple (fase-neutro) de la línea se puede calcular según la expresión [4.12]:

$$\Delta\overline{V}_s = \overline{V}_{s1} - \overline{V}_{s2} = \overline{I} \cdot \overline{Z}_L \quad [4.12]$$

donde:

- $\Delta\overline{V}_s$ → Caída de tensión simple en la línea trifásica, en voltios (V).
- $\overline{V}_{s1}$ → Tensión nominal simple en bornes del receptor, en voltios (V).
- $\overline{V}_{s2}$ → Tensión nominal simple en el origen de la línea trifásica, en voltios (V).
- $\overline{Z}_L$ → Impedancia compleja de la línea, en ohmios (Ω).
- $\overline{I}$ → Intensidad de línea, en amperios (A).

Utilizando el diagrama fasorial del circuito monofásico equivalente representado en la Figura 4.16 y realizando un análisis similar al efectuado para el caso de una línea monofásica, es posible demostrar que la caída de tensión simple se puede calcular según la expresión [4.13].

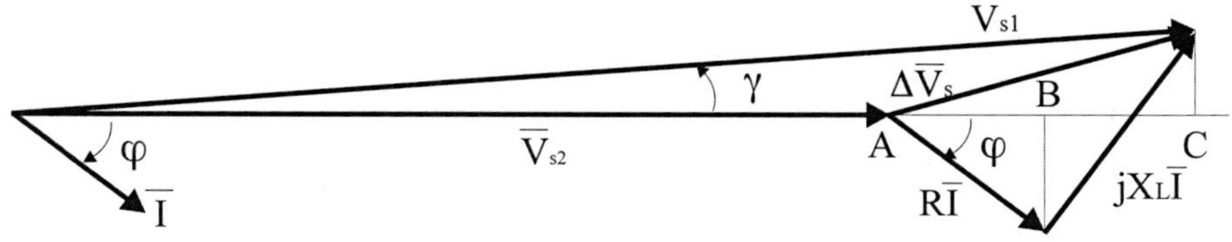

Figura 4.16. *Diagrama fasorial del circuito monofásico equivalente*

$$\Delta V_s \cong I \cdot (R \cdot \cos\varphi + X_L \cdot \text{sen}\varphi) \quad [4.13]$$

La caída de tensión compuesta (fase-fase) en la línea, se puede calcular como indica la expresión [4.14].

$$\Delta V_c = \sqrt{3} \cdot \Delta V_s = \sqrt{3} \cdot I \cdot (R \cdot \cos\varphi + X_L \cdot \text{sen}\varphi) \quad [4.14]$$

La caída de tensión compuesta también puede expresarse en términos de potencia activa, lo cual resulta útil pues en muchos de los casos este suele ser el dato de partida. Si a la expresión [4.14] se le aplica la fórmula de la intensidad de línea en función de la potencia activa (véase Tabla 4.20) se llega a la fórmula 4.15.

$$\Delta V_c \cong \frac{P_{III}}{V_c}(R + X_L \cdot \tan\varphi) \quad [4.15]$$

donde:

- $\Delta V_c \rightarrow$ Caída de tensión compuesta en la línea trifásica, en voltios (V).
- $P_{III} \rightarrow$ Potencia activa de la carga trifásica, en vatios (W).
- $R \rightarrow$ Resistencia de la línea, en ohmios (Ω).
- $X_L \rightarrow$ Reactancia inductiva de la línea, en ohmios (Ω).
- $\text{tg}\ \varphi \rightarrow$ Tangente del ángulo correspondiente al factor de potencia de la carga.

Análogamente a como sucedía para el caso de instalaciones monofásicas, para terminar el cálculo de la caída de tensión trifásica hay que expresarla en términos porcentuales según la fórmula [4.10]. En este caso se toma como tensión nominal de la línea 400 V.

Antes de pasar a otro apartado conviene hacer hincapié en que aunque en la realidad las instalaciones eléctricas no suelen ser equilibradas, la utilización de un modelo equilibrado es conveniente por varias razones. En primer lugar, el REBT obliga a equilibrar las cargas, en la mayor medida posible, cuando se ejecuta una instalación eléctrica. Y por otro lado, intentar plantear el estudio mediante un modelo de cargas desequilibrado lo hace casi inabordable e inexacto, ya que existen tantas situaciones posibles de desequilibrio como combinaciones de simultaneidad entre receptores puedan presentarse.

4.4.3.1.3 Aplicación de las expresiones de la caída de tensión de la línea al cálculo de la sección del conductor

La forma de relacionar la caída de tensión en la línea obtenida según los métodos expuestos en los apartados 4.3.1.1 y 4.3.1.2 con la sección del conductor es a través de su resistencia (R) y de su reactancia inductiva (X_L). A continuación se analiza cada uno de estos parámetros por separado.

Resistencia eléctrica

La resistencia del conductor es tanto mayor cuanto menor es su sección y se obtiene aplicando la expresión [4.16]:

$$R = c \cdot \rho_\theta \cdot \frac{L}{S} \quad [4.16]$$

donde:

- R → Resistencia del conductor, en ohmios (Ω).
- c → Coeficiente adimensional que engloba los efectos pelicular y proximidad. Se toma un valor de 1,02 para instalaciones de enlace e interiores. En grandes secciones debe calcularse según método descrito en la norma UNE 21144.
- ρ_θ → Resistividad del conductor a la temperatura de servicio θ, en ohmios por milímetro cuadrado partido metro ($\Omega \cdot mm^2/m$).
- L → Longitud del conductor, en metros (m).
- S → Sección del conductor, en milímetros cuadrados (mm^2).

La expresión [4.16] plantea el problema de que existe una correlación entre la sección del conductor S y la temperatura de servicio θ y, en consecuencia, la resistividad a esa temperatura ρ_θ. Esto hace que no sea posible llegar a una fórmula en la que aparezca la sección despejada como término independiente del resto de los parámetros. Por estas razones el cálculo de la sección por caída de tensión debe abordarse como una comprobación de la sección escogida por el criterio de intensidad admisible. El procedimiento a seguir es el siguiente:

1. Se determina la temperatura del conductor correspondiente a la sección escogida.

La temperatura que alcanza el conductor depende de la relación entre la corriente que está circulando y la máxima admisible para esa sección. Su cálculo se efectúa aplicando la fórmula [4.17].

$$\theta = \left(\frac{I_b}{I_z}\right)^2 \cdot (\theta_{max} - \theta_0) + \theta_0 \quad [4.17]$$

donde:

θ → Temperatura real del conductor para la sección considerada, en grados centígrados (°C).

I_b → Intensidad que circula por el conductor, en amperios (A).

I_z → Intensidad máxima admisible de la sección del conductor considerada, en amperios (A).

θ_{max} → Temperatura máxima de servicio permanente del cable, en grados centígrados (°C) (70 o 90 °C).

θ_0 → Temperatura ambiente de la instalación, en grados centígrados (°C). Si se corresponde con las condiciones estándar:

· 25 °C para instalación enterrada.

· 40 °C para instalación al aire.

2. Se calcula la resistividad a la temperatura de servicio.

La resistividad debe evaluarse a la temperatura de régimen permanente de la sección que se quiere comprobar a través de la expresión [4.18] en la que se aplicará el resultado obtenido con la fórmula [4.17].

$$\rho_\theta = \rho_{20°C} \cdot (1 + \alpha \cdot (\theta - 20)) \quad [4.18]$$

donde:

ρ_θ → Resistividad del conductor a la temperatura θ, en $\Omega \cdot mm^2/m$.

$\rho_{20°C}$ → Resistividad del conductor a 20 °C, en $\Omega \cdot mm^2/m$. Véase Tabla 4.23.

α → Coeficiente de variación de la resistividad del material con la temperatura en $°C^{-1}$. Véase Tabla 4.25.

θ → Temperatura a la que se quiere determinar la resistividad, en °C.

Tabla 4.25. *Valores del coeficiente de variación de la resistividad del material con la temperatura y de las resistividades a diferentes temperaturas para los conductores más comunes*

Material	**α** **(°C⁻¹)**	**ρ_{20}** **(Ω·mm²/m)**	**ρ_{70}** **(Ω·mm²/m)**	**ρ_{90}** **(Ω·mm²/m)**
Cu	0,00392	0,018	0,021	0,023
Al	0,00403	0,029	0,033	0,036
Almelec (Al-Mg-Si)	0,00360	0,032	0,038	0,041

3. Se calcula la resistencia a la temperatura de servicio.

Se aplica el valor calculado con la expresión [4.18] a la fórmula [4.16]. Posteriormente se utilizará este valor de la resistencia para determinar la caída de tensión producida en el conductor.

Reactancia inductiva

Al circular la corriente eléctrica a través de un conductor se producen tanto fenómenos de autoinducción como de inducción electromagnética ocasionados por la circulación de corriente en conductores próximos, efectos que pueden modelizarse como una reactancia inductiva asociada a la sección del conductor. Su valor depende, entre otros parámetros, de la disposición geométrica relativa de los distintos conductores y de la separación entre ellos en relación a su diámetro. Su cálculo requiere conocer los espesores de los aislamientos, lo cual no es un dato que se maneje habitualmente. Por otro lado, el fenómeno inductivo no tiene gran peso en los conductores eléctricos de baja tensión y de secciones reducidas. Por ello, es posible, o bien despreciarlo o bien considerar que la reactancia inductiva es un múltiplo de la resistencia según la expresión [4.19].

$$X_L = K \cdot R \quad [4.19]$$

donde:

R → Resistencia de la línea obtenida según expresión [4.16], en ohmios (Ω).

X_L → Reactancia inductiva de la línea, en ohmios (Ω).

K → Constante adimensional que depende de la sección y que se deduce según Tabla 4.26.

Tabla 4.26. *Valores de la reactancia inductiva en función de la sección del conductor*

Sección	Reactancia inductiva	Constante K
$S \leq 120\ mm^2$	$X_L \cong 0$	0
$S = 150\ mm^2$	$X_L \cong 0{,}15 \cdot R$	0,15
$S = 185\ mm^2$	$X_L \cong 0{,}20 \cdot R$	0,20
$S \geq 240\ mm^2$	$X_L \cong 0{,}25 \cdot R$	0,25

En definitiva, el procedimiento de cálculo de la caída de tensión en el conductor se resume en la Figura 4.16.

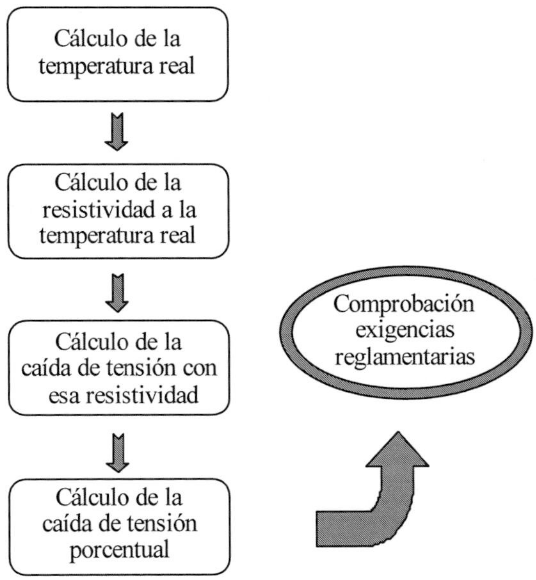

Figura 4.16. *Esquema general de la comprobación del criterio de caída de tensión para una sección dada*

Ejemplo 4.10

Sea una línea trifásica de BT con conductores de cobre unipolares con aislamiento de XLPE y sección 185 mm^2 que transporta una intensidad de 310 A eficaces con factor de potencia 0,85. Si su longitud es de 19,5 m y se instala bajo tubo empotrado en una pared de madera, determinar la caída de tensión producida.

Solución:

La secuencia de resolución es la siguiente:

1. Se calcula la temperatura de servicio del conductor con la expresión [4.17] teniendo en cuenta que para la instalación bajo tubo la temperatura ambiente es de 40 °C y la máxima temperatura del XLPE es de 90 °C. Además, tal y como se refleja en la Tabla 4.22 de intensidades admisibles, la sección de 185 mm² en un sistema B1 tiene una I_z de 356 A.

$$\theta = \left(\frac{310}{356}\right) \cdot (90-40) + 40 = 77{,}9 \text{ °C}$$

2. Se calcula la resistividad a esa temperatura aplicando la expresión [4.18].

$$\rho_\theta = 0{,}018 \cdot (1 + 0{,}00392 \cdot (77{,}9-20)) = 0{,}02208\,\Omega \cdot mm^2/m$$

3. Se calcula la resistencia del conductor mediante la expresión [4.16].

$$R = 1{,}02 \cdot 0{,}02208 \cdot \frac{19{,}5}{185} = 2{,}374 \cdot 10^{-3}\Omega$$

4. Se calcula la reactancia del conductor según la expresión [4.19] y consultando la Tabla 4.26.

$$X = 0{,}20 \cdot 2{,}374 \cdot 10^{-3} = 4{,}748 \cdot 10^{-4}\Omega$$

5. Se aplican los valores anteriores a la expresión [4.14] de la caída de tensión.

$$\Delta V = \sqrt{3} \cdot 310 \cdot (2{,}374 \cdot 10^{-3} \cdot 0{,}85 + 4{,}748 \cdot 0{,}527) = 1{,}22\,V$$

6. Se expresa el resultado en términos porcentuales según expresión [4.10].

$$V(\%)_{línea} = \frac{1{,}22}{400} \cdot 100 = 0{,}305\%$$

Ejemplo 4.11

Un circuito monofásico de una instalación interior de una vivienda debe transportar una potencia de 2500 W a 230 V con factor de potencia 0,9. Se realiza con conductores unipolares de cobre con aislamiento de EPR que se instalan bajo tubo empotrado en pared de madera. Si la longitud desde el cuadro hasta el receptor es de 8 m, determinar la sección mínima que satisfaga tanto el criterio de intensidad admisible como el de caída de tensión.

Solución:

1. Cálculo de la sección por intensidad admisible.

Se determina la intensidad de trabajo:

$$I_b = \frac{P}{V \cdot \cos\varphi} = \frac{2500}{230 \cdot 0,9} = 12,1\,A$$

En la Tabla 4.22., identificando el sistema de instalación B1 y consultando la columna 10 (encabezada por 2XLPE) se observa que debe adoptarse una sección mínima de 1,5 mm^2, cuya intensidad admisible es $I_z = 20\,A > I_b = 12,1\,A$.

2. Comprobación del criterio de caída de tensión.

Por tratarse del circuito interior de una vivienda, la caída de tensión admisible es del 3 %. Es decir, $v(\%)_{límite} = 3\ \%$. Debe determinarse la caída de tensión en la línea para ver si satisface la expresión [4.4]. El procedimiento es el siguiente:

2.1 Se calcula la temperatura de la sección escogida por intensidad admisible, 1,5 mm^2, empleando la expresión [4.18]. Hay que tener en cuenta que la máxima temperatura de servicio del EPR es 90 ºC (véase tabla 4.19) y que se supone que las condiciones son estándar por lo que la temperatura ambiente es de 40 ºC.

$$\theta = \left(\frac{12,1}{20}\right)^2 \cdot (90 - 40) + 40 = 58,3\,°C$$

2.2 Se calcula la resistividad a esa temperatura aplicando la expresión [4.18].

$$\rho_\theta = 0,018 \cdot (1 + 0,00392 \cdot (58,3 - 20)) = 0,0207\,\Omega \cdot mm^2 / m$$

2.3 Se calcula la resistencia del conductor mediante la expresión [4.16].

$$R = 1,02 \cdot 0,0207 \cdot \frac{8}{1,5} = 0,1126\,\Omega$$

2.4 Según la Tabla 4.26 puede despreciarse la reactancia inductiva de esa sección. Por tanto, el valor de la resistencia calculado en el apartado anterior se emplea en la expresión [4.8] de la caída de tensión monofásica.

$$\Delta V = 2 \cdot 12,1 \cdot (0,1126 \cdot 0,9 + 0 \cdot 0,43) = 2,45\,V$$

2.5 Se expresa el resultado en términos porcentuales según la fórmula [4.10].

$$v(\%)_{\text{línea}} = \frac{2{,}45}{230} \cdot 100 = 1{,}06\%$$

Por tanto, se cumple que $v(\%)_{\text{línea}} = 1{,}06\ \% < v(\%)_{\text{límite}} = 3\ \%$

4.4.3.2 Método simplificado

El método general puede abreviarse y plantearse como un método directo de cálculo y no comprobatorio si se adopta el supuesto de que el conductor se encuentra a la máxima temperatura de servicio admitida por el tipo de aislante que lo recubre. Esta aproximación se hace por el lado de la seguridad por lo que el resultado será conservador y perfectamente válido. Con esto se consigue eliminar la correlación existente entre la resistividad a la temperatura de servicio y la sección del conductor. De este modo pueden sustituirse las expresiones [4.16] y [4.19] de la resistencia y reactancia inductiva respectivamente, en las fórmulas de la caída de tensión monofásica (expresión [4.9]) y trifásica (expresión [4.15]). Si además se hacen los siguientes postulados:

- No se considera el efecto piel ni el efecto proximidad, con lo que $c = 1$.
- Dado que la mayoría de las secciones son pequeñas ($S \leq 120\ mm^2$), se desprecia la reactancia inductiva, es decir, $K = 0$.

Con todas estas simplificaciones y despejando la sección se llega a las expresiones [4.20] y [4.21].

Sección por caída de tensión en una línea monofásica

$$S = 2 \cdot \frac{P \cdot L \cdot \rho_{\theta max}}{e \cdot V} \quad [4.20]$$

Sección por caída de tensión en una línea trifásica

$$S = \frac{P \cdot L \cdot \rho_{\theta max}}{e \cdot V} \quad [4.21]$$

donde:

S → Sección del conductor, en milímetros cuadrados (mm^2).

$\rho_{\theta max}$ → Resistividad del conductor a la máxima temperatura de servicio (Tabla 4.25), en ohmios por milímetro cuadrado partido metro ($\Omega \cdot mm^2/m$).

L → Longitud del conductor, en metros (m).

V → Tensión nominal de la línea, en voltios (V).

e → Caída de tensión máxima admisible en términos absolutos según expresión [4.22], en voltios (V).

$$e = \frac{v(\%)_{\text{límite}}}{100} \cdot V \quad [4.22]$$

Los valores deducidos mediante estas expresiones [4.20] y [4.21] deben redondearse a la sección normalizada superior.

Ejemplo 4.12

Una máquina monofásica de 3,5 kW y factor de potencia 0,7 es alimentada por cables multipolares con aislamiento termoplástico y conductores de cobre instalados en tubo en montaje superficial. Si la longitud de la línea es de 23,8 m y la caída de tensión admisible en la misma es del 5 %, determinar la sección mínima por caída de tensión.

Solución:

Se resuelve de acuerdo con los siguientes pasos:

1. Se estima la resistividad a la máxima temperatura de servicio del cable. Como el aislamiento es termoplástico su valor es 70 °C y se puede obtener de la Tabla 4.25.

$$\rho_{70°C} = 0{,}021\,\Omega \cdot mm^2/m$$

2. Se calcula la pérdida de tensión admitida en voltios.

$$e = \frac{5}{100} \cdot 230 = 11{,}5\,V$$

3. Se aplican los datos en la fórmula simplificada [4.20].

$$S = \frac{2 \cdot 0{,}021 \cdot 23{,}8 \cdot 3500}{11{,}5 \cdot 230} = 1{,}32\,mm^2$$

4. Se redondea a la sección normalizada superior, en este caso 1,5 mm².

Ejemplo 4.13

Determina la mínima sección normalizada necesaria para la derivación individual en baja tensión de un local comercial trifásico que demanda 21,7 kW de potencia con factor de potencia 0,9 sabiendo que emplea cables unipolares de cobre con aislamiento de XLPE y su longitud es de 12,8 m. Se sabe que el edificio tiene una única centralización de contadores.

Solución:

1. Cálculo de la sección por intensidad admisible.

Se determina la intensidad de trabajo:

$$I_b = \frac{P}{\sqrt{3} \cdot V \cdot \cos\varphi} = \frac{21700}{\sqrt{3} \cdot 400 \cdot 0{,}9} = 34{,}8\,A$$

En la Tabla 4.22., identificando el sistema de instalación B1 y consultando la columna 8b (encabezada por 3XLPE) se observa que debe adoptarse una sección mínima de 6 mm^2, cuya intensidad admisible es I_z = 41 A > I_b = 34,8 A.

2. Comprobación del criterio de caída de tensión.

Por tratarse de una derivación individual en un edificio con centralización de contadores única, la caída de tensión admisible es del 1 %. Es decir, $v(\%)_{límite}$ = 1 %. Se calcula la sección mínima por caída de tensión en dos pasos:

> **2.1** Se calcula la caída de tensión admisible en términos absolutos mediante la expresión [4.22].
>
> $$e = \frac{1}{100} \cdot 400 = 4\,V$$
>
> **2.2** Se calcula la sección por caída de tensión con el método simplificado empleando la expresión [4.21]. Se adopta el valor de la resistividad del cobre a 90 °C por tratarse de aislamiento XLPE (véase Tabla 4.19), según Tabla 4.25.

$$S = \frac{21700 \cdot 12{,}8 \cdot 0{,}023}{4 \cdot 400} = 3{,}99\,mm^2$$

La sección normalizada superior es de 4 mm^2.

Como sección válida para la derivación individual debe tomarse la mayor de las obtenidas por los dos criterios; en este caso es 6 mm^2.

Al suponer que el cable está a su máxima temperatura de servicio cuando se determina la sección por caída de tensión se está incurriendo en un sobredimensionamiento de la sección. En la mayoría de las ocasiones el cable estará trabajando a una temperatura inferior y su valor máximo solo lo alcanzará cuando circule la máxima intensidad admisible. Salvo en contadas excepciones, este hecho no tiene gran importancia porque la sección calculada se redondea a la normalizada superior. Pero hay situaciones en las que esta aproximación conservadora puede llevar a escoger una sección superior a la necesaria con lo que el coste de la instalación se ve afectado. Estas se producen cuando concurren las siguientes circunstancias:

- La sección obtenida por caída de tensión excede ligeramente un valor normalizado y al redondear se adopta la inmediata superior.
- El criterio de caída de tensión prevalece sobre el criterio de intensidad admisible.

En estos casos conviene realizar el cálculo exacto de la resistividad del conductor para comprobar si la sección normalizada ligeramente excedida resultaría válida. El procedimiento que debe seguirse es el siguiente:

1. Se determina la temperatura real del conductor.

El proceso iterativo trata de resolver la cuestión de si resultaría válida la sección normalizada que se ha sobrepasado. Como este se plantea cuando el criterio determinante de la sección definitiva es el de caída de tensión, la sección que cumple con el criterio de intensidad admisible será a lo sumo igual a la que se está probando. Por ello, la temperatura a la que trabajará el conductor será inferior a la máxima de servicio. Habrá que determinarla mediante la expresión [4.17].

2. Se calcula la resistividad del conductor a esa temperatura.

Al trabajar a una temperatura menor, se obtendrá un valor de resistividad inferior al introducido en la ecuación de la sección inicialmente. Se determina la resistividad real aplicando la expresión [4.18].

3. Se calcula la sección por caída de tensión con esa resistividad.

Se vuelve a aplicar la fórmula simplificada de la sección por caída de tensión, expresiones [4.20] o [4.21], con el valor de la resistividad a la temperatura real. El resultado será menor que el de partida pero habrá que ver si es inferior al valor de la sección normalizada o, por el contrario, sigue sobrepasándolo.

Ejemplo 4.14

Se quiere dimensionar la derivación individual que alimenta a un local comercial con suministro trifásico cuya demanda de potencia es de 28 kW con factor de potencia 0,85. Para ello se emplean cables unipolares con aislamiento de etileno propileno y conductores de aluminio en instalación enterrada bajo tubo. Sí la caída de tensión admisible es del 1% y la longitud de la línea es 40 m, determinar la sección mínima reglamentaria. La derivación individual discurre junto a otras dos derivaciones individuales de manera que los conductos quedan en contacto y estos tubos son todos de PVC. (Nota: Para resolver este problema son necesarias las tablas de la UNE 60.364-5-52).

Solución:

El procedimiento de resolución es:

1. Se determina la sección mínima por intensidad admisible.

1.1 Se calcula $I_{b.}$

$$I_b = \frac{28000}{\sqrt{3} \cdot 400 \cdot 0{,}85} = 47{,}5\,\text{A}$$

1.2 Se identifica la tabla de intensidad admisible adecuada.

El sistema de instalación, según la UNE 60.364-5-52, sería el D1 (cable unipolar en tubo o en conducto enterrado de sección no circular en el suelo). Como el aislamiento es termoestable y la instalación es trifásica, la tabla adecuada es la B.52.5, columna 7. No se puede emplear la tabla simplificada (Tabla 4.22) porque este sistema no se contempla en ella.

1.3 El factor de corrección que se debe emplear por agrupamiento de circuitos se debe consultar en la tabla B.52.19 de la UNE 60.364-5-52, en el bloque b de factores de corrección correspondiente a conductores unipolares en conductos no magnéticos. Se toma un FC = 0,70 correspondiente a 3 conductos en contacto, los dos que ya hay más el que se coloca para este local comercial.

1.4 Se busca la sección mínima que cumpla con este requisito calculando las intensidades admisibles a partir de los valores de la tabla multiplicados por el factor de corrección.

Sección	I_z	I'_z
25 mm²	75 A	56,25 A

2. Se determina la sección por cdt.

2.1 Se estima la resistividad a la máxima temperatura de servicio del cable. Como el aislamiento es de EPR la temperatura máxima de servicio es 90 °C (tabla 4.19) y el conductor de aluminio, se puede obtener de la tabla 4.25.

$$\rho_{90°C} = 0{,}036\ \Omega \cdot \mathrm{mm}^2/\mathrm{m}$$

2.2 Se calcula la caída de tensión admitida en voltios según la expresión [4.22].

$$e = \frac{1}{100} \cdot 400 = 4\ \mathrm{V}$$

2.3 Se aplican los datos en la fórmula simplificada para instalaciones trifásicas (expresión [4.22]).

$$S = \frac{0{,}036 \cdot 28\,000 \cdot 40}{4 \cdot 400} = 25{,}2\ mm^2$$

Esto obligaría a tomar una sección de 35 mm². Como se ha superado ligeramente una sección normalizada y el criterio dominante para la sección definitiva es el de cdt, es un caso en el que se plantea la iteración para ver si sería válida la sección de 25 mm².

3. Iteración.

3.1 Se calcula la temperatura real que tendría la sección de 25 mm². Al ser instalación enterrada la temperatura ambiente que hay que considerar es de 25 °C. Se aplica la expresión [4.17].

$$\theta = \left(\frac{47{,}5}{56{,}25}\right)^2 \cdot (90-25) + 25 = 71{,}35\ °C$$

3.2 Se calcula la resistividad a esa temperatura con la expresión [4.18].

$$\rho_\theta = 0{,}029 \cdot (1 + 0{,}00403 \cdot (71{,}35-20)) = 0{,}035\,\Omega \cdot \mathrm{mm}^2/\mathrm{m}$$

3.3 Se calcula de nuevo la sección con la resistividad real utilizando la expresión [4.21].

$$S = \frac{0{,}035 \cdot 28\,000 \cdot 40}{4 \cdot 400} = 24{,}5\,\mathrm{mm}^2$$

Así, la sección definitiva será 25 mm².

4.4.4 Cálculo de Secciones por Intensidad de Cortocircuito

4.4.4.1 Intensidades admisibles en régimen de cortocircuito

El cortocircuito es una de las faltas eléctricas que mayores consecuencias negativas puede acarrear. Por un lado, en la zona de la instalación eléctrica donde tiene lugar, aparecen esfuerzos electrodinámicos y sobrecalentamientos que degradan los aislantes, pueden llegar a fundir los conductores e, incluso, producir un incendio. Por otro lado, en las otras partes del circuito ajenas al defecto, se observan, entre otras manifestaciones, fuertes bajadas de tensión durante el tiempo que tarda el cortocircuito en disiparse y una pérdida de suministro cuando la protección ya ha actuado.

Por estas razones, en el diseño de la instalación eléctrica ha de contemplarse la posibilidad de que aparezca un cortocircuito accidental, evaluarse el orden de magnitud de las corrientes producidas y escoger cuidadosamente las secciones y las protecciones válidas para que los conductores resistan los sobreesfuerzos ocasionados desde su aparición hasta que es disipado. Así, el criterio de cálculo de secciones por intensidad de cortocircuito solamente puede aplicarse después de conocer el tiempo de actuación de su protección asociada; por ello no se ha integrado en el procedimiento general de cálculo de secciones y se ha reservado como una comprobación de la adecuación de la protección escogida.

Este criterio consiste en que, para garantizar la integridad del cable en régimen de cortocircuito, debe limitarse el sobrecalentamiento asociado a su aparición. De este modo, existen unos valores máximos de temperatura establecidos para cada tipo de aislamiento que no deben sobrepasarse si se quiere salvaguardar el cable, los cuales se sintetizan en la Tabla 4.27.

Tabla 4.27. Temperaturas de referencia para el cálculo del cortocircuito según el tipo de aislamiento, si este está solo y si además del aislante lleva una cubierta.

Material de aislamiento	Temperatura inicial	Temperatura final
XLPE	90 °C	250 °C
HEPR	105 °C	250 °C
Material cubierta		
PVC	70 °C (XLPE) o 85 °C (HEPR)	200 °C
Z1	70 °C (XLPE) o 85 °C (HEPR)	180 °C
Z1-pantalla de lámina de aluminio copolímero	75 °C	150 °C

La corriente de cortocircuito que es capaz de soportar cada sección sin deteriorarse para que no se superen los límites de temperatura fijados, se puede calcular mediante la expresión [4.23].

$$I_S = \frac{k \cdot S}{\sqrt{t}} \quad [4.23]$$

donde:

- I_S → Máxima intensidad de cortocircuito soportada por el conductor durante un tiempo t, en amperios (A).
- S → Sección del conductor, en milímetros cuadrados (mm^2).
- t → Tiempo de duración del cortocircuito, en segundos (s).
- k → Valor que tiene en cuenta la resistividad, el coeficiente de temperatura y la capacidad de calentamiento del conductor, además de las temperaturas iniciales y finales del conductor. Adoptando la situación más desfavorable la cual supone que el aislante está a su máxima temperatura de régimen permanente cuando se produce el cortocircuito, los valores de k son los de la Tabla 4.28.

Tabla 4.28. *Valores de k*

		Aislamiento del conductor		
		PVC $S \leq 300$ mm².	PVC $S > 300$ mm².	XLPE/EPR/HEPR
Temperatura inicial		70 °C	70 °C	90 °C
Temperatura final		160 °C	140 °C	250 °C
Material conductor	Cobre	115	103	143
	Aluminio	76	68	94

Para instalaciones de distribución, se puede determinar el valor de la corriente de cortocircuito máxima soportada por el conductor prescindiendo de la expresión [4.23].

Basta con consultar la norma UNE 211435 del año 2011, *Guía para la elección de cables eléctricos de tensión asignada superior o igual a 0,6/1 kV para circuitos de distribución de energía eléctrica,* en cuyo anexo B aparecen las tablas de máximas intensidades de cortocircuito en cables de distinto tipo. En la Tabla 4.29., aparecen los valores correspondientes a cables con aislamientos termoestables y en la Tabla 4.30. los correspondientes a conductores con aislamiento de etileno propileno de alto módulo (HEPR).

Tabla 4.29. *Intensidades de cortocircuito máximas admisibles en cables de distribución de energía eléctrica con aislamiento termoestable y tensión asignada mayor o igual a 0,6/1 kV*

Sección mm²	Aislamiento XLPE o EPR							
	Conductores de cobre				Conductores de aluminio			
	Tiempo de cortocircuito (s)				Tiempo de cortocircuito (s)			
	0,2	0,5	1	2	0,2	0,5	1	2
2,5	850	560	410	310	-	-	-	-
4	1340	870	640	470	-	-	-	-
6	1990	1290	940	690	-	-	-	-
10	3290	2120	1530	1110	-	-	-	-
16	5240	3360	2410	1740	-	-	-	-
25	8150	5200	3750	2700	5400	3500	2500	1800
35	11350	7250	5200	3700	7550	4850	3450	2500
50	16200	10350	7350	5250	10750	6850	4900	3550
70	22650	14400	10250	7350	15000	9600	6850	4900
95	30700	19500	13900	9900	20350	12950	9250	6600
120	38700	24600	17500	12450	25650	16350	11650	8300
150	48350	30700	21850	15550	32000	20400	14500	10350
185	59600	37850	26850	19100	39450	25100	17850	12750
240	77250	49000	34800	24750	51100	32500	23100	16450
300	96500	61200	43450	30850	63850	40550	28800	20500
400	128550	81550	57850	41050	85050	54000	38350	27250

Tabla 4.30. *Intensidades de cortocircuito máximas admisibles en cables de distribución de energía eléctrica con aislamiento de HEPR y tensión asignada mayor o igual a 0,6/1 kV*

Sección mm²	Aislamiento HEPR							
	Conductores de cobre				Conductores de aluminio			
	Tiempo de cortocircuito (s)				Tiempo de cortocircuito (s)			
	0,2	0,5	1	2	0,2	0,5	1	2
25	7650	4850	3500	2500	5050	3250	2300	1650
35	10700	6800	4850	3450	7100	4500	3250	2300
50	15200	9700	6900	4900	10100	6450	4600	3300
70	21300	13500	9600	6850	14100	8950	6400	4550
95	28850	18300	13000	9250	19100	12150	8650	6150
120	36400	23100	16400	11700	24100	15300	10900	7750
150	45450	28850	20500	14550	30100	19100	13600	9700
185	56050	35550	25250	17950	37100	23550	16750	11900
240	72650	46100	32700	23200	48050	30500	21650	15400
300	90800	57550	40800	28950	60050	38100	27050	19200
400	121000	76650	54350	38550	80000	50750	36000	25550

Determinada la máxima intensidad de cortocircuito que puede soportar con los procedimientos descritos anteriormente, una sección será válida por este criterio cuando para el tiempo de actuación de las protecciones cumpla con la Expresión [4.24].

$$\boxed{I_{ccs} \geq I_{ccp}} \quad [4.24]$$

donde:

- I_{ccs} → Corriente de cortocircuito soportada por el conductor en kiloamperios (kA).
- I_{ccp} → Máxima corriente de cortocircuito permanente que puede presentarse en ese punto de la instalación eléctrica en kiloamperios (kA). Su cálculo se aborda en el apartado siguiente.

Ejemplo 4.15

Se sabe que la máxima intensidad de cortocircuito que se puede presentar en una línea de distribución subterránea es de 13 kA y que esta se ejecuta con cables unipolares con conductores de aluminio y aislamiento de etileno propileno. Sabiendo que el tiempo de actuación de las protecciones frente al cortocircuito es de 0,7 segundos, ¿cuál será la sección mínima válida por el criterio de cortocircuito para esa línea de distribución?

Solución:

La sección mínima que satisface el criterio de intensidad de cortocircuito la da aquella que produce la igualdad en la expresión [4.24], es decir:

$$I_{ccs} = I_{ccp} = 13000\ \text{A}$$

Si este hecho se aplica sobre la expresión [4.23], se tiene:

$$I_{ccp} = \frac{k \cdot S}{\sqrt{t}}$$

Donde puede despejarse el valor de la sección:

$$S = \frac{I_{ccp} \cdot \sqrt{t}}{k} = \frac{13000 \cdot \sqrt{0,7}}{94} = 115,7\ \text{mm}^2$$

Luego la sección mínima adoptada por este criterio ha de ser 120 mm^2, ya que el valor anterior ha de redondearse a la sección normalizada superior.

4.4.4.2 Cálculo de las intensidades de cortocircuito máximas previsibles

El cálculo de las intensidades de cortocircuito es un paso fundamental en el diseño tanto de las secciones como de las protecciones. El valor de la máxima intensidad de cortocircuito es imprescindible para elegir adecuadamente la sección del conductor, determinar el poder de corte de las protecciones y el poder de cierre de los dispositivos de maniobra. Asimismo, la intensidad de cortocircuito mínimo condiciona la elección de la curva de disparo del elemento de protección, siendo su influencia determinante en el caso de líneas de gran longitud.

Por estas razones conviene hacer una exposición con cierto detalle de cómo abordar esta tarea.

4.4.4.2.1 Circuito equivalente en régimen de cortocircuito

Todo modelo simplificado parte de unas hipótesis que configuran su validez. En el método de cálculo aquí expuesto se supone que la red estudiada es radial, se desprecian las corrientes de carga del circuito, así como las resistencias de arco que pudieran producirse y todas las capacidades de las líneas y se presumen constantes en todo el proceso tanto los valores de las tensiones como los de las impedancias.

Para poder determinar la intensidad de cortocircuito que se produce en un determinado punto de una instalación, además de asumir los postulados anteriormente expuestos, se parte de un circuito equivalente de la red eléctrica representado en la Figura 4.18., que consta de:

- Una fuente de tensión alterna constante de valor U. Su valor debe ser entre un 5 % y un 10 % superior a la tensión en bornes de la carga, ya que, en el supuesto de que se haga el análisis partiendo del transformador de distribución, corresponde al valor de la tensión de vacío del mismo.
- Una impedancia de cortocircuito $\overline{Z}_{cc}$ en la que se representan todos los elementos que hay aguas arriba del cortocircuito: la impedancia del alternador y las de los distintos circuitos a diferentes tensiones y con secciones distintas. Su valor será tanto mayor cuanto más alejado esté del alternador el punto donde tiene lugar el cortocircuito.

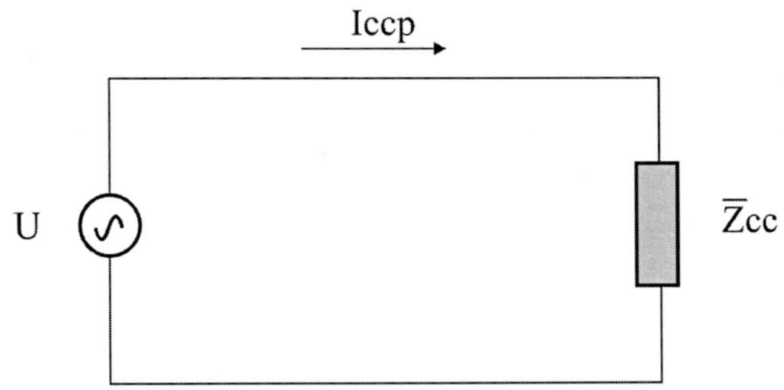

Figura 4.18. Esquema del circuito eléctrico simplificado empleado en el cálculo del cortocircuito

El valor de la intensidad de cortocircuito se obtiene aplicando la Ley de Ohm de acuerdo con la expresión [4.25]:

$$I_{cc} = \frac{U}{Z_{cc}} \quad [4.25]$$

donde:

I_{cc} → Intensidad de corriente de cortocircuito permanente que puede presentarse en ese punto de la instalación eléctrica, en amperios (A).

U → Tensión de alimentación, en voltios (V).

Z_{cc} → Impedancia de cortocircuito del circuito, en ohmios (Ω). Engloba todos los elementos que intervienen: impedancia interna del alternador, de los transformadores, de las distintas secciones, etc.

En conclusión, la dificultad del cálculo estriba en determinar la impedancia de cortocircuito mediante algún procedimiento válido.

4.4.4.2.2 Tipos de cortocircuitos

El valor de la impedancia de cortocircuito depende del tipo de cortocircuito producido. Por ello es imprescindible definir los distintos tipos más habituales:

- **Cortocircuito trifásico:** Los tres conductores de fase de un sistema trifásico entran en contacto eléctrico en el mismo punto de la instalación (Figura 4.19-a). Se trata de la situación más desfavorable en baja tensión, al producir, en general, intensidades de corriente mayores que en otras circunstancias.
- **Cortocircuito bifásico:** El contacto eléctrico tiene lugar entre dos conductores de fase del sistema trifásico (Figura 4.19-b).
- **Cortocircuito a tierra:** Un conductor de línea del sistema trifásico entra en contacto con tierra (Figura 4.19-c).
- **Cortocircuito monofásico:** Se produce la unión eléctrica accidental de un conductor de línea con el neutro (Figura 4.19-d).

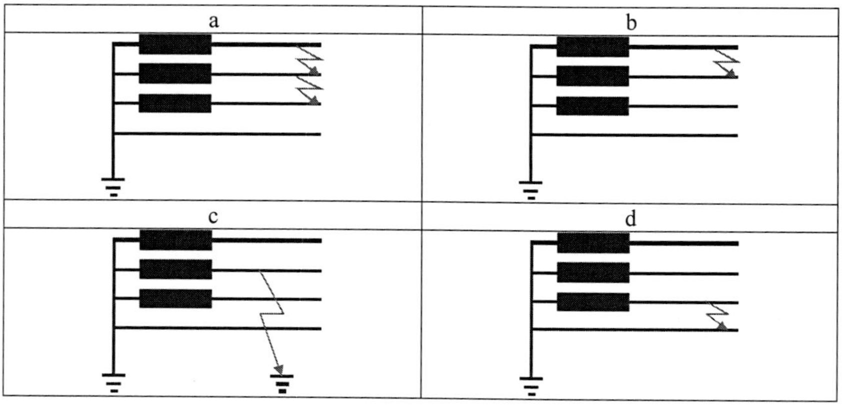

Figura 4.19. *Diferentes tipos de cortocircuito. De izquierda a derecha y de arriba a abajo: a. cortocircuito trifásico; b. cortocircuito bifásico; c. cortocircuito fase tierra; d. cortocircuito monofásico*

La influencia del tipo de cortocircuito en el valor de Z_{cc} reside en que en cada caso el camino de la corriente de cortocircuito es diferente, por lo que las impedancias que intervienen son distintas.

En la Tabla 4.31 aparecen las distintas impedancias asociadas al camino recorrido por la corriente que forman parte de Z_{cc}. Realmente Z_{cc} integrará más componentes que se detallan más adelante. La tensión U es el valor de la tensión de línea de la fuente trifásica de tensión del circuito equivalente en régimen de cortocircuito; como ya se ha mencionado anteriormente, es superior a la tensión nominal en bornes de la carga.

Tabla 4.31. *Circuitos equivalentes de los distintos tipos de cortocircuito: trifásico, bifásico, fase a tierra y monofásico*

Esquema de la línea	Circuito equivalente	Intensidad
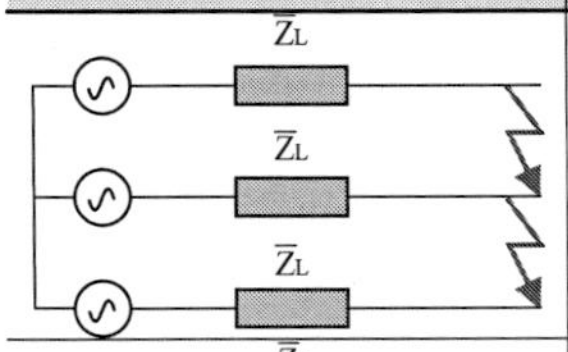	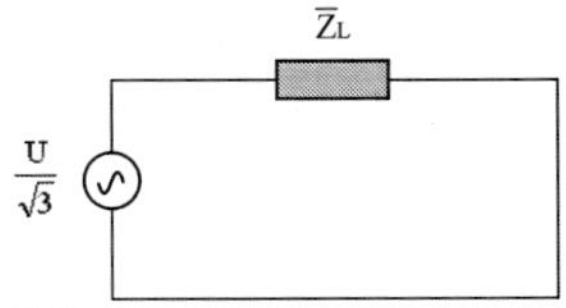	$I_{ccp} = \frac{U}{\sqrt{3} \cdot Z_L}$
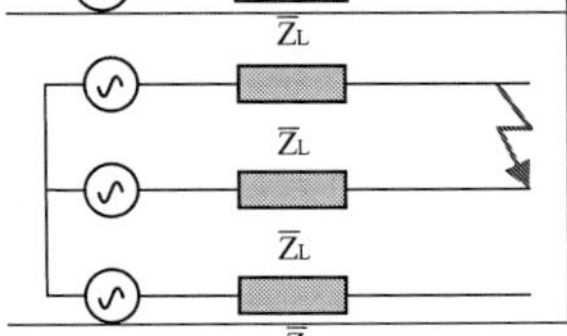	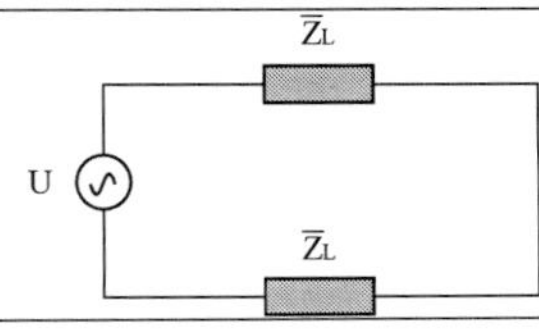	$I_{ccp} = \frac{U}{2 \cdot Z_L}$
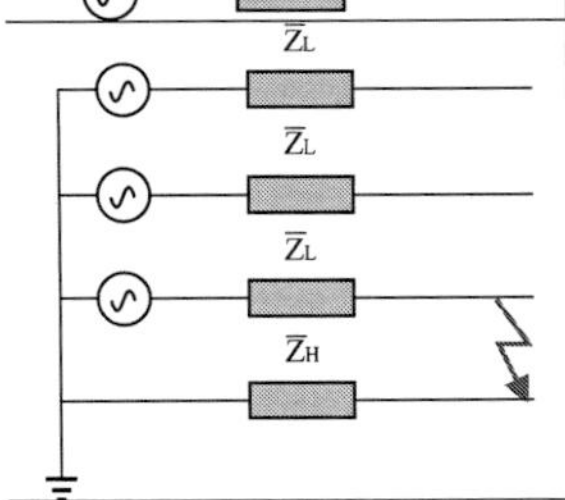	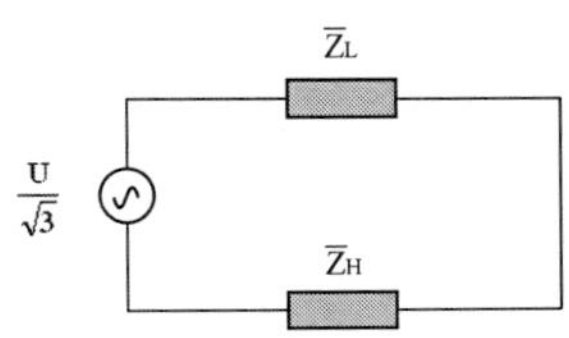	$I_{ccp} = \frac{U}{\sqrt{3} \cdot (Z_L + Z_H)}$
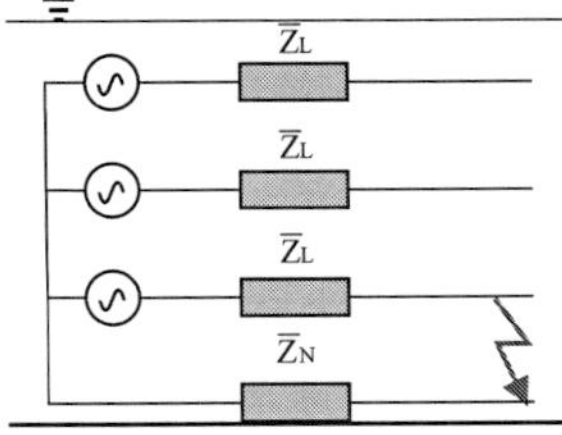	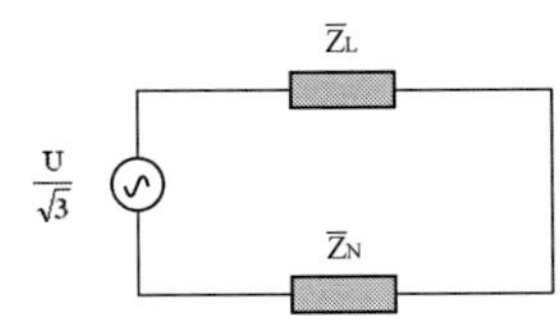	$I_{ccp} = \frac{U}{\sqrt{3} \cdot (Z_L + Z_N)}$

4.4.4.2.3 Cálculo de la impedancia de cortocircuito

El valor de la impedancia de cortocircuito, Z_{cc}, engloba la suma de todas las impedancias de los conductores que forman parte del bucle de defecto más las impedancias internas de las fuentes. Como el objetivo de este texto es el diseño de instalaciones eléctricas de BT, no se entrará en la determinación de las distintas impedancias en AT, si no que se aborda el diseño bien a partir del centro de transformación cuando se conoce la configuración de la red de distribución, o bien a partir de la CGP cuando no se tienen más datos de la conexión a la red más que la máxima intensidad de cortocircuito prevista en ese punto. Así se distinguen dos situaciones diferentes:

Conocidas las características del transformador y de la correspondiente red de distribución

El punto de partida para abordar el cálculo es el transformador de distribución del centro de transformación. Deben evaluarse: la impedancia equivalente a la red de AT, la impedancia interna del transformador y la impedancia de la red de distribución en BT.

Impedancia de la red de AT

Las impedancias del lado de alta tensión se deducen a partir del dato de la potencia de cortocircuito en el primario, que lo proporciona la compañía eléctrica. Así, la impedancia equivalente a la red aguas arriba se determina con la expresión [4.26]:

$$Z_a = \frac{U^2}{S_{cc}} \quad [4.26]$$

donde:

Z_a → Impedancia de la red de alta tensión, en ohmios (Ω).

U → Tensión de línea en vacío, en kilovoltios (kV).

S_{cc} → Potencia de cortocircuito, en mega voltio amperios (MVA).

La impedancia de la red de alta tensión puede descomponerse en sus componentes resistiva e inductiva de forma aproximada mediante las relaciones establecidas en la tabla 4.32.

Tabla 4.32. *Relación entre la resistencia y la impedancia de la red de AT*

Valor $\frac{R_a}{Z_a}$	**Tensión línea en kV**
0,3	6 kV
0,2	20 kV
0,1	150 kV

La parte inductiva se obtiene aplicando la expresión [4.27]:

$$X_a = \sqrt{Z_a^2 - R_a^2} \quad [4.27]$$

donde:

X_a → Reactancia inductiva de la red de alta tensión, en ohmios (Ω).

Z_a → Impedancia de la red de alta tensión, en ohmios (Ω).

R_a → Resistencia de la red de alta tensión, en ohmios (Ω).

No obstante, no se comete un error importante, especialmente cuanto mayor sea la tensión del primario de transformador, si se desprecia la componente resistiva de la impedancia y se hace la aproximación $X_a \approx Z_a$.

Cuando el cortocircuito se evalúa en puntos aguas abajo del transformador, que es el caso que nos ocupa, esta impedancia debe trasladarse al lado de BT multiplicando por el cuadrado de la razón de tensiones, es decir, aplicando la expresión [4.28]:

$$\overline{Z}_{aBT} = \overline{Z}_a \cdot \frac{U_{n2}^2}{U_{n1}^2} \quad [4.28]$$

donde:

$\overline{Z}_{aBT}$ → Impedancia de la red de alta tensión reducida a baja tensión, en ohmios (Ω).

$\overline{Z}_a$ → Impedancia de la red de alta tensión, en ohmios (Ω).

U_{n1} → Tensión nominal del primario del transformador, en voltios (V).

U_{n1} → Tensión nominal del secundario del transformador, en voltios (V).

También puede obtenerse el mismo resultado aplicando a la expresión [4.26] el valor de la tensión del secundario, con lo que no sería necesario aplicar posteriormente la expresión [4.28].

Impedancia interna del transformador

Su valor se calcula aplicando la expresión [4.29]:

$$Z_T = u_{cc} \cdot \frac{U^2}{S_n} \quad [4.29]$$

donde:

Z_T → Impedancia interna del transformador, en ohmios (Ω).

U → Tensión de línea en vacío, en voltios (V).

u_{cc} → Tensión porcentual de cortocircuito del transformador expresada en tanto por uno.

S_n → Potencia aparente del transformador, en voltio amperios (VA).

Para hacer un cálculo exacto, debería descomponerse la impedancia interna del transformador en sus componentes resistiva e inductiva. En general, sobre todo para los transformadores de gran potencia, la resistencia es mucho menor que la reactancia y puede hacerse la aproximación de $X_T \approx Z_T$. Cuando se trata de transformadores de menor potencia, la parte resistiva suele tener mayor peso y puede determinarse su valor a partir de las pérdidas por efecto Joule en los arrollamientos, aplicando la expresión [4.30]:

$$R_T = \frac{P_{Cu}}{3 \cdot I_n^2} \quad [4.30]$$

donde:

R_T → Resistencia interna del transformador, en ohmios (Ω).

P_{Cu} → Pérdidas por efecto Joule en los devanados del transformador, en vatios (W).

I_n → Intensidad nominal del transformador referida al secundario, en amperios (A).

Si se considera la parte resistiva de la impedancia interna del transformador, la reactancia inductiva se determinaría utilizando la expresión [4.27] aplicada a este caso.

Impedancia de las líneas de BT

El cálculo de la reactancia de las líneas de BT se hace determinando cada una de sus componentes. En la evaluación de la resistencia de la línea se aplica la expresión [4.16], con la salvedad de que la resistividad del conductor ha de tomarse a la temperatura ambiente por ser esta la situación más desfavorable. Por tanto, los valores adoptados son 25 °C para cables enterradas y 40 °C para el resto, siempre y cuando la instalación se halle en condiciones estándar (Tabla 4.33).

***Tabla* 4.33.** *Resistividades de los conductores a la temperatura ambiente de la instalación*

Material	ρ_{25} ($\Omega\cdot mm^2/m$)	ρ_{40} ($\Omega\cdot mm^2/m$)
Cu	0,0183	0,0194
Al	0,0296	0,0313
Almelec (Al-Mg-Si)	0,0326	0,0343

Para determinar la reactancia de los conductores, se recurre a la regla dada por la expresión [4.20] y recurriendo a los valores de la Tabla 4.26.

Ejemplo 4.16

La instalación eléctrica de un edificio se conecta a un transformador de distribución de 630 kVA de 20000/400 V a través de una red subterránea de BT de 850 m ejecutada con cables unipolares de aislamiento de EPR y conductores de aluminio de 400 mm² tanto de fase como de neutro enterrados bajo tubo. La acometida al edificio, también subterránea, tiene 15 m de longitud y utiliza el mismo tipo de cables que la red de distribución pero con sección de 150 mm² tanto de fase como de neutro. Sabiendo que la potencia de cortocircuito de la red de AT es de 300 MVA y que la tensión porcentual de cortocircuito del transformador es del 6 %, determina la intensidad máxima de cortocircuito previsible en bornes de la CGP.

Solución:

Como el punto donde quiere calcularse la intensidad de cortocircuito pertenece a un sistema trifásico, el cortocircuito más desfavorable es el trifásico. Esto significa que el circuito equivalente que debe adoptarse es el siguiente:

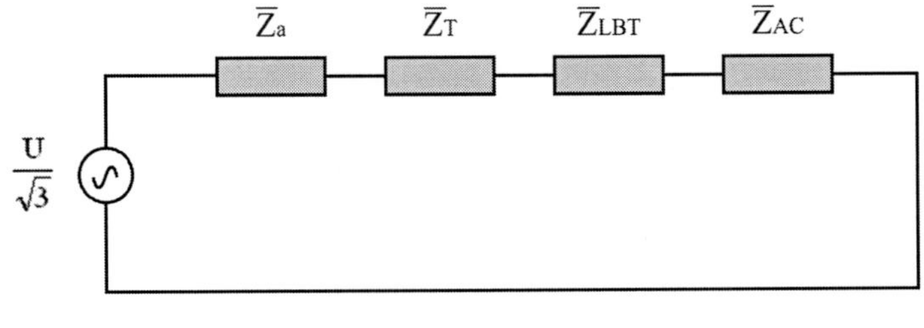

donde:

- U → Tensión de línea en vacío, en voltios (V).
- Z_a → Impedancia de la red de alta tensión, en ohmios (Ω).
- Z_T → Impedancia interna del transformador, en ohmios (Ω).
- Z_{LBT} → Impedancia de la red de distribución en baja tensión, en ohmios (Ω).
- Z_{AC} → Impedancia de la acometida, en ohmios (Ω).

A continuación se calculan cada una de las impedancias anteriores.

1. Impedancia de la red de AT.

Se calcula la impedancia de red del lado de AT aplicando la expresión [4.26] Se adopta una tensión de salida del secundario de 440 V, un 10 % superior a la tensión nominal.

$$Z_a = \frac{U^2}{S_{cc}} = \frac{440^2}{300 \cdot 10^6} = 6{,}45 \cdot 10^{-4}\,\Omega$$

Las componentes de esta impedancia se deducen a continuación (véase Tabla 4.32 y expresión [4.27]).

$$R_a = 0{,}2 \cdot Z_a = 0{,}2 \cdot 6{,}45 \cdot 10^{-4} = 1{,}29 \cdot 10^{-4}\,\Omega$$

$$X_a = \sqrt{Z_a^2 - R_a^2} = \sqrt{(6{,}45 \cdot 10^{-4})^2 - (1{,}29 \cdot 10^{-4})^2} = 6{,}32 \cdot 10^{-4}\,\Omega$$

2. Impedancia interna del transformador.

Su valor se calcula aplicando la expresión [4.28]:

$$Z_T = u_{cc} \cdot \frac{U^2}{S_n} = \frac{6}{100} \cdot \frac{440^2}{630 \cdot 10^3} = 0{,}018\,\Omega$$

Como se desconocen las pérdidas por efecto Joule del transformador, se hace la aproximación de $X_T \approx Z_T$

3. Impedancia de la red de BT.

Para determinar este valor, se emplea la expresión [4.16], teniendo en cuenta que, por tratarse de una instalación subterránea, la temperatura ambiente es de 25 °C.

$$R_{LBT} = c \cdot \rho_\theta \cdot \frac{L}{S} = 1{,}02 \cdot 0{,}0296 \cdot \frac{850}{400} = 0{,}064\,\Omega$$

La impedancia inductiva se deduce aplicando la expresión [4.19]:

$$X_{LBT} = K \cdot R = 0{,}25 \cdot 0{,}064 = 0{,}016\Omega$$

4. Impedancia de la acometida.

El cálculo es análogo al anterior:

$$R_{AC} = c \cdot \rho_\theta \cdot \frac{L}{S} = 1{,}02 \cdot 0{,}0296 \cdot \frac{15}{150} = 3{,}02 \cdot 10^{-3}\ \Omega$$

La impedancia inductiva se deduce aplicando la expresión [4.19]:

$$X_{AC} = K \cdot R = 0{,}15 \cdot 3{,}02 \cdot 10^{-3} = 4{,}53 \cdot 10^{-4}\ \Omega$$

5. Cálculo de la intensidad de cortocircuito máxima.

De acuerdo con el circuito equivalente, la intensidad máxima de cortocircuito se puede obtener aplicando la ley de Ohm, es decir, mediante la siguiente expresión:

$$I_{cc} = \frac{U}{\sqrt{3} \cdot \left(\sqrt{(R_a + R_T + R_{LBT} + R_{AC})^2 + (X_a + X_T + X_{LBT} + X_{AC})^2} \right)}$$

$$I_{cc} = \frac{410}{\sqrt{3} \cdot \left(\sqrt{(1{,}12 \cdot 10^{-4} + 0{,}064 + 3{,}02 \cdot 10^{-3})^2 + (5{,}49 \cdot 10^{-4} + 0{,}016 + 0{,}016 + 4{,}53 \cdot 10^{-3})^2} \right)} = 3086{,}6\,\text{A}$$

Ejemplo 4.17

Dada la instalación eléctrica del ejemplo anterior, calcula la máxima intensidad de cortocircuito prevista en una derivación individual monofásica de 10 mm², con conductores unipolares de cobre con aislamiento de XLPE instalada en tubo empotrado en obra. Se sabe que tanto acometida como red de distribución en BT tienen igual sección de neutro que de fase, que la LGA de la instalación se ejecuta con conductores unipolares de cobre de 95 mm² de sección y aislamiento de XLPE bajo tubo empotrado en obra y que el neutro de la LGA es de 50 mm².

Solución:

La diferencia con el problema anterior es que ahora hay que considerar un cortocircuito monofásico producido en el punto inicial de la derivación individual. Esto hace que el circuito equivalente sea distinto. Ahora se tendrá el siguiente:

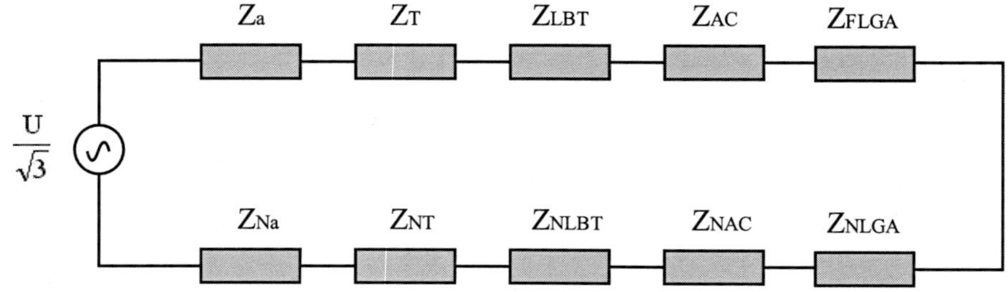

donde:

Z_a → Impedancia de la red de alta tensión, en ohmios (Ω).

Z_T → Impedancia interna del transformador, en ohmios (Ω).

Z_{LBT} → Impedancia de la red de distribución en baja tensión, en ohmios (Ω).

Z_{AC} → Impedancia de la acometida, en ohmios (Ω).

Z_{FLGA} → Impedancia de fase de la LGA, en ohmios (Ω).

Z_{Na} → Impedancia del neutro de la red de alta tensión, en ohmios (Ω).

Z_{NT} → Impedancia del neutro interna del transformador, en ohmios (Ω).

Z_{NLBT} → Impedancia del neutro de la red de distribución en baja tensión, en ohmios (Ω).

Z_{NAC} → Impedancia del neutro de la acometida, en ohmios (Ω).

Z_{NLGA} → Impedancia del neutro de la LGA, en ohmios (Ω).

Algunas de estas impedancias han sido calculadas en el ejemplo anterior, que son:

$$\bar{Z}_a = \bar{Z}_{Na} = (1,29) + j \cdot 6,32) \cdot 10^{-4}\ \Omega$$

$$\bar{Z}_T = j \cdot 0,018\ \Omega$$

$$\bar{Z}_{LBT} = \bar{Z}_{NLBT} = 0,064 + j \cdot 0,016\ \Omega$$

$$\bar{Z}_{AC} = \bar{Z}_{NAC} = (3,02 + j \cdot 0,453) \cdot 10^{-3}\ \Omega$$

A partir de aquí se procede a calcular el resto de las impedancias necesarias:

1. Impedancia de fase de la LGA.

El cálculo es análogo al anterior:

$$R_{FLGA} = c \cdot \rho_\theta \cdot \frac{L}{S} = 1{,}02 \cdot 0{,}0194 \cdot \frac{12}{95} = 2{,}5 \cdot 10^{-3}\ \Omega$$

La reactancia inductiva se deduce aplicando la expresión [4.19]:

$$X_{FLGA} = K \cdot R = 0 \cdot 2{,}5 \cdot 10^{-3} = 0\,\Omega$$

2. Impedancia de neutro de la LGA.

El cálculo es análogo al anterior:

$$R_{NLGA} = c \cdot \rho_\theta \cdot \frac{L}{S} = 1{,}02 \cdot 0{,}0194 \cdot \frac{12}{50} = 4{,}75 \cdot 10^{-3}\ \Omega$$

La reactancia inductiva se deduce aplicando la expresión [4.20]:

$$X_{NLGA} = K \cdot R = 0 \cdot 4{,}75 \cdot 10^{-3} = 0\,\Omega$$

3. Cálculo de la corriente de cortocircuito.

$$I_{cc} = \frac{U}{\sqrt{3} \cdot \sqrt{\left(2 \cdot (R_{aBT} + R_{LBT} + R_{AC}) + R_T + R_{FLGA} + R_{NLGA}\right)^2 + \left(2 \cdot (X_{aBT} + X_{LBT} + X_{AC}) + X_T + X_{FLGA} + X_{NLGA}\right)^2}}$$

$$I_{cc} = \frac{440}{\sqrt{3} \cdot \sqrt{\left(2 \cdot (1{,}29 \cdot 10^{-4} + 0{,}064 + 3{,}02 \cdot 10^{-3}) + 2{,}5 \cdot 10^{-3} + 4{,}75 \cdot 10^{-3}\right)^2 + \left(2 \cdot (6{,}32 \cdot 10^{-4} + 0{,}016 + 4{,}53 \cdot 10^{-3}) + 0{,}018\right)^2}} = 1651\,A$$

Con red de distribución y demás características desconocidas

En la mayoría de las ocasiones, los datos relativos al transformador y a la red de distribución no son conocidos por el técnico que realiza el diseño de la instalación eléctrica de un edificio, sino que es una información que únicamente maneja la compañía distribuidora. Por ello, para realizar los cálculos, se debe solicitar a dicha empresa eléctrica información relativa al cortocircuito en el punto de conexión de la instalación interior a la red eléctrica. El dato proporcionado puede ser el valor de la intensidad de cortocircuito o, más comúnmente, el de la potencia de cortocircuito. Ambos parámetros corresponden a un cortocircuito trifásico (si se trata de una instalación trifásica, lógicamente) por ser este el más desfavorable que puede producirse. La relación entre ellos la da la expresión [4.31].

$$\boxed{I_{ccp} = \frac{S_{cc} \cdot 1000}{\sqrt{3} \cdot U}} \quad [4.31]$$

donde:

- I_{ccp} → Máxima corriente de cortocircuito permanente que puede presentarse en ese punto de la instalación eléctrica, en kiloamperios (kA).
- S_{cc} → Potencia de cortocircuito, en mega voltio-amperios (MVA).
- U → Tensión nominal de la línea, en voltios (V).

Independientemente del dato proporcionado, cuando se quiere determinar la corriente de cortocircuito en puntos aguas abajo al punto de entrega de la energía es necesario configurar un circuito equivalente en régimen de cortocircuito que depende de si se está estudiando un cortocircuito monofásico o uno trifásico.

Cortocircuito Trifásico

En este caso se asimilan todas las impedancias existentes aguas arriba de la instalación a una única que se denomina impedancia de red (Z_r), cuyo valor se deduce a partir del dato suministrado por la compañía eléctrica aplicando la expresión [4.32].

$$\overline{Z}_r = \frac{U^2}{S_{cc}} = \frac{U}{\sqrt{3} \cdot I_{ccp}} \quad [4.32]$$

donde:

$\overline{Z}_r$ → Impedancia global de red, en ohmios (Ω).

S_{cc} → Potencia de cortocircuito, en voltio-amperios (VA).

U → Tensión en el origen de la línea, en voltios (V).

I_{ccp} → Máxima corriente de cortocircuito permanente que puede presentarse en el punto de entrega de la energía, en amperios (A).

Como se ignora la relación entre las componentes inductiva y resistiva de esta impedancia y teniendo en cuenta que el mayor componente de este parámetro lo da la impedancia de cortocircuito del transformador, se puede hacer la aproximación de que $Z_r = X_r$.

Esta $\overline{Z}_r$ se integrará en el circuito equivalente del cortocircuito estudiado, apareciendo como único valor que representa a todos los elementos que hay aguas arriba del punto de entrega de la instalación. El resto de los elementos de dicho circuito equivalente serán conocidos por el diseñador ya que corresponden a la instalación que se está calculando.

Puesto que se está evaluando el cortocircuito más desfavorable, se debe hacer la aproximación conservadora de que en el momento de producirse no circula corriente de carga en la instalación, es decir, los cables se encuentran a temperatura ambiente y, por tanto, las impedancias deben calcularse en estas condiciones.

Ejemplo 4.18

Un edificio de viviendas dispone de una sola centralización de contadores unida a la CGP mediante una LGA constituida por cables unipolares con aislamiento de XLPE y conductores de cobre de 150 mm² de sección de fase y 95 mm2 de sección de neutro, con 16 m de longitud e instalados bajo tubo empotrado en obra. Según la empresa suministradora de energía, la máxima intensidad de cortocircuito prevista en el punto de entrega de la energía es de 12 kA. Si se tiene una derivación individual trifásica constituida por cables unipolares con aislamiento de EPR y conductores de cobre de 25 mm² de sección de fase y 16 mm² de sección de neutro, con 28 m de longitud e instalados bajo tubo empotrado en obra, calcula la máxima intensidad de cortocircuito previsible en el cuadro de esa derivación individual.

Solución:

Como la derivación individual es trifásica, el cortocircuito más desfavorable es el trifásico. Al no conocer la configuración de la red aguas arriba de la instalación, el circuito equivalente en régimen de cortocircuito para el caso planteado es:

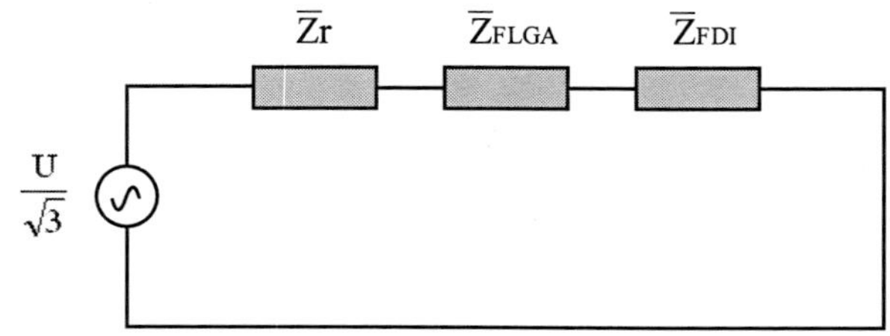

donde:

$\overline{Z}_r$ → Impedancia global de red, en ohmios (Ω).

$\overline{Z}_{FLGA}$ → Impedancia de fase de la LGA, en ohmios (Ω).

$\overline{Z}_{FDI}$ → Impedancia de fase de la DI, en ohmios (Ω).

Para determinar la intensidad de cortocircuito máxima hay que evaluar estas impedancias.

1. Cálculo de la impedancia global de red.

Partiendo del dato de la máxima intensidad de cortocircuito en la CGP, se aplica la expresión [4.32]:

$$Z_r = X_r = \frac{U}{\sqrt{3} \cdot I_{ccp}} = \frac{400}{\sqrt{3} \cdot 12000} = 0{,}0192\,\Omega$$

2. Cálculo de la impedancia de la LGA.

Se empieza calculando la componente resistiva teniendo presente que la temperatura ambiente de la instalación bajo tubo empotrado en obra es de 40 °C, de acuerdo con la expresión [4.16]:

$$R_{LGA} = c \cdot \rho_\theta \cdot \frac{L}{S} = 1{,}02 \cdot 0{,}0194 \cdot \frac{16}{150} = 2{,}11 \cdot 10^{-3}\,\Omega$$

La reactancia inductiva se deduce aplicando la expresión [4.19]:

$$X_{LGA} = K \cdot R = 0{,}15 \cdot 2{,}11 \cdot 10^{-3} = 3{,}165 \cdot 10^{-4}\,\Omega$$

3. Cálculo de la impedancia de la DI.

El procedimiento es análogo al anterior. La componente resistiva es:

$$R_{DI} = c \cdot \rho_{\theta} \cdot \frac{L}{S} = 1{,}02 \cdot 0{,}0194 \cdot \frac{28}{25} = 0{,}022\,\Omega$$

Y la inductiva:

$$X_{DI} = K \cdot R = 0 \cdot 0{,}022 = 0\,\Omega$$

Es decir, no se considera componente inductiva.

4. Cálculo de la intensidad de cortocircuito.

$$I_{cc} = \frac{U}{\sqrt{3} \cdot \sqrt{(R_{FLGA} + R_{FDI})^2 + (X_r + X_{FLGA} + X_{DI})^2}}$$

$$I_{cc} = \frac{440}{\sqrt{3} \cdot \sqrt{(2{,}11 \cdot 10^{-3} + 0{,}022)^2 + (0{,}0192 + 3{,}165 \cdot 10^{-4} + 0)^2}} = 8616\,\text{A}$$

Cortocircuito Monofásico

El problema que aquí se presenta es que si el cortocircuito monofásico se da en una instalación trifásica, no se tiene el dato de la máxima intensidad de cortocircuito monofásico prevista. Los autores proponen utilizar el valor correspondiente al cortocircuito trifásico proporcionado por la compañía eléctrica ya que, al ser este presumiblemente mayor, con esta aproximación se está por el lado de la seguridad. Al igual que en el caso anterior, todos los elementos anteriores al punto de entrega serán asimilados a una impedancia global de red $\overline{Z}_r$, determinada mediante la expresión [4.32].

En el circuito equivalente empleado en el cálculo, además de la impedancia global de red, se deberá tener en cuenta que por tratarse de un cortocircuito monofásico la corriente circulará a través de todos los neutros de los elementos que intervienen.

Ejemplo 4.19

En el edificio de viviendas del ejemplo 4.19 calcula la máxima intensidad de cortocircuito previsible en el cuadro de una derivación individual monofásica de 10 mm^2 de sección y 12 m de longitud sabiendo que se instala bajo tubo empotrado en obra y que se emplean conductores unipolares de cobre con aislamiento de EPR.

Solución:

En primer lugar ha de plantearse el circuito equivalente de este cortocircuito monofásico que es:

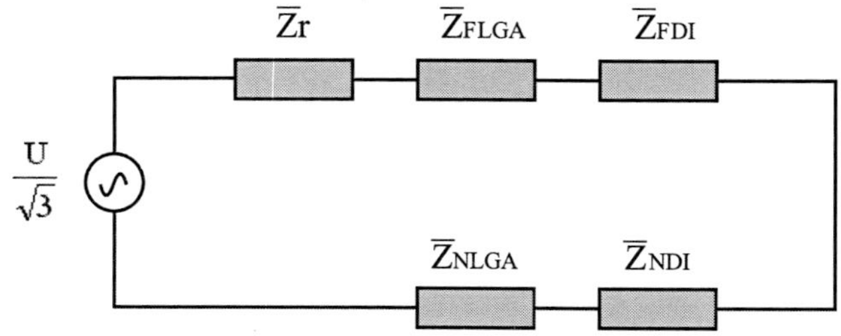

donde:

$\overline{Z}_r$ → Impedancia global de red, en ohmios (Ω).

$\overline{Z}_{FLGA}$ → Impedancia de fase de la LGA, en ohmios (Ω).

$\overline{Z}_{FDI}$ → Impedancia de fase de la DI, en ohmios (Ω).

$\overline{Z}_{NLGA}$ → Impedancia de neutro de la LGA, en ohmios (Ω).

$\overline{Z}_{NDI}$ → Impedancia de neutro de la DI, en ohmios (Ω).

1. Cálculo de la impedancia global de red.

Ya se ha determinado en el ejercicio 4.19 y su valor es:

$$\overline{Z}_r = X_r = j \cdot 0{,}0192\,\Omega$$

2. Cálculo de la impedancia de fase de la LGA.

Ya se ha determinado en el ejercicio 4.19 y su valor es:

$$\overline{Z}_{FLGA} = 2{,}11 \cdot 10^{-3} j \cdot 3{,}165 \cdot 10^{-4}\,\Omega$$

3. Cálculo de la impedancia de fase y neutro de la DI.

Se tiene en cuenta que la temperatura ambiente es de 40 °C y que la sección de fase coincide con la del neutro, por ser una DI monofásica.

$$R_{FDI} = R_{NDI} = c \cdot \rho_\theta \cdot \frac{L}{S} = 1{,}02 \cdot 0{,}0194 \cdot \frac{12}{10} = 0{,}0237\,\Omega$$

Y la inductiva:

$$X_{FDI} = X_{NDI} = K \cdot R = 0 \cdot 0{,}0237 = 0\,\Omega$$

Es decir, no se considera componente inductiva.

4. Cálculo de la impedancia de neutro de la LGA.

$$R_{NLGA} = c \cdot \rho_\theta \cdot \frac{L}{S} = 1{,}02 \cdot 0{,}0194 \cdot \frac{16}{95} = 3{,}33 \cdot 10^{-3}\,\Omega$$

La reactancia inductiva se deduce aplicando la expresión [4.19]:

$$X_{NLGA} = K \cdot R = 0 \cdot 3{,}33 \cdot 10^{-3} = 0\,\Omega$$

Es decir, no se considera componente inductiva.

5. Cálculo de la intensidad de cortocircuito.

$$I_{cc} = \frac{U}{\sqrt{3} \cdot \sqrt{(R_{FLGA} + R_{NLGA} + 2 \cdot R_{FDI})^2 + (X_{r.} + X_{FLGA} + X_{NLGA} + 2 \cdot X_{FI})^2}}$$

$$I_{cc} = \frac{440}{\sqrt{3} \cdot \sqrt{(2{,}11 \cdot 10^{-3} + 3{,}33 \cdot 10^{-3} + 2 \cdot 0{,}0237)^2 + (0{,}0192 + 3{,}165 \cdot 10^{-4} + 0)^2}} = 4410\,\text{A}$$

5 Protecciones en las instalaciones eléctricas

5.1 Introducción

Toda instalación eléctrica debe disponer de una serie de elementos de protección que garanticen, por un lado, la integridad de la propia instalación y sus elementos y, por otro, la seguridad de las personas que utilizan o conviven con la instalación eléctrica. Las averías o defectos que pueden poner en riesgo tanto a la instalación como a sus usuarios son las siguientes:

- **Sobreintensidades.** Son corrientes superiores al valor nominal de las líneas por donde circulan. Se producen por dos causas: cortocircuitos y sobrecargas.
  - **Sobreintensidades por cortocircuito.** Se denomina cortocircuito a la conexión accidental de dos puntos de un circuito que se encuentran a diferente potencial. Este fenómeno se caracteriza por unas corrientes de valor muy elevado que pueden provocar la aparición de calentamientos excesivos por efecto Joule en los cables y otros elementos de la instalación y esfuerzos electrodinámicos inadmisibles en embarrados y otros conductores. En caso de cortocircuito, las protecciones deben actuar con la mayor celeridad posible.
  - **Sobreintensidades por sobrecarga.** Son corrientes superiores al valor nominal de las líneas por donde circulan ocasionadas por un exceso de demanda o por defectos de aislamiento. Debido al efecto Joule pueden provocar la elevación de la temperatura de los cables a valores no admisibles y su consiguiente deterioro o destrucción. En ocasiones se producen sobrecargas a causa del funcionamiento normal de las instalaciones como, por ejemplo, en el arranque de motores. En estos casos las protecciones de la instalación no deben actuar.
- **Defectos de aislamiento.** Consisten en fallos del aislamiento existente entre partes de la instalación que normalmente se encuentran a diferente tensión. En el caso de fallar el aislamiento entre partes activas se produce un cortocircuito mientras que si el fallo es entre una parte activa y una masa puede dar lugar a un defecto o contacto indirecto. El defecto o contacto indirecto se producirá en el caso de que una persona toque la masa que supuestamente no está sometida a tensión pero que a causa del fallo queda en contacto con alguna de las fases de la instalación.

- **Sobretensiones.** Son tensiones superiores a los valores nominales de la instalación y que se producen a consecuencia de diversos fenómenos como son la caída de rayos en las líneas eléctricas que alimentan a la instalación, la realización de maniobras en la red de alta tensión o la conexión y desconexión de transformadores y grandes cargas en esta red.

En el caso de las instalaciones eléctricas de baja tensión en edificios de viviendas, los dispositivos de protección que se pueden utilizar reglamentariamente (según el REBT) son los siguientes:

- Cortacircuitos fusibles calibrados.
- Interruptores automáticos magnetotérmicos.
- Interruptores diferenciales.
- Limitadores de sobretensión.

El proyecto de una instalación eléctrica debe incluir, por tanto, el cálculo y selección de los dispositivos de protección de la instalación. En los apartados siguientes se detallan las condiciones de protección que se deben cumplir para cada uno de los defectos indicados y se estudia el proceso de selección de cada tipo de protección.

5.2 Protección frente a sobrecorrientes

5.2.1 Condiciones de protección

Los dispositivos de protección frente a sobrecorrientes, es decir, fusibles e interruptores automáticos, protegen frente a sobrecargas y cortocircuitos. Sin embargo, las condiciones de protección para cada tipo de defecto son diferentes y deben ser comprobadas por separado. Normalmente, las condiciones de protección frente a sobrecargas permiten seleccionar el dispositivo de protección mientras que las condiciones de protección frente a cortocircuitos se comprueban una vez realizada la selección.

En lo que se refiere a la protección frente a sobrecargas, la norma UNE 20460-4-433 establece las siguientes dos condiciones:

(a) $I_b \leq I_n \leq I_z$

(b) $I_2 \leq 1{,}45 I_z$

donde:

I_b es la intensidad utilizada en el circuito;

I_z es la intensidad admisible de la canalización;

I_n es la intensidad nominal del dispositivo de protección;

I_2 es la intensidad que asegura efectivamente el funcionamiento del dispositivo de protección (su valor depende del tipo de dispositivo como se verá en los siguientes apartados).

La primera condición permite seleccionar el calibre del dispositivo (I_n del fusible o interruptor automático) a partir de la intensidad de diseño del circuito (I_b) y de la intensidad admisible de la línea que se pretende proteger y que ha sido previamente calculada (I_z).

Por lo que respecta a la protección frente a cortocircuitos, la norma UNE 20460-4-434 establece las siguientes dos condiciones:

(c) El poder de corte del dispositivo de protección debe ser como mínimo igual a la corriente de cortocircuito supuesta en el punto donde está instalado.

$$I_{cc\,\max} \leq I_{cn} = Poder\ de\ corte$$

(d) El tiempo de corte de toda corriente que resulte de un cortocircuito que se produzca en un punto cualquiera del circuito no debe ser superior al tiempo que tarda en alcanzar la temperatura de los conductores el límite admisible.

Para los cortocircuitos de una duración t como máximo igual a cinco segundos, la duración necesaria para que una corriente de cortocircuito eleve la temperatura de los conductores desde la temperatura máxima admisible en servicio normal al valor límite, puede calcularse, en primera aproximación, con ayuda de la expresión [5.1]:

$$\sqrt{t} = k\frac{S}{I} \qquad [5.1]$$

donde:

t es la duración en segundos;

S es la sección en mm^2;

I es la corriente de cortocircuito efectiva en A, expresada en valor eficaz;

k es una constante que depende del tipo de conductor y del tipo de aislamiento y cuyo valor se indica en la Tabla 5.1.

Nota: Para las duraciones muy cortas (< 0,1 s) donde la asimetría es importante y para los dispositivos que limitan la corriente, k^2S^2 debe ser superior al valor de la energía (I^2t) que deja pasar el dispositivo de protección, indicado por el fabricante.

La condición (c) es de fácil comprobación y se aplica por igual a fusibles y a interruptores automáticos. Sin embargo, la condición (d) se aplica de forma diferente según el tipo de dispositivo. En los apartados siguientes se van a estudiar las características de cada dispositivo y se analizará la aplicación de las condiciones vistas.

Tabla 5.1. *Valores de la constante k*

Tipo de conductor	Valor de k
Conductores de cobre aislados con policloruro de vinilo.	115
Conductores de cobre aislados con caucho para uso general, con butilo, con polietileno reticulado o con etileno propileno.	135
Conductores de aluminio aislados con policloruro de vinilo.	74
Conductores de aluminio aislados con caucho para uso general, con butilo, con polietileno reticulado o con etileno propileno.	87

5.2.2 Cortacircuitos fusibles

Un cortacircuito fusible, o fusible como se suele denominar, es un dispositivo de protección que tiene como misión abrir el circuito en el que está instalado, por fusión de uno o varios elementos destinados y diseñados para tal fin, cortando la corriente cuando esta sobrepasa un determinado valor durante un cierto tiempo.

El cortacircuito fusible consta usualmente, tal como se aprecia en la Figura 5.1, de los siguientes elementos:

- Una base portafusibles. Parte fija provista de bornes para su conexión y que comprende todos los elementos que aseguran el aislamiento.
- Un cartucho fusible. Parte destinada a ser reemplazada en caso de funcionamiento del fusible. Contiene el elemento o elemen-

tos fusibles constituidos por tiras (hilo o láminas) de aleaciones con bajo punto de fusión.

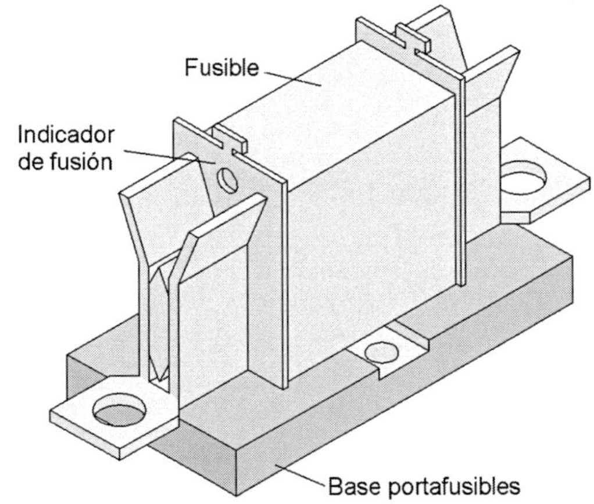

Figura 5.1. *Constitución de un cortacircuito fusible*

Los parámetros que caracterizan un fusible según la norma UNE-EN 60269 son los indicados a continuación:

- I_n: Corriente asignada. Es la máxima corriente que soporta el fusible en funcionamiento permanente sin sufrir deterioro. Los valores de I_n normalizados son: 2, 4, 6, 8, 10, 12, 16, 20, 25, 33, 40, 50, 63, 80, 100, 125, 160, 200, 250, 315, 400, 500, 630, 800, 1000 y 1250 A.
- I_f: Corriente convencional de fusión. Valor especificado de la corriente que provoca la fusión en un tiempo especificado definido en la norma (tiempo convencional).
- I_{nf}: Corriente convencional de no fusión. Valor especificado de la corriente que el fusible puede soportar durante un tiempo especificado (tiempo convencional) sin fundir.
- I_{cn}: Poder de corte. Valor de la corriente prevista que un fusible es capaz de cortar bajo unas condiciones específicas. Está normalmente comprendido entre 6 y 120 kA. Dada una I_n el tamaño del fusible depende del poder de corte para el que ha sido diseñado.
- Tensión asignada. Tensión de funcionamiento del fusible. Los valores normalizados son 230, 400, 500 y 690 V.
- Característica tiempo-corriente. Representa el tiempo que el fusible tarda en actuar para cada valor de intensidad.

Además de los indicados en la norma es importante considerar el siguiente parámetro adicional:

- I_{f5}: Corriente que provoca la fusión del fusible en cinco segundos.

Clasificación de fusibles

Los fusibles utilizados en las instalaciones de baja tensión se clasifican atendiendo a dos criterios: características de funcionamiento y empleo y forma constructiva.

Clasificación según sus características de funcionamiento y empleo

Por lo que se refiere a este aspecto, la identificación del fusible se realiza mediante dos letras. La primera letra, minúscula, responde a las características de funcionamiento y puede ser:

- *g*: designa al cartucho fusible capaz de cortar todas las corrientes comprendidas entre I_n y el poder de corte. Su curva de fusión ofrece una respuesta lenta en sobrecarga y rápida en cortocircuito, pudiendo proteger de ambos riesgos cuando están bien diseñados. Anteriormente, a estos fusibles se les llamaba «de uso general».
- *a*: designa el cartucho fusible capaz de cortar las corrientes comprendidas entre un valor mínimo definido por k_2I_n y su poder de corte. Su curva de fusión está desplazada a la derecha por lo que ofrece una respuesta extremadamente lenta ante sobrecargas por lo que solamente son útiles en la protección frente a cortocircuitos. Anteriormente, a estos fusibles se les llamaba «de acompañamiento».

La segunda letra es mayúscula y señala la aplicación o tipo de equipo a proteger. Entre otras, existen las siguientes designaciones:

- G: líneas y receptores en general.
- R: semiconductores de potencia.
- M: motores.
- Tr: transformadores.
- B: aplicaciones mineras.

Como muestra se indica a continuación las clases más utilizadas:

- gG: designa los cartuchos fusibles para uso general que pueden cortar todas las corrientes.

- gM: designa los cartuchos fusibles para la protección de circuitos de motores y que pueden cortar todas las corrientes.
- aM: designa los cartuchos fusibles para la protección de circuitos de motores y que no pueden cortar más que una parte de las corrientes.

Clasificación según su forma constructiva

Cada una de estas clases se puede fabricar con diferentes formas constructivas. Las formas más habituales son las mostradas en la Figura 5.2.

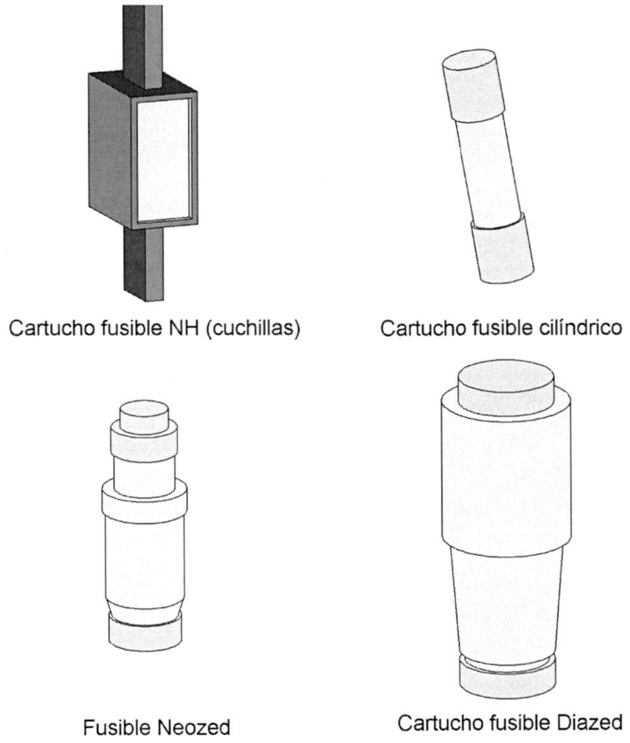

Figura 5.2. Formas constructivas de cartuchos fusibles

En las instalaciones eléctricas de los edificios de viviendas se utilizan fusibles de clase «gG» con tres formas constructivas principalmente. En la Caja General de Protección se usan habitualmente fusibles de cuchillas (NH) mientras que en la Centralización de Contadores se usan fusibles tipo cilíndrico o Neozed. La Tabla 5.2 muestra los calibres de estos últimos en función de su tamaño.

Tabla 5.2. Calibres de los fusibles Neozed

Tamaño	00	0	1	2	D01	D02	D03
Calibres (A)	6-10-16-20-25-35-40-50-63-80-100-125-160	6-10-16-20-25-35-40-50-63-80-100-125-160	35-40-50-63-80-100-125-160-200-250	200-250-315-400	2-4-6-10-16	20-25-35-50-63	80-100

Características de los fusibles gG

Considerando que en las instalaciones eléctricas de BT se utilizan mayoritariamente los fusibles de clase «gG», se detallan a continuación sus características y el procedimiento de selección.

En la Figura 5.3 se muestran las características tiempo-corriente de fusibles clase «gG» para diferentes calibres.

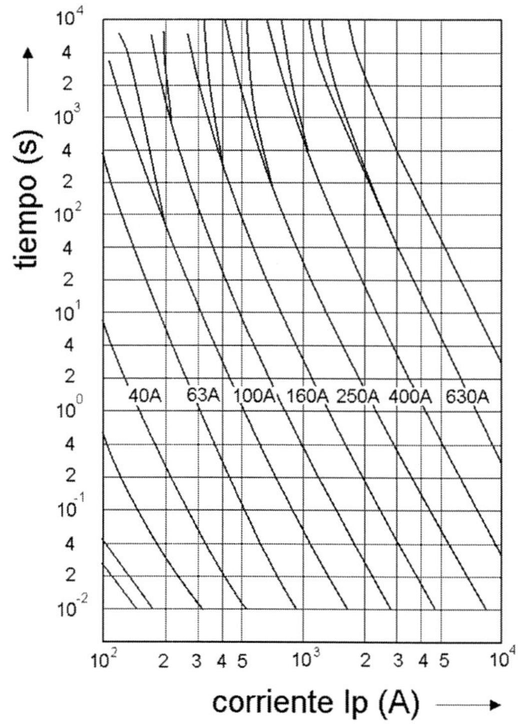

Figura 5.3. Característica tiempo-corriente de cartuchos fusibles gG

Adicionalmente a la curva de fusión, en la norma UNE-EN 60269 se definen los tiempos convencionales de fusión de los cartuchos fusibles gG con el objeto de normalizar las curvas de fusión de fusibles de diferentes fabricantes. Las intensidades convencionales de fusión correspondientes a un tiempo convencional dado se indican en la Tabla 5.3.

Tabla 5.3. *Intensidades convencionales de fusión de cartuchos fusibles gG*

I_n (A)	Tiempo convencional (h)	I_f Corriente convencional de fusión (A)
$I_n \leq 4$	1	2,1 I_n
$4 < I_n \leq 16$	1	1,9 I_n
$16 < I_n \leq 63$	1	1,6 I_n
$63 < I_n \leq 160$	2	1,6 I_n
$160 < I_n \leq 400$	3	1,6 I_n
$400 < I_n$	4	1,6 I_n

Selección de fusibles tipo gG

Para seleccionar el fusible adecuado a cada aplicación se deben cumplir las cuatro condiciones indicadas en el apartado 5.2.1 teniendo en cuenta las siguientes consideraciones:

La primera condición se aplica tal como está definida siendo la que permite seleccionar el calibre del fusible para proteger una línea de sección e intensidad máxima admisible determinadas.

$$\text{(a)} \quad I_b \leq I_n \leq I_z$$

En la segunda condición, se debe tener en cuenta que I_2 (corriente que garantiza el funcionamiento efectivo del dispositivo de protección) se corresponde con la corriente convencional de fusión (I_f).

$$\text{(b)} \quad I_2 \leq 1{,}45 I_z$$

La tercera condición se aplica como se ha definido siendo I_{ccmax} el máximo valor de la corriente de cortocircuito que puede producirse aguas abajo del fusible. En la aplicación de esta condición debe tenerse en cuenta que el poder de corte de los fusibles, debido a su principio de funcionamiento, suele tener valores elevados que superan los 50 kA.

(c) $I_{cc\max} \leq I_{cn}$ = *Poder de corte*

La cuarta condición establece la condición de protección durante un cortocircuito de la línea a proteger. En el caso de fusibles la protección queda asegurada si se cumplen las dos condiciones siguientes:

(d1) $I_s > I_{f5}$

(d2) $I_{cc\min} > I_{f5}$

donde:

I_s es la intensidad de cortocircuito admisible para la línea protegida. Es la máxima intensidad que pueden soportar, sin deteriorarse, los cables durante 5 segundos;

I_{f5} es la intensidad mínima que debe motivar la actuación del fusible en un tiempo igual o inferior a 5 segundos. Viene fijada por la norma UNE-EN 60269/1 y para fusibles gG se incluye en la Tabla 5.5;

$I_{cc\,min}$ es el valor eficaz de la mínima corriente de cortocircuito que puede generarse aguas abajo del fusible.

La condición (d) establece que, ante un cortocircuito, el fusible debe actuar antes de 5 segundos. Con ese orden de tiempo de actuación, y tal como se ha indicado en el apartado 5.2.1, la norma permite utilizar la expresión [5.1] para calcular la intensidad de cortocircuito admisible para la línea protegida según la expresión [5.2].

$$\sqrt{t} = k\frac{S}{I} \rightarrow I = k\frac{S}{\sqrt{t}} \qquad [5.2]$$

Tomando un tiempo t = 5 segundos, la expresión anterior permite, por tanto, determinar el valor de I_s para diferentes tipos de líneas según su sección y su aislamiento. La Tabla 5.4 indica dichos valores.

Tabla 5.4. *Intensidades admisibles en régimen de cortocircuito de 5 s de duración para las diferentes secciones normalizadas*

Sección (mm²)	I_s (A) Intensidad de cortocircuito admisible			
	Cobre		Aluminio	
	PVC	EPR/XLPE	PVC	EPR/XLPE
6	308	383	203	252
10	514	639	339	420
16	822	1.023	543	672
25	1.285	1.599	849	1.051
35	1.800	2.238	1.189	1.471
50	2.571	3.198	1.699	2.102
70	3.600	4.476	2.379	2.942
95	4.886	6.076	3.229	3.994
120	6.171	7.674	4.078	5.044
150	7.714	9.592	5.098	6.305
240	12.343	15.348	8.157	10.089

Por otro lado, la Tabla 5.5 muestra los valores de I_{f5} para fusibles de la clase gG.

***Tabla** 5.5. Intensidades que provocan la fusión del fusible en 5 segundos (I_{f5})*

Intensidad nominal I_n (A)	I_{f5} (A)
40	190
50	250
63	320
80	425
100	580
120	715
160	950
200	1.250
250	1.650
315	2.200
400	2.840

Los valores indicados en las Tablas 5.4 y 5.5 permiten por simple comparación comprobar la condición (d1) de forma sencilla.

Por último, la condición (d2) se suele comprobar de forma diferente a como está enunciada. Esta condición establece que la mínima corriente de cortocircuito que pueda aparecer en la línea protegida ha de provocar la actuación del fusible en un tiempo inferior a 5 segundos. En lugar de determinar dicha corriente de cortocircuito es costumbre calcular la máxima longitud de la línea protegida por un fusible determinado, es decir, se calcula la longitud de la línea a partir de la cual ya no se cumple que la mínima corriente de cortocircuito sea inferior al valor de I_{f5} (condición d2). Si la longitud real de la línea es inferior a dicho valor de máxima longitud queda comprobada la condición.

La corriente mínima de cortocircuito en la línea protegida se obtiene para las siguientes condiciones:

- El cortocircuito se produce en el punto más alejado de la línea, aguas abajo del fusible.

- Con los cables en el momento del cortocircuito a su máxima temperatura de servicio permanente. Con esta asunción se está adoptando un modelo conservador ya que se trata de la situación más desfavorable.
- El cortocircuito tiene lugar entre fase y neutro ya que es el que produce menores corrientes de cortocircuito en redes de baja tensión.

Los cálculos se llevan a cabo con suficiente exactitud considerando nulas las impedancias de red y acometida, teniendo en cuenta únicamente la impedancia de la línea protegida. A cambio se considera una tensión aplicada en el origen de la línea de 0,8 veces la tensión nominal con el objeto de tener en cuenta las caídas de tensión que se producen en las líneas de alimentación durante la presencia de un cortocircuito.

Así, la corriente de cortocircuito mínimo puede calcularse mediante la expresión [5.3].

$$I_{cc\,\min} = \frac{0{,}8 \cdot V}{L \cdot \left|\overline{Z}_L + \overline{Z}_N\right|} \qquad [5.3]$$

siendo:

V Tensión simple (230 V).

Z_L Impedancia de línea a su máxima temperatura de servicio (Ω/m).

Z_N Impedancia de neutro a su máxima temperatura de servicio (Ω/m).

L Longitud de la línea (m).

En la expresión [5.3] puede sustituirse $L = L_{max}$ e $I_{cc\,min} = I_{f5}$ con el objeto de poder despejar la longitud máxima en función de I_{f5} lo que se muestra en la expresión [5.4]:

$$L_{\max} = \frac{0{,}8 \cdot V}{I_{f5} \cdot \left|\overline{Z}_L + \overline{Z}_N\right|} \qquad [5.4]$$

Debe comprobarse, por tanto, que la longitud real de la línea sea inferior a L_{max}. En caso contrario deberá aumentarse la sección de la línea hasta que se cumpla la condición.

A modo de ejemplo se recogen en la Tabla 5.6 los calibres de los fusibles clase «gG» que protegen simultáneamente frente a sobrecargas y cortocircuitos líneas trifásicas de cobre y aislamiento termoplástico (PVC/poliolefinas). Se indica también la longitud máxima de línea que queda protegida en metros.

Tabla 5.6. *Protección de líneas trifásicas mediante fusibles clase «gG» y longitud máxima protegida*

Conductor (mm^2)		**Intensidad nominal del cortacircuitos fusible In (A)**						
Fase	Neutro	63	80	100	125	160	200	250
25	16	215 m						
35	16		187 m					
50	25		285 m	215 m				
70	35			304 m	235 m			
95	50			410 m	310 m			
120	70				414 m	331 m		
150	70				550 m	440 m	335 m	
240	120					650 m	500 m	350 m

Ejemplo 5.1

Se pretende determinar el cartucho fusible que se debe instalar para proteger una línea de las siguientes características:

Línea:

- Longitud 11 m.
- Línea trifásica con hilo neutro formada por conductores unipolares en el interior de un tubo en montaje superficial.
- Cables de sección S = 95 mm^2 (fases y neutro), con conductor de cobre y aislamiento de polietileno reticulado (XLPE).

Para ello se dispone de cartuchos fusibles gG de las siguientes características:

- Tipo NH, tensión nominal 500 V.
- Tamaño 1.
- Intensidades nominales: 32, 40, 50, 63, 80, 100, 125, 160, 200 y 250 A.

Otros datos:

- Intensidad de diseño del circuito $I_b = 198{,}5\ A$.
- Corriente máxima de cortocircuito en el origen de la línea $I_{cc\ max} = 12\ kA$.

Solución:

La condición (a) permite seleccionar el calibre del fusible. Para poder aplicarla es necesario conocer el valor de la intensidad máxima admisible de la línea I_z. Para ello se utiliza la Tabla 4.22 en la columna correspondiente a un sistema de instalación B1 (conductores unipolares en el interior de tubos en montaje superficial) y aislamiento 3XLPE. Para una sección de 95 mm^2 se obtiene que:

$$I_z = 234\ A$$

La condición (a) queda:

(a) $I_b \le I_n \le I_z \quad \rightarrow \quad 198{,}5 \le I_n \le 234 \quad \rightarrow \quad I_n = 200\ A$

Por lo que se necesita, a falta de comprobar el resto de condiciones, un fusible de 200 A. En el caso de que no existan fusibles cuyo calibre esté entre los dos límites definidos se hace necesario aumentar la sección de la línea hasta que se encuentre algún fusible que cumpla la condición (a).

La condición (b) se aplica de la siguiente manera:

(b) $I_2 \le 1{,}45 I_z$

Según la Tabla 5.3, $I_2 = I_f = 1{,}6 I_n = 320\ A$

Por otro lado, $1{,}45 I_z = 339{,}3\ A$

Por lo que queda comprobada la condición (b), $320 < 339{,}3\ A$.

La condición (c) permite comprobar que el poder de corte del fusible es superior a la máxima corriente de cortocircuito en el punto de la instalación donde se encuentra el fusible. En este caso se da como dato que la máxima corriente de cortocircuito es de 12 kA valor inferior al poder de corte de un fusible cuyo valor mínimo normalizado para este tipo de fusibles es 50 kA por lo que se puede decir que también se cumple la condición (c).

La condición (d1) implica que:

(d1) $I_s > I_{f5}$

Según la Tabla 5.4, para este caso $I_S = 6076\ A$ y utilizando la Tabla 5.5 se obtiene que $I_{f5} = 1250\ A$ por lo que la condición (d1) queda comprobada.

Por último la condición (d2) permite calcular la máxima longitud de línea protegida frente a cortocircuitos por el fusible. Para ello se aplica la siguiente expresión:

$$L_{\max} = \frac{0{,}8 \cdot V}{I_{f5} \cdot \left|\overline{Z}_L + \overline{Z}_N\right|}$$

En este ejemplo, la sección del hilo neutro coincide con la sección de las fases por lo que es suficiente calcular la impedancia de uno de los conductores. Puesto que la sección es inferior a 120 mm² se desprecia la reactancia tal como establece la Tabla 4.26 y se calcula únicamente la resistencia del conductor. Se determina en primer lugar la resistividad del conductor a 90º consultando la Tabla 4.25. Para conductores de cobre y aislamiento termoestable su valor es 0,023" y añadir después el símbolo correspondiente a Ω · mm²/m.

A continuación se calcula la resistencia del conductor por unidad de longitud deducida a partir de la expresión [4.16]:

$$R_u = \rho_{90^\circ} \frac{C}{S} = \frac{1{,}02 \cdot 0{,}023}{95} = 2{,}47 \cdot 10^{-4}\ \Omega / m$$

y, considerando que la impedancia de la fase es igual a la del neutro, la expresión inicial queda:

$$L_{\max} = \frac{0{,}8 \cdot V}{1_{f5} \cdot 2 \cdot R_u} = \frac{0{,}8 \text{ x } 230}{1250 \text{ x } 2 \text{ x } 2{,}47} = 298$$

Puesto que la longitud máxima es superior a la longitud de la línea, la condición (d2) queda igualmente comprobada.

5.2.3 Interruptores automáticos e interruptores magnetotérmicos

Un interruptor automático es un dispositivo electromecánico que protege tanto frente a sobrecargas como frente a cortocircuitos pero que, a diferencia de los fusibles, ofrece reconexión manual, una mayor seguridad y, en general, mejores prestaciones.

El interruptor automático dispone, al menos, de tres sistemas de desconexión o disparadores, uno manual, un segundo llamado disparador térmico y un tercero llamado disparador electromagnético o, simplemente, magnético.

El disparador térmico basa su funcionamiento en el uso de una lámina bimetálica constituida por dos metales de diferente coeficiente de dilatación con la temperatura por la que circula la corriente del elemento que se protege. Al calentarse (véase Figura 5.4) la lámina se curva provocando el disparo del dispositivo cuando alcanza una temperatura determinada. Este sistema ofrece una característica de disparo de tiempo inverso, es decir, el tiempo de disparo disminuye al aumentar la corriente tal como se muestra en la Figura 5.4. Al tratarse de un sistema térmico, con una constante de tiempo elevada, este tipo de disparador ofrece una protección adecuada frente a sobrecargas.

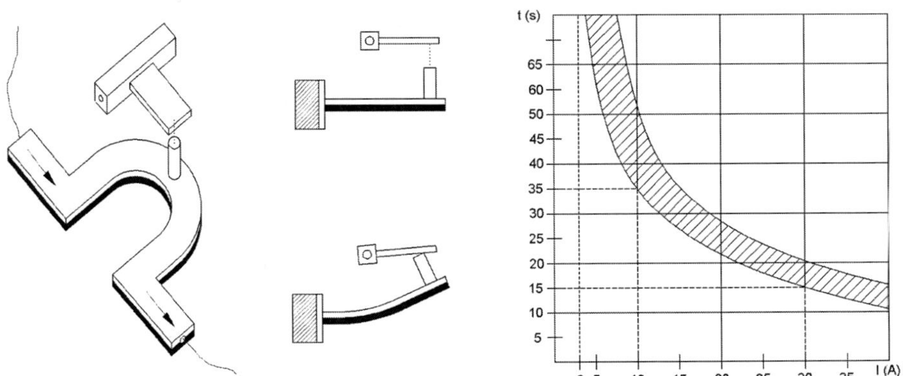

Figura 5.4. Principio de funcionamiento del disparador térmico y característica de disparo

El disparador magnético protege frente a cortocircuitos y se basa en el funcionamiento de un electroimán que actúa cuando la corriente supera un cierto valor provocando el disparo. La Figura 5.5 muestra su principio de funcionamiento y su característica típica de disparo.

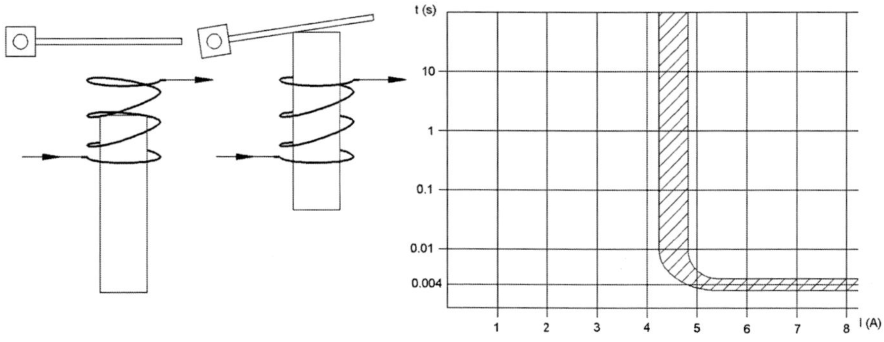

Figura 5.5. Principio de funcionamiento del disparador magnético y característica de disparo

Además de los disparadores térmico y magnético, un interruptor automático dispone de otros elementos necesarios para realizar las operaciones de conexión y desconexión de forma manual y extinguir el arco eléctrico que se produce durante la apertura de los contactos. La Figura 5.6 muestra la estructura básica de un interruptor automático.

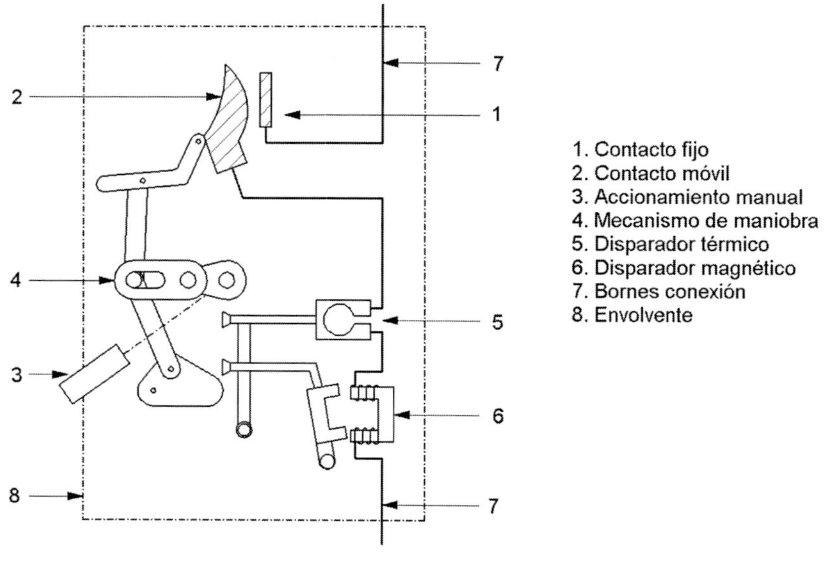

Figura 5.6. Estructura y componentes de un interruptor automático

Un interruptor magnetotérmico es, según la norma UNE-EN 60898, un pequeño interruptor automático (PIA) para usos domésticos y análogos (sector terciario), usados para protección de conductores contra sobrecorrientes. Son, por tanto, interruptores automáticos de calibre reducido (hasta 125 A) y poder de corte limitado (hasta 25 kA) utilizados en instalaciones de potencia reducida.

Clasificación de interruptores magnetotérmicos

Según el número de polos, los interruptores pueden ser unipolares, bipolares, tripolares y tetrapolares. La Figura 5.7 muestra los diferentes tipos con su representación simbólica correspondiente. Es importante destacar que en los interruptores bipolares y tetrapolares, uno de los polos puede no disponer de disparador de protección. Este polo está destinado al conductor neutro.

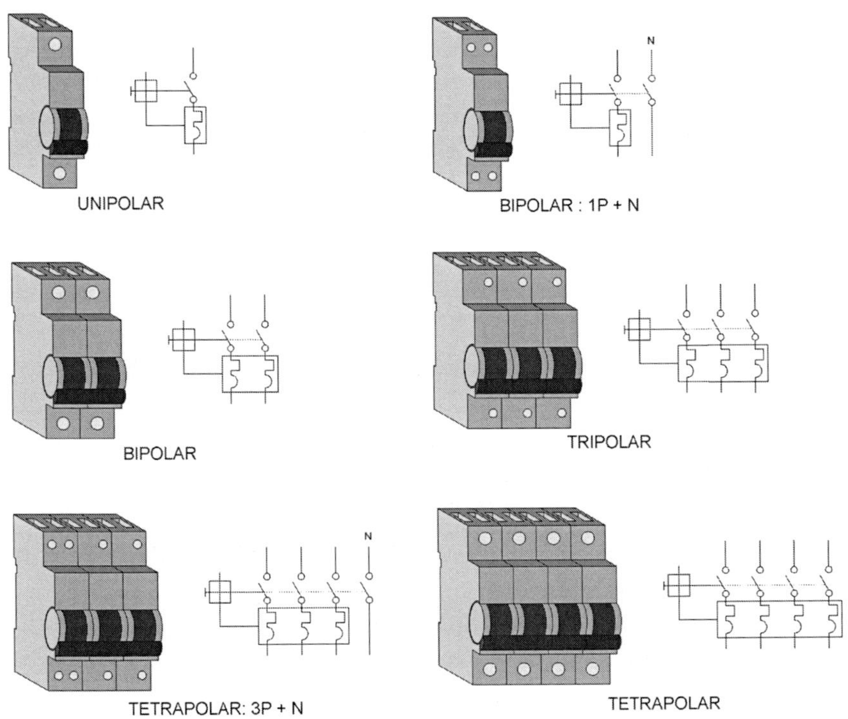

Figura 5.7. Interruptores magnetotérmicos y su simbología

Características de interruptores magnetotérmicos

Los parámetros que caracterizan un interruptor magnetotérmico son los indicados a continuación:

- Tensión asignada (Tabla 5.7).

Tabla 5.7. *Tensión asignada de magnetotérmicos*

Tensión asignada	Magnetotérmicos
230 V	Unipolares y bipolares
230/400 V	Unipolares
400 V	Bipolares, tripolares y tetrapolares

- Frecuencia asignada: frecuencia industrial para la que se ha diseñado el interruptor magnetotérmico.
- I_n: Corriente asignada: es la intensidad que puede conducir el dispositivo en condiciones de servicio permanente sin que se produzca su disparo. Las corrientes asignadas de los magnetotérmicos más comúnmente utilizados son las siguientes: 6-10-13-16-20-25-32-40-50-63-80-100 y 125 A.
- I_{cn}: Poder de corte (capacidad de cortocircuito asignada): es el valor de la máxima intensidad de cortocircuito que puede cortar el aparato para la tensión y frecuencia asignadas. Los valores más usuales son: 1,5-3-4,5-6-10-15-20 y 25 kA.
- Curva característica de disparo: representa el tiempo de disparo del dispositivo en función de la intensidad que circula. En realidad, es un área de disparo, delimitada por dos curvas, una de no desconexión (la más desplazada a la izquierda) y otra de desconexión (la más desplazada a la derecha). La Figura 5.8 muestra la forma típica de esta curva en la que se aprecia el comportamiento del disparador térmico (zona A), el comportamiento del disparador magnético (zona B) y la zona de solape (zona C). Usualmente se representa la escala de intensidades en el eje de abscisas como múltiplos de I_n y con escalado logarítmico.

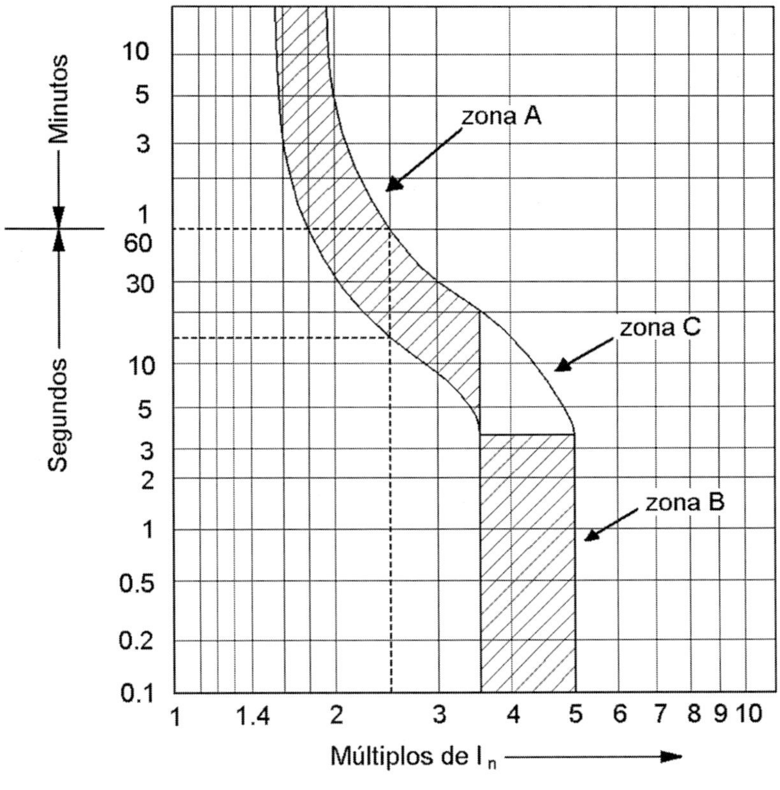

Figura 5.8. *Ejemplo de curva característica de disparo de un magnetotérmico*

Las curvas de disparo de los interruptores magnetotérmicos están normalizadas en la norma UNE-EN 60898. Para el disparo magnético, la norma establece unos rangos de disparo instantáneo según tres tipos de curva tal como muestra la Tabla 5.8.

Tabla 5.8. *Tipos de curva de disparo de los magnetotérmicos*

Tipo de curva	Margen inferior	Margen superior
B	$3\ I_n$	$5\ I_n$
C	$5\ I_n$	$10\ I_n$
D	$10\ I_n$	$20\ I_n$
Tiempo límite	$t \geq 0{,}1$ seg	$t \leq 0{,}1$ seg

Por tanto, para valores de intensidad correspondientes al margen inferior, el tiempo de disparo debe ser igual o superior a 0,1 segundos mientras que, para valores de intensidad correspondientes al margen superior, el tiempo de disparo debe ser inferior a 0,1 segundos Lo anterior significa que, por ejemplo, para un magnetotérmico con curva tipo C, la presencia de una corriente superior a 10 veces la intensidad asignada debe provocar la actuación del disparador magnético mientras que para una corriente de valor inferior a 5 veces la asignada no lo debe hacer.

Por otro lado, también se normaliza la curva de actuación del disparador térmico a través de las siguientes definiciones:

- Intensidad convencional de no desconexión (I_{nt}): es la intensidad para la que el tiempo de desconexión es superior o igual a un valor límite o tiempo convencional (t_c).
- Intensidad convencional de disparo (I_t): es la intensidad que provoca el disparo en un tiempo inferior a t_c.

Los magnetotérmicos con curvas B, C y D tienen los valores de I_{nt} e I_t mostrados en la Tabla 5.9.

Tabla 5.9. *Valores de I_{nt} e I_t para interruptores magnetotérmicos*

	t_c (h)	I_{nt}	I_t
$I_n \leq 63$ A	1	1,13 I_n	1,45 I_n
$I_n > 63$ A	2	1,13 I_n	1,45 I_n

Los magnetotérmicos con curva B encuentran aplicación en la protección de líneas de gran longitud en las que no son esperables corrientes de conexión elevadas. La curva C se usa para proteger líneas con algún consumo, como puede ser de iluminación, que suponga un valor moderado de corriente de arranque. Por último, los magnetotérmicos con curva D son apropiados para la protección de equipos con corrientes de arranque elevadas. Los interruptores automáticos magnetotérmicos que se utilizan en los dispositivos generales e individuales de mando y protección de los cuadros de las viviendas corresponden a la curva C. Un ejemplo de esta curva de disparo se muestra en la Figura 5.9.

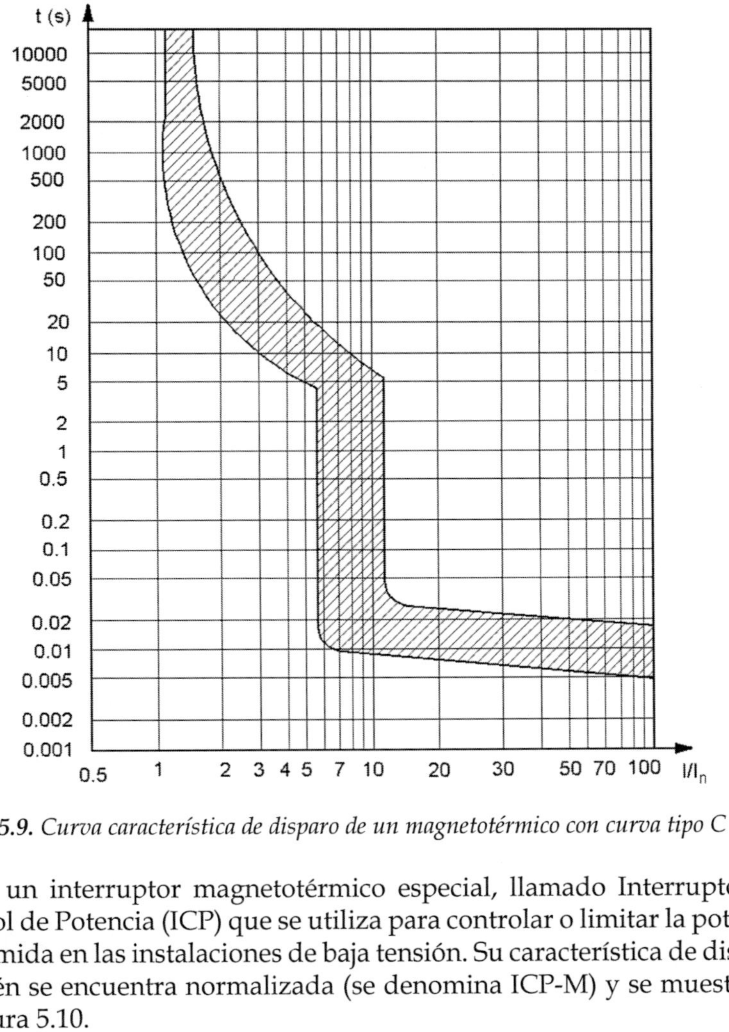

Figura 5.9. *Curva característica de disparo de un magnetotérmico con curva tipo C*

Existe un interruptor magnetotérmico especial, llamado Interruptor de Control de Potencia (ICP) que se utiliza para controlar o limitar la potencia consumida en las instalaciones de baja tensión. Su característica de disparo también se encuentra normalizada (se denomina ICP-M) y se muestra en la Figura 5.10.

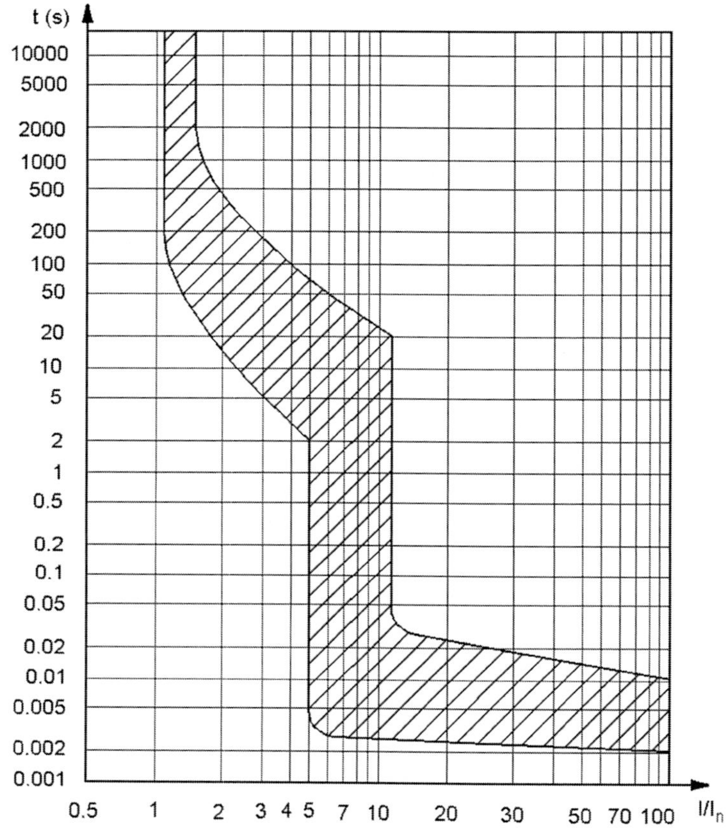

Figura 5.10. *Característica de disparo ICP-M*

- Característica I^2t: representa, en función de la corriente de cortocircuito, la energía específica que un magnetotérmico deja pasar durante un cortocircuito, es decir, desde que se inicia el cortocircuito hasta que actúa el interruptor. Estas curvas vienen dadas por el fabricante (Figura 5.11) y son fundamentales para poder seleccionar el dispositivo adecuado para proteger una línea determinada.

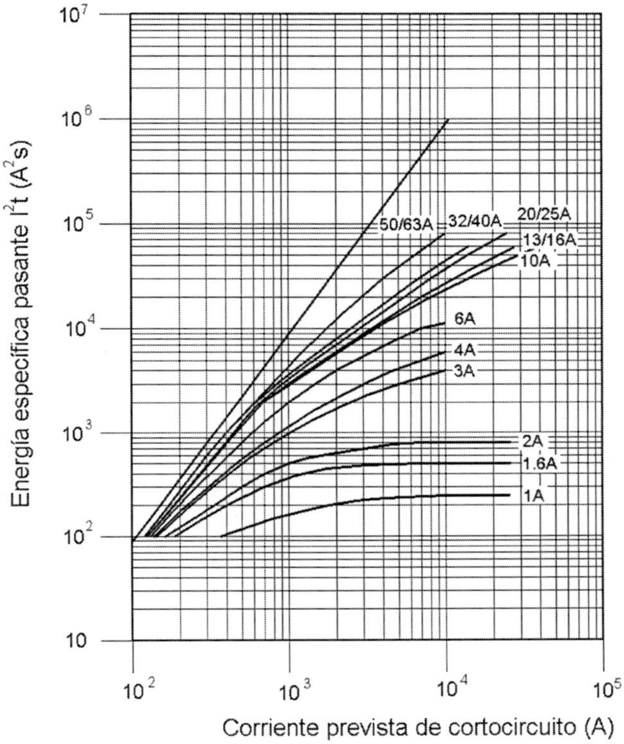

Figura 5.11. Característica I^2t

Selección de interruptores magnetotérmicos

Los interruptores magnetotérmicos domésticos de curvas B y C se clasifican en tres clases limitadoras de energía en función del valor de I^2t que dejan pasar a través de ellos en caso de cortocircuito. Estas clases son:

- Clase 1: el dispositivo no ofrece ningún límite al paso de la energía a su través en caso de cortocircuito. Esto significa que toda la energía generada en el cortocircuito será transmitida aguas abajo de la protección hasta que se produzca la interrupción del suministro.

- Clase 2: el interruptor limita la energía que se transmite a la instalación que protege en caso de cortocircuito hasta un valor máximo fijado por la norma UNE-EN 60898-1.
- Clase 3: es análogo al de Clase 2 pero con una limitación al paso de la energía en caso de cortocircuito mayor.

En las Tablas 5.10, 5.11 y 5.12 aparecen los valores de I^2t en función de la clase de limitación de la energía para magnetotérmicos de distintas intensidades asignadas.

Tabla 5.10. *Valores de I^2t admisibles para interruptores automáticos con corriente asignada hasta 16 A*

Poder de corte (A)	Clases de limitación de la energía (UNE-EN 60898-1)				
	1	2		3	
	I^2t max (A2s)	I^2 t max (A2s)		I^2 t max (A2s)	
	Tipo B y C	Tipo B	Tipo C	Tipo B	Tipo C
3.000	Sin límites especificados	31.000	37.000	15.000	18.000
4.500		60.000	75.000	25.000	30.000
6.000		100.000	120.000	35.000	42.000
10.000		240.000	290.000	70.000	84.000

Tabla 5.11. *Valores de I^2t admisibles para interruptores automáticos con corriente asignada superior a 16 A y hasta 32 A*

Poder de corte (A)	Clases de limitación de la energía (UNE-EN 60898-1)				
	1	2		3	
	I^2 t max (A2s)	I^2 t max (A2s)		I^2 t max (A2s)	
	Tipo B y C	Tipo B	Tipo C	Tipo B	Tipo C
3.000	Sin límites especificados	40.000	50.000	18.000	22.000
4.500		80.000	100.000	32.000	39.000
6.000		130.000	160.000	45.000	55.000
10.000		310.000	370.000	90.000	110.000

Tabla 5.12. Valores de I^2t admisibles para interruptores automáticos con corriente asignada 40 A

Poder de corte (A)	**Clases de limitación de la energía (UNE-EN 60898-1)**				
	1	**2**		**3**	
	I^2 t max (A2s)	**I^2 t max (A2s)**		**I^2 t max (A2s)**	
	Tipo B y C	**Tipo B**	**Tipo C**	**Tipo B**	**Tipo C**
3.000	Sin límites especificados	48.000	60.000	19.200	26.400
4.500		96.000	120.000	38.400	46.800
6.000		156.000	192.000	54.000	66.000
10.000		372.000	444.000	108.000	132.000

La selección de un magnetotérmico para proteger una línea determinada se debe realizar de forma que se asegure el cumplimiento de las cuatro condiciones establecidas en el apartado 5.2.1.

La primera condición:

(a) $I_b \leq I_n \leq I_z$

permite seleccionar el calibre del magnetotérmicos (I_n) a partir de la intensidad de diseño de la línea (I_b) y la intensidad máxima admisible de la línea (I_z).

En la segunda condición:

(b) $I_2 \leq 1{,}45 I_z$

se toma I_2 (corriente que garantiza el funcionamiento efectivo del dispositivo de protección) igual a la intensidad convencional de disparo (I_t) que para magnetotérmicos toma el valor:

$$I_t = 1{,}45 I_n$$

Por lo tanto, un magnetotérmico con curva B, C o D, seleccionado a partir de la condición (a) siempre cumplirá la condición (b).

La tercera condición se aplica igual que en el caso de los fusibles:

(c) $I_{cc\max} \leq I_{cn} = Poder\ de\ corte$

Por último, la condición (d), teniendo en cuenta que los magnetotérmicos son dispositivos que actúan con un tiempo inferior a 0,1 s, se comprueba si se cumplen las dos condiciones siguientes:

(d1) *Energía que permite pasar el magnetotérmico* < *Energía que soporta el conductor*

La energía que permite pasar el magnetotérmico se calcula a partir de la característica I^2t para el máximo valor de la corriente de cortocircuito tal como se muestra en la Figura 5.12.

Por otro lado, a partir de la ecuación [5.1] se puede deducir que la energía que puede absorber el conductor durante su calentamiento sin que se alcance su temperatura máxima de funcionamiento viene dada por la expresión [5.5]:

$$E_{COND} = I^2t = k^2S^2 \quad [5.5]$$

Por tanto, la condición (d1) se puede reescribir como:

(d1) $k^2S^2 < \left(I^2t\right)_{MAG}$

expresión en la que k es la constante indicada en la Tabla 5.1.

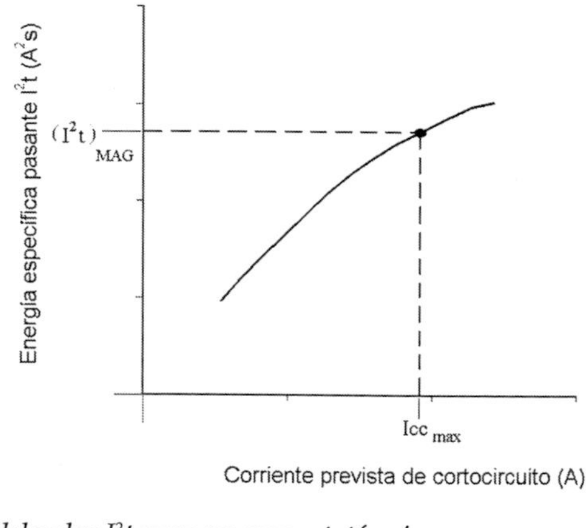

Figura 5.12. *Cálculo del valor I^2t para un magnetotérmico*

(d2) El tiempo de actuación debe ser inferior a 0,1 s lo que se comprueba con la siguiente condición:

$$I_{cc\,\min} > I_{d\,0,1}$$

siendo:

$I_{d0,1}$ intensidad de desconexión del magnetotérmico para un tiempo de 0,1 s.

I_{ccmin} valor eficaz de la mínima corriente de cortocircuito que puede producirse aguas abajo del magnetotérmico.

Esta última condición se puede comprobar, de forma idéntica a los fusibles, calculando la máxima longitud protegida frente a cortocircuitos mediante la expresión [5.6] válida tanto para líneas monofásicas como para líneas trifásicas ya que en este último caso la mínima corriente de cortocircuito se produce en un cortocircuito fase-neutro.

$$L_{\max} = \frac{0{,}8 \cdot V}{I_{d\,0,1}\left|\overline{Z}_L + \overline{Z}_N\right|} \qquad [5.6]$$

Ejemplo 5.2

Se pretende determinar el interruptor magnetotérmico que se debe instalar para proteger una línea de las siguientes características:

Línea:

- Longitud 15 m.
- Línea monofásica en el interior de un tubo empotrado.
- Cables de sección S = 2,5 mm^2 con conductor de cobre, unipolares y aislamiento de PVC.

Para ello se dispone de magnetotérmicos de las siguientes características:

- Bipolar 1+N.
- Curva C.
- Intensidades nominales: 6, 10, 16, 20, 25, 32 y 40 A.
- Poder de corte: 6 kA.

Otros datos:

- Intensidad de diseño del circuito $I_b = 15\ A$.
- Corriente máxima de cortocircuito en la línea $I_{cc\,max} = 2\ kA$.

Solución:

La condición (a) permite seleccionar el calibre del magnetotérmico. Utilizando la Tabla 4.22 (sistema de instalación B1 y cable 2PVC) se obtiene la intensidad máxima admisible de la línea.

$$I_z = 20\ A$$

La condición (a) queda:

$$\text{(a)}\ I_b \le I_n \le I_z \quad \rightarrow \quad 15 \le I_n \le 20 \quad \rightarrow \quad I_n = 16\ A$$

Se escoge el magnetotérmico de 16 A aunque, en este caso, se podría haber elegido igualmente un magnetotérmico de 20 A.

La condición (b), como ya se ha indicado, se cumple siempre para magnetotérmicos por lo que no es necesaria su comprobación.

Para comprobar la condición (c) se hace necesario calcular la máxima corriente de cortocircuito que debe despejar el magnetotérmico. Para ello se deben conocer los elementos (líneas y transformadores) que existen aguas arriba del magnetotérmico tal como se explica en el capítulo 4. Para este ejemplo, y puesto que no se dispone de información de dichos elementos consideramos que la máxima corriente de cortocircuito es de 2 kA, inferior al poder de corte de 6 kA. En el caso de instalaciones en edificios de viviendas, la acometida del edificio se alimenta desde un transformador de la compañía distribuidora que limita notablemente la corriente de cortocircuito. Adicionalmente, la LGA y las derivaciones individuales también limitan las corrientes de cortocircuito que deben despejar los magnetotérmicos de las viviendas por lo que, en la práctica, solo pueden aparecer problemas de incumplimiento de esta condición en aquellos magnetotérmicos situados en viviendas que se alimentan con derivaciones individuales de muy corta longitud.

La condición (d1) implica que:

$$\text{(d1)}\quad k^2 S^2 < \left(I^2 t\right)_{MAG}$$

Según la Tabla 5.1 obtenemos que k = 115 por lo que el primer término de la ecuación anterior vale:

$$k^2 S^2 = 115^2 \times 2{,}5^2 = 82656\ A^2 \cdot s$$

El valor de (I^2t) se encuentra utilizando las curvas de catálogo del fabricante en el caso de que se quiera utilizar un magnetotérmico industrial.

Para este caso utilizamos la Figura 5.11 que nos da, para una corriente de 2 kA, el siguiente valor:

$$\left(I^2 t\right)_{MAG} = 6000\ A^2 \cdot s$$

por lo que queda comprobada la condición (d1).

En el caso en que se quiera utilizar un magnetotérmico de tipo doméstico, habría que determinar la clase de limitación de la energía mínima que debería tener este. Para ello se empieza por determinar la energía que se produce durante el cortocircuito, teniendo en cuenta que el tiempo de actuación de la protección es de 0,1 segundos:

$$I^2 \cdot t = 2000^2 \cdot 0{,}1 = 400000\ \mathrm{A^2 \cdot s}$$

Este valor es superior a los 82656 $A^2 \cdot s$ soportados por el cable, lo que implica que debe descartarse la utilización de un magnetotérmico sin limitación de la energía, de Clase 1. Según la Tabla 5.10, tampoco valdría uno de clase 2 pues la energía pasante para poder de corte 6kA y curva C es de 120000>82656 $A^2 \cdot s$ admitidos por el cable. Habría que adoptar uno de Clase 3 que limita la energía a 42000<82656 $A^2 \cdot s$.

Por último la condición (d2) permite calcular la máxima longitud de línea protegida frente a cortocircuitos por el magnetotérmico. Para ello aplicamos la siguiente expresión:

$$L_{\max} = \frac{0{,}8 \cdot V}{I_{d\,0,1}\left|\overline{Z}_L + \overline{Z}_N\right|} = \frac{0{,}8 \cdot V}{I_{d\,0,1} \cdot 2 \cdot Z_L}$$

Se determina en primer lugar la resistividad del conductor a 70° consultando la tabla 4.25. Su valor es 0,021 $\Omega \cdot mm^2/m$. A continuación se determina la resistencia unitaria aplicando la fórmula [4.16]:

$$R_u = \rho_{70^\circ} \frac{1}{S} = \frac{0{,}0215}{2{,}5} = 8{,}6 \cdot 10^{-3}\ \Omega / m$$

Despreciando la reactancia de la línea al ser de sección muy reducida, la impedancia de la línea coincide con su resistencia. Por otra parte, el valor de $I_{d0,1}$ se obtiene considerando que el magnetotérmico es de curva tipo C, por lo que la actuación del disparador magnético se debe producir entre 5 y 10 veces la intensidad nominal tal como se indica en la Tabla 5.8. Tomando el valor de 10 como el caso más desfavorable se obtiene que:

$$I_{d\,0,1} = 10 \cdot I_n = 10 \times 16 = 160\ A$$

Sustituyendo en la expresión que nos da la longitud máxima obtenemos que:

$$L_{\max} = \frac{0{,}8 \cdot V}{I_{d\,0{,}1} \cdot 2 \cdot Z_L} = \frac{0{,}8 \times 230}{160 \times 2 \times 8{,}6 \cdot 10^{-3}} = 66{,}86\ m$$

Puesto que la longitud máxima es superior a la longitud de la línea, la condición (d2) queda igualmente comprobada.

5.2.4 Selectividad de protecciones frente a sobreintensidades

Cuando se sitúan dos o más protecciones en serie (Figura 5.13) es importante asegurarse de que existe selectividad entre ellas, es decir, que ante la presencia de una sobreintensidad actúe la protección situada aguas arriba más cercana al punto de defecto, accionándose el de cabecera únicamente en caso de fallo de la otra protección. En el caso mostrado en la Figura 5.13, si se produce un fallo en el punto X, debe actuar la protección 2 y no actuar la protección 1. Si es así, se dice que existe selectividad entre las dos protecciones o que las dos protecciones son selectivas.

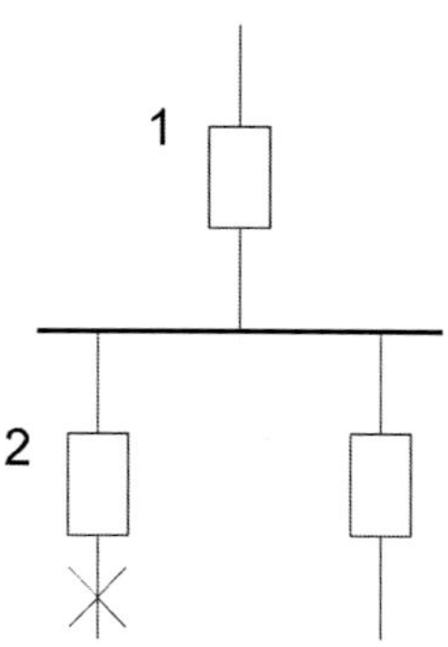

Figura 5.13. *Selectividad entre protecciones en serie*

La selectividad entre las dos protecciones es total cuando para cualquier valor de la corriente de sobrecarga o cortocircuito en el punto X únicamente actúa la protección 2. En muchas ocasiones, sin embargo, la selectividad es parcial, es decir, actúa únicamente la protección 2 hasta un valor determinado de sobrecorriente pero por encima de dicho valor actúan las dos protecciones. A continuación se van a analizar las condiciones de selectividad para diferentes casos.

Selectividad entre fusibles

Cuando existen dos fusibles en serie, la selectividad viene determinada por las curvas características tiempo-corriente. Si las curvas de los dos fusibles no se cortan (una de ellas queda a la derecha de la otra) se puede decir que existe selectividad ya que siempre actuará uno de los fusibles antes que el otro. Sin embargo, para tiempos de actuación pequeños (inferiores a 10 s), las curvas características vienen determinadas por unos puntos «baliza» (establecidos en la norma UNE-EN 60269), que delimitan una zona de actuación por encima de la cual se asegura la actuación y por debajo de la cual se asegura la no actuación. La Figura 5.14 muestra, a modo de ejemplo, las curvas características (de fusión y de no fusión) de dos fusibles de calibres próximos determinadas a partir de los puntos baliza. La condición de selectividad total se cumplirá en el caso de que las zonas delimitadas por las dos curvas no se solapen tal como se muestra en el ejemplo de la figura.

Para tiempos de fusión inferiores a 0,1 s la condición de selectividad depende de las curvas I^2t de los dos fusibles.

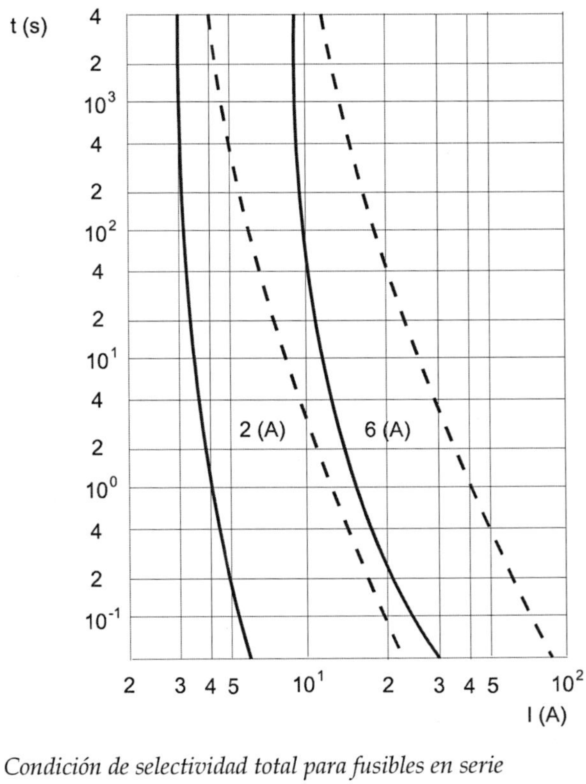

Figura 5.14. Condición de selectividad total para fusibles en serie

Selectividad entre interruptores automáticos magnetotérmicos

En el caso de disponer dos interruptores magnetotérmicos en serie, se asegura la selectividad cuando las características de disparo no se cruzan tal como se muestra en la Figura 5.15 a modo de ejemplo ilustrativo. Por lo que se refiere a la zona de actuación del disparador térmico y considerando que la intensidad convencional de disparo se establece como $I_t = 1{,}45 \cdot I_n$, la condición de selectividad total se asegura en la práctica si se cumple la condición siguiente:

$$I_{n1} > 1{,}6 \cdot I_{n2}$$

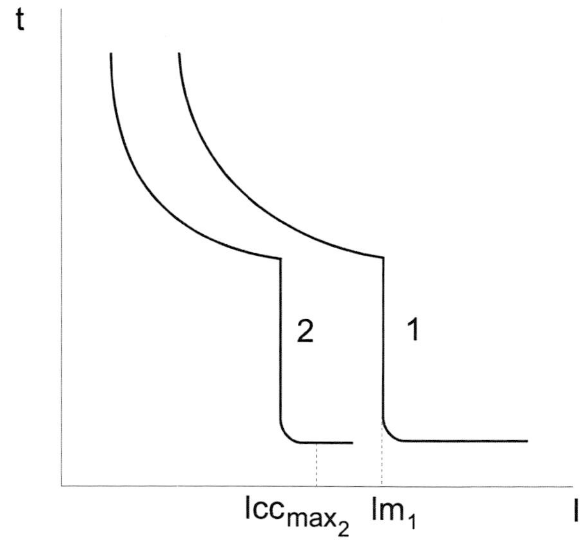

Figura 5.15. Condición de selectividad total para magnetotérmicos en serie

En cuanto a la selectividad frente a corrientes de cortocircuito, esta se verifica si la máxima corriente de cortocircuito ($I_{cc\ max}$) que debe soportar el magnetotérmico situado aguas abajo (protección 2 en la Figura 5.13) es inferior a la corriente de actuación (Im_1) del relé electromagnético del magnetotérmico situado aguas arriba (protección 1 en la Figura 5.13). Esta condición no se puede cumplir para magnetotérmicos situados en el mismo cuadro ya que, en ese caso, la corriente de cortocircuito máxima de la protección 2 coincide con la corriente de cortocircuito de la protección 1 que debe ser superior lógicamente a Im_1. Por lo tanto, en el caso de magnetotérmicos situados en el mismo cuadro, la selectividad únicamente puede ser parcial ya que existirá un solape en las curvas de disparo tal como se muestra en la Figura 5.16.

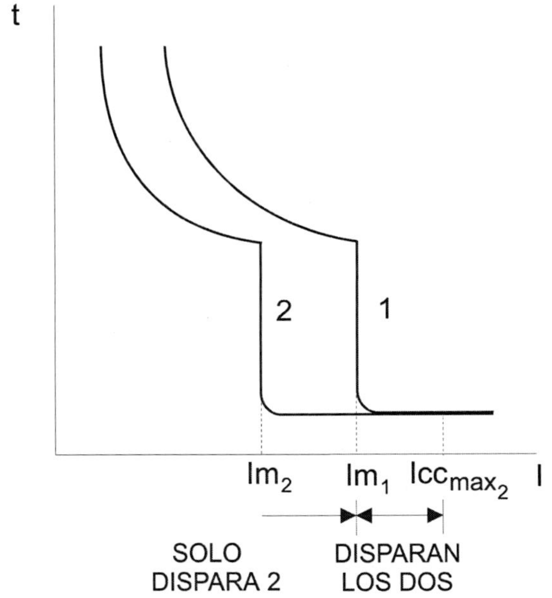

Figura 5.16. Selectividad parcial entre magnetotérmicos en serie

Selectividad entre fusible e interruptor automático magnetotérmico

En las instalaciones eléctricas en edificios de viviendas, el esquema de protecciones habitual incluye fusibles para proteger la línea general de alimentación y las derivaciones individuales por lo que los magnetotérmicos que protegen los diferentes circuitos de la vivienda siempre tienen fusibles situados aguas arriba de su posición. En estos casos la selectividad entre las dos protecciones depende de sus calibres siendo la situación más habitual la de que exista selectividad parcial entre ellas. Como muestra de lo dicho, la Tabla 5.13 indica los valores de las intensidades de cortocircuito previsibles en la instalación por debajo de las cuales se asegura la existencia de selectividad entre magnetotérmicos con curva de disparo tipo C y fusibles antepuestos clase gG.

Tabla 5.13. Selectividad entre fusibles y magnetotérmicos en serie

In (A) Fusibles antepuestos gG	Valores límite de intensidad de cortocircuito (A)			
	C10	C16	C20/25	C32
25	620	-	-	-
35	1200	1150	-	-
50	2150	2050	1800	1750
63	2650	2500	2200	2000
80	3700	3500	3100	2900
100	> 6000	5900	5200	5000

5.3 Protección frente a contactos indirectos: interruptor diferencial

Un contacto indirecto o defecto se produce cuando la masa (carcasa conductora) de un equipo eléctrico se conecta por avería (normalmente debido a un fallo de aislamiento) a alguna de las fases del sistema. Si el esquema de la instalación es TT (neutro del transformador conectado a tierra y masas de baja tensión puestas a tierra) que es el esquema que adopta la red pública española, se produce la circulación de una corriente de defecto a través de tierra tal como muestra la Figura 5.17.

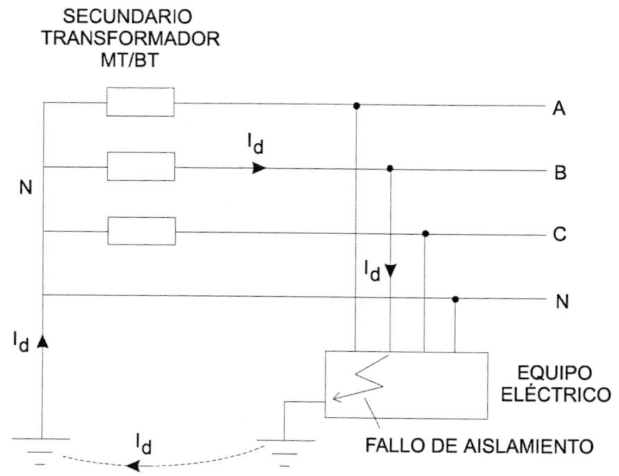

Figura 5.17. Circulación de corriente de defecto a través de tierra debido a un fallo de aislamiento

El interruptor diferencial es el dispositivo que permite detectar dicha corriente de defecto, que se cierra a través de tierra y abrir la zona de la instalación afectada por el fallo cuando la intensidad de defecto supera un cierto valor umbral.

Para cumplir con su función, un interruptor diferencial dispone de un núcleo toroidal de material ferromagnético por el interior del cual se hacen pasar los conductores activos (fases y neutro) de la línea que se quiere proteger. Además, sobre el núcleo se sitúa un arrollamiento auxiliar tal como se muestra en la Figura 5.18.

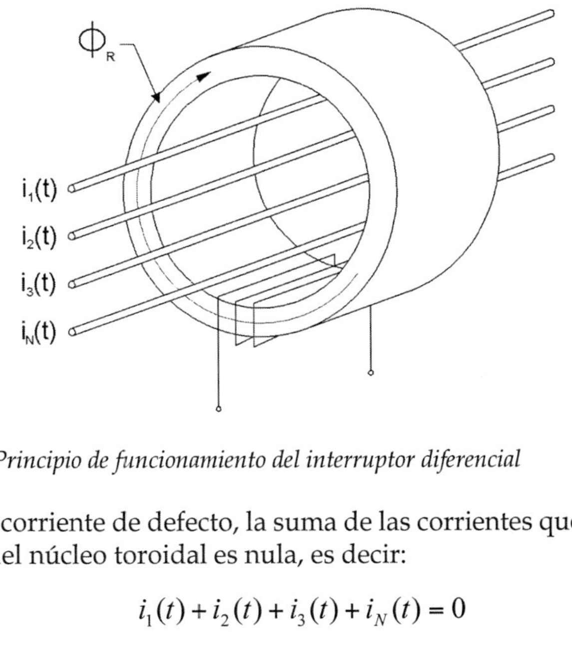

Figura 5.18. *Principio de funcionamiento del interruptor diferencial*

Si no existe corriente de defecto, la suma de las corrientes que circulan por el interior del núcleo toroidal es nula, es decir:

$$i_1(t) + i_2(t) + i_3(t) + i_N(t) = 0$$

por lo que el flujo magnético provocado en el núcleo toroidal es también nulo y, por lo tanto, no se induce ninguna fuerza electromotriz en el arrollamiento auxiliar. Si, por el contrario, aparece una corriente de defecto, la suma de corrientes deja de ser cero ($i_d(t) = i_1(t) + i_2(t) + i_3(t) + i_N(t)$), circula un flujo magnético por el núcleo y, consiguientemente, se induce una fuerza electromotriz en el arrollamiento auxiliar que puede ser utilizada para alimentar la bobina de disparo del elemento de corte del circuito.

La Figura 5.19 muestra la constitución de un interruptor diferencial de dos polos con los elementos que lo componen. La Figura 5.20 muestra su representación simbólica y un diferencial comercial.

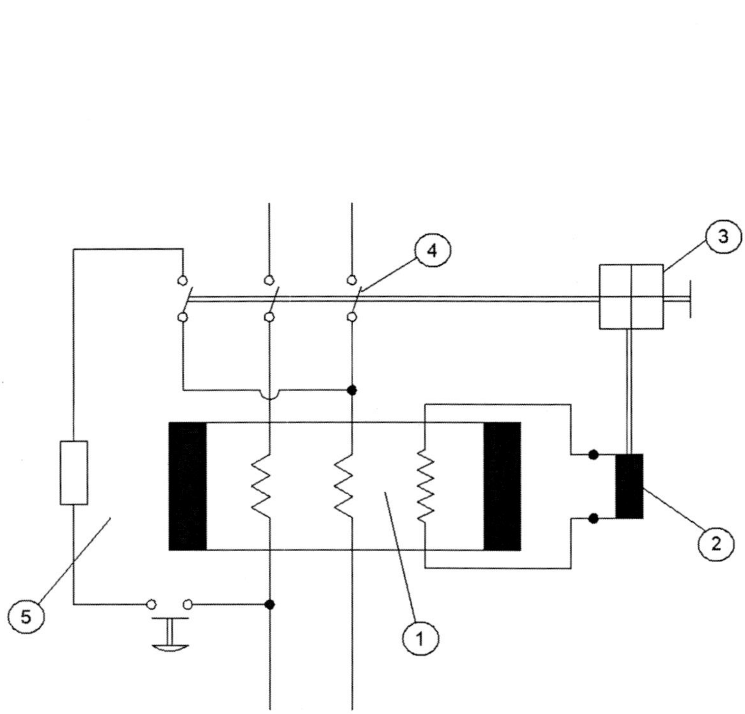

Leyenda

1. Transformador de intensidad diferencial
2. Disparador ante defecto de corriente de fuga
3. Mecanismo de retención de los contactos móviles
4. Juego de contactos móviles
5. Circuito de prueba del interruptor diferencial.

***Figura** 5.19. Constitución y componentes de un interruptor diferencial*

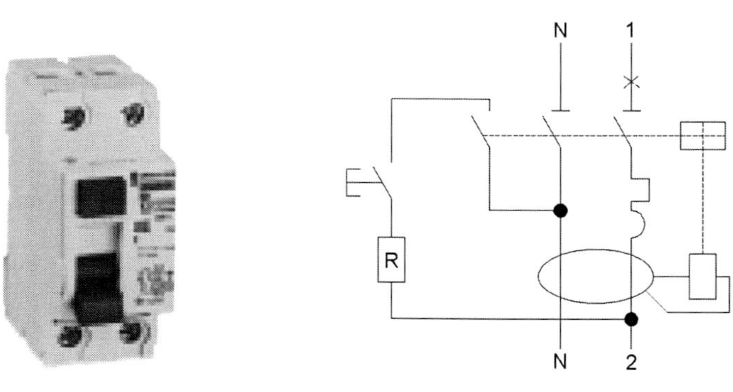

***Figura** 5.20. Interruptor diferencial de 30 mA de la casa Merlin Guerin y representación simbólica*

El circuito de prueba incluye un pulsador de prueba y una resistencia que, conectada entre fase y neutro, permite simular la corriente de defecto. Si el interruptor diferencial no actúa al accionar el pulsador de prueba es que se encuentra en mal estado y debe ser reemplazado.

Características de los interruptores diferenciales

Las principales características de un interruptor diferencial son las siguientes:

- Sensibilidad ($I_{\Delta n}$): es el valor de la corriente diferencial para la que se garantiza la actuación del dispositivo. Según su valor se distinguen dos tipos de diferenciales:
  - . de alta sensibilidad: son aquellos con una sensibilidad igual o inferior a 30 mA (10 o 30 mA).
  - . de baja sensibilidad: con sensibilidades superiores a los 30 mA (300 mA, 500 mA, 750 mA y 1 A).
- Corriente diferencial nominal de no funcionamiento ($I_{\Delta nf}$): valor de la mayor corriente diferencial para la que se garantiza la no apertura del circuito. Se corresponde con la mitad de la sensibilidad.

$$I_{\Delta nf} \approx \frac{I_{\Delta n}}{2}$$

- Intensidad nominal: es la intensidad que puede circular indefinidamente a través de los polos del diferencial sin que se produzca su deterioro. Los valores usuales son 6-10-16-20-25-32-40-63-80 y 100 A. Por encima de 100 A se utilizan relés diferenciales.
- Tensión nominal.
- Número de polos: pueden ser bipolares, tripolares o tetrapolares.
- Característica de disparo: es la curva que representa el tiempo de disparo frente a la intensidad diferencial. Realmente es un área de disparo, delimitada por dos curvas, una de no desconexión (la más desplazada a la izquierda) y otra de desconexión (la más desplazada a la derecha). El disparo está garantizado a la derecha de la curva de desconexión y no se produce a la izquierda de la curva de no desconexión; entre ambas curvas hay un área de incertidumbre donde no están aseguradas ni la desconexión ni la conexión y responde a las tolerancias del dispositivo. La Figura 5.21 muestra las curvas de disparo de interruptores diferenciales instantáneos.

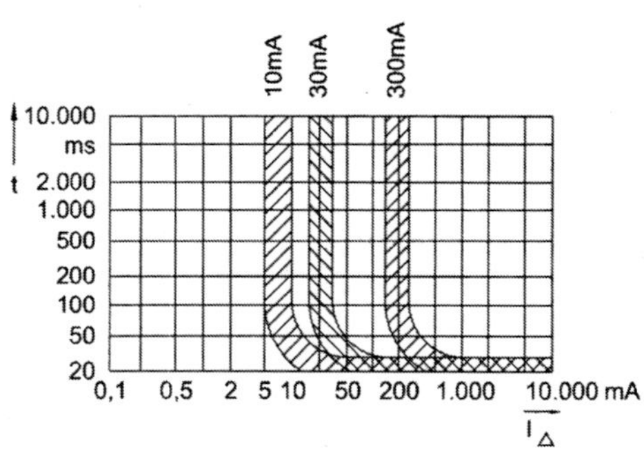

Figura 5.21. Curvas de disparo normalizadas de ID instantáneos de alta y media sensibilidad

Clasificación de interruptores diferenciales

La clasificación se produce atendiendo a los siguientes criterios.

Según el tipo de corriente diferencial que es capaz de detectar, se definen tres clases de interruptores diferenciales tal como se muestra en la Tabla 5.14.

Tabla 5.14. Clases de interruptores diferenciales

Clase	Características de la corriente diferencial	Forma de onda de la corriente diferencial
AC	Corriente alterna senoidal	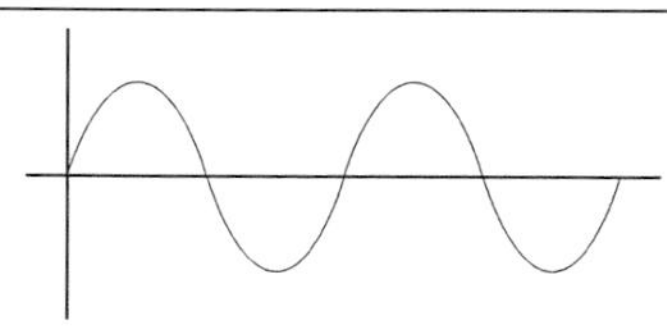
A	Corriente alterna senoidal y continua pulsante	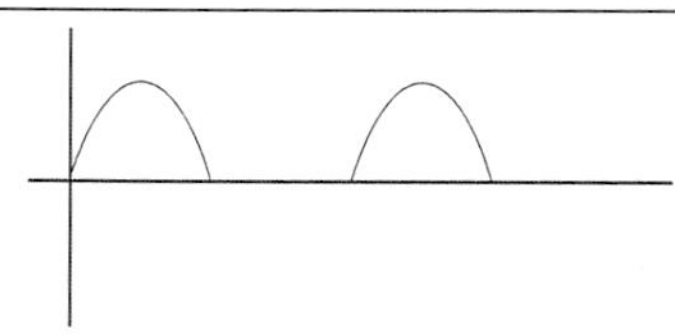
F	Corriente alterna senoidal (con armónicos) y continua pulsante	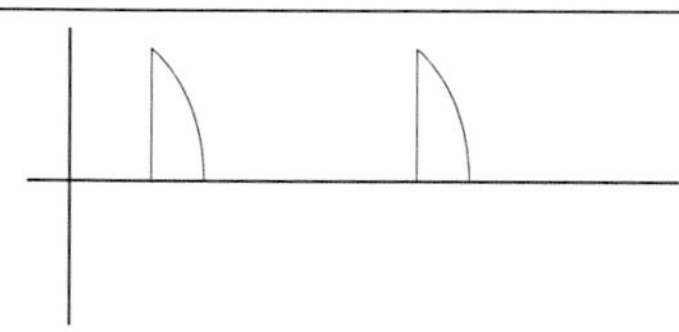
B	Corriente alterna senoidal, continua pulsante y rectificada	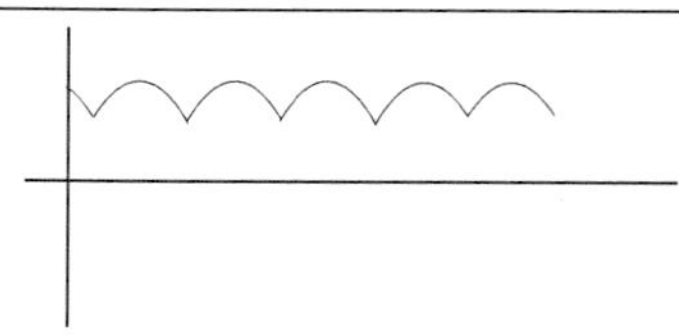

Los interruptores diferenciales de clase AC son los más sencillos y permiten detectar las corrientes de alterna senoidales puras. Sin embargo, si el defecto se produce en algún equipo que incluya algún tipo de rectificación de corriente, la intensidad de defecto puede no ser senoidal pura con lo que un interruptor diferencial de clase AC puede no funcionar correctamente. Para evitar estos problemas se han definido las clases A, F y B que actúan ante corrientes de defecto de los tipos mostrados en la Tabla 5.14. Dado el elevado número de cargas electrónicas que existen hoy en día, es una buena práctica instalar diferenciales de clase A. Estos adaptan diferentes denominaciones comerciales como, por ejemplo, interruptores diferenciales superinmunizados.

Según la temporización en el disparo que se aplique al interruptor diferencial podemos encontrar dos tipos:

- Instantáneos: sin ningún tipo de retardo.
- Con retardo en el disparo (tipo S): se utilizan para conseguir selectividad entre dos o más diferenciales situados en serie. El interruptor diferencial situado en cabecera de la instalación debe tener el disparo retardado para que en caso de defecto actúe únicamente el diferencial situado aguas abajo del anterior.

Selección de interruptores diferenciales

Como ya se ha dicho, el interruptor diferencial asegura la protección de la instalación frente a contactos indirectos, lo que supone, en la práctica, que la tensión máxima que pueden alcanzar las masas de los aparatos eléctricos sea igual a la tensión límite convencional (U_L) que según el REBT es de 50 V (ITC-BT-24).

La tensión de contacto se puede calcular (véase Figura 5.22) a partir de la intensidad de defecto (I_d) que circula a través de tierra y que coincide con la sensibilidad del diferencial seleccionado según la expresión [5.7]:

$$U_d = R_A \cdot I_d = R_A \cdot I_{\Delta n} \quad [5.7]$$

en la que R_A es la resistencia de puesta a tierra de las masas de baja tensión. La condición que debe cumplirse por lo tanto es que:

$$R_A \cdot I_{\Delta n} \leq U_L = \textit{tensión límite convencional}$$

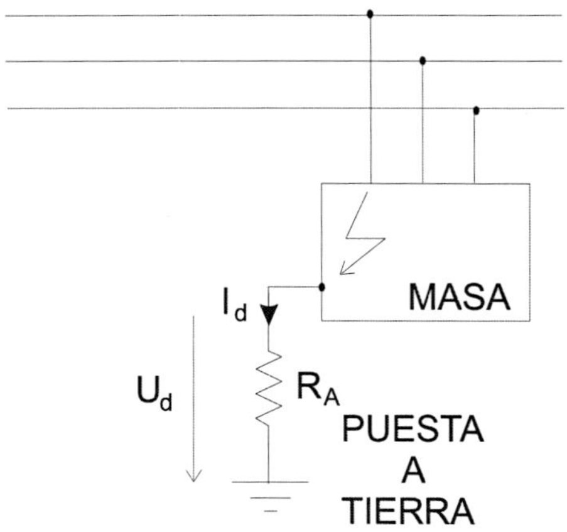

Figura 5.22 – Cálculo de la tensión de defecto

Figura 5.22. Cálculo de la tensión de defecto

En la práctica, los diferenciales se escogen en función del tipo de instalación a proteger y de la posibilidad de que se produzcan contactos habituales entre personas y masas de la instalación. Por ejemplo, los circuitos interiores de viviendas deben estar protegidos con interruptores diferenciales de alta sensibilidad (30 mA) ya que en el caso de un choque eléctrico ese es el valor de la intensidad a partir del cual se puede producir la fibrilación ventricular y la consiguiente electrocución. Sin embargo, en el caso de plantas industriales en las que las líneas son de elevada longitud y las corrientes de fuga naturales (sin producirse ningún defecto) pueden ser altas, se hace necesario, en la mayoría de ocasiones, utilizar diferenciales de baja sensibilidad (300 mA o superior) ya que, en caso contrario, estos dispararían sin la presencia de un defecto. Debe destacarse también que la utilización de diferenciales de sensibilidad inferior a 500 mA protege eficazmente la instalación frente a la aparición de incendios debido a que se limita notablemente la corriente de defecto y, por tanto, la energía disipada en el punto de defecto.

Adicionalmente, se debe tener en cuenta que los interruptores diferenciales deben estar protegidos frente a sobrecorrientes. Para ello, se debe utilizar un interruptor magnetotérmico o fusible colocado en serie con el diferencial de forma que se cumpla que la intensidad nominal del diferencial sea superior a la del magnetotérmico o fusible, es decir:

$$I_{n\ DIF} \geq I_{n\ DISPOSITIVO\ QUE\ LO\ PROTEGE}$$

Intensidad de fuga en una instalación

A la hora de seleccionar un interruptor diferencial para una instalación determinada debe tenerse en cuenta que las líneas que componen la instalación presentan un acoplamiento capacitivo con tierra, es decir, la impedancia presente entre cada conductor y tierra es equivalente a un condensador distribuido a lo largo de la línea tal como se muestra en la Figura 5.23.

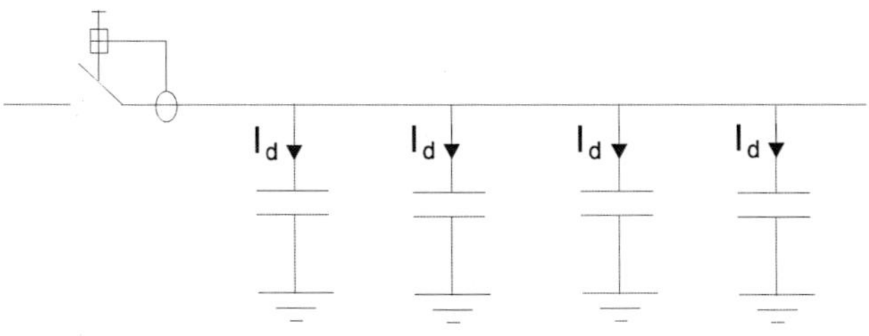

Figura 5.23. Acoplamiento capacitivo entre un conductor y tierra

Debido a este acoplamiento capacitivo aparecen, como se muestra en la figura 5.23, unas corrientes de fuga que se cierran a través de tierra y que son completamente normales pero que podrían provocar el disparo del diferencial que protege la línea correspondiente. Para determinar dicha corriente de fuga puede considerarse como valor aproximado una capacidad parásita entre fase y tierra de 0,3 µF/km. De esta forma, la impedancia parásita entre un conductor de fase de longitud L y tierra se puede calcular como sigue:

$$Z_p = \frac{1}{wC} = \frac{1}{2\pi \times 50 \times 0{,}3 \cdot 10^{-6} \times L} = \frac{10610}{L}\ \Omega$$

y la corriente de fuga para una línea monofásica se puede estimar como:

$$I_d = \frac{V}{Z_p} = \frac{230}{10610/L} = 0{,}0217 \cdot L$$

Si se considera que un diferencial debe disparar para corrientes de defecto de valor comprendido entre la mitad de su sensibilidad y su sensibilidad, se puede establecer como condición que asegura que el diferencial no dispare ante las corrientes naturales de fuga la siguiente:

$$0{,}3 I_{\Delta n} > 0{,}0217 \cdot L$$

expresión que, en el caso de disponer de un diferencial de 30 mA, nos permite determinar la longitud máxima de una línea monofásica (incluyendo todas las posibles ramificaciones) de forma que no se produzca su disparo intempestivo:

$$L_{MAX} < \frac{0,3 \times 0,03}{0,0217} = 0,414\ km$$

En el caso de líneas trifásicas debe tenerse en cuenta que las corrientes de fuga entre cada fase y tierra pueden compensarse entre sí al estar desfasadas 120º por lo que, si las tres fases están dispuestas exactamente igual respecto a tierra, la corriente de fugas que detectaría el diferencial será nula. En cualquier caso puede tomarse el valor anterior de 414 m como referencia conservadora para asegurarse de que no se produce el disparo.

Distribución de los interruptores diferenciales en una instalación

Cuando se debe decidir el número y posición de los interruptores diferenciales que protegen una instalación existen diferentes soluciones que deben ser analizadas. En primer lugar, hay que tener en cuenta que la existencia de un único diferencial situado en la cabecera de la instalación protege eficazmente toda la instalación frente a contactos indirectos (Figura 5.24 (a)). Sin embargo, esta solución supone serios inconvenientes ya que la presencia de un defecto en cualquier punto de la instalación provocaría el corte total de la alimentación. Es conveniente, con el objeto de incrementar la continuidad del suministro, situar diferenciales en cada una de las líneas que salen del cuadro principal tal como se muestra en la Figura 5.24 (b). A pesar de un mayor coste, esta solución permite aumentar la continuidad del suministro tal como ya se ha dicho y facilitar la localización de las fugas a tierra.

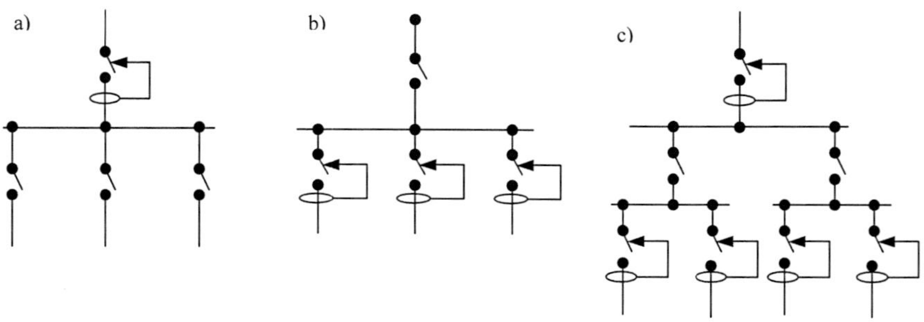

Figura 5.24. Disposición de interruptores diferenciales en una instalación

Si la extensión de la instalación aumenta, puede ser también conveniente disponer los diferenciales en las líneas que salen de los cuadros secundarios (Figura 5.24 (c)) con el objeto de seguir reduciendo la zona afectada en caso de fallo. En esta situación, dado que la zona de la instalación comprendida entre el cuadro principal y los cuadros secundarios se ha quedado sin proteger, es necesario colocar en el origen de la instalación un diferencial de tipo selectivo (con retardo en el disparo). De esta forma, este diferencial no actuará si lo ha hecho algún otro situado aguas abajo quedando toda la instalación protegida frente a contactos indirectos.

En el caso de edificios de viviendas, se aplica un criterio para decidir el número de diferenciales requeridos. Este es el de emplear un diferencial por cada cinco circuitos existentes. De esta forma, a mayor extensión de la instalación, más diferenciales se deben colocar.

Selectividad de interruptores diferenciales

En el caso de los interruptores diferenciales la Guía Técnica de la instrucción REBT-25 establece las condiciones que deben cumplirse para que dos diferenciales situados en serie sean selectivos. Se consigue la selectividad cuando se cumple al menos una de las dos condiciones siguientes:

- El tiempo de no-actuación del diferencial instalado aguas arriba deberá ser superior al tiempo total de operación del diferencial situado aguas abajo. Los diferenciales tipo S cumplen esta condición.
- La intensidad diferencial-residual del diferencial instalado aguas arriba deberá ser como mínimo tres veces superior a la del diferencial situado aguas abajo.

5.4 Protección frente a sobretensiones

5.4.1 Tipos de sobretensiones

En ocasiones, en las instalaciones eléctricas pueden aparecer tensiones de valor superior a las habituales de funcionamiento. Estas sobretensiones pueden tener carácter permanente o transitorio y pueden, lógicamente, afectar a la seguridad de la instalación, de los equipos eléctricos y de las personas.

Las sobretensiones transitorias son las que presentan una mayor magnitud aunque su duración suele ser muy corta. Las causas de la aparición de sobretensiones transitorias son de dos tipos principalmente:

- Fenómenos atmosféricos. La caída de rayos sobre líneas eléctricas aéreas o en sus proximidades provoca una sobretensión que se traslada a través de las líneas pudiendo afectar a las instalaciones de los usuarios. Se caracterizan por tener valores de cresta muy elevados por lo que pueden ser muy peligrosas.

• Maniobras en la red de alta tensión:

. Conmutación de corrientes inductivas. Cuando se establecen o interrumpen circuitos inductivos (por ejemplo una instalación con motores eléctricos o un transformador) se pueden producir sobretensiones de amplitud elevada y de un tiempo corto de subida.

. Conmutación de circuitos capacitivos. La conexión o desconexión de circuitos con condensadores puede provocar igualmente la aparición de sobretensiones en las líneas donde se producen.

. Interrupción de una gran corriente. La interrupción de una corriente de cortocircuito elevada puede provocar sobretensiones si el corte es rápido.

Las características principales de las sobretensiones transitorias se resumen en la Tabla 5.15.

Tabla 5.15. *Características de sobretensiones transitorias*

	Magnitud	Duración	Pendiente frente de subida o frecuencia	Amortiguamiento con la distancia
Sobretensiones atmosféricas	100 - 200 kV	Muy corta (μs)	Muy elevada (100 kV/μs)	Fuerte
Sobretensiones de maniobra	1 -3 kV	Corta (ms)	Media (1 a 200 kHz)	Media

De los valores indicados en la tabla anterior, se deduce que las sobretensiones atmosféricas son las más peligrosas debido a su gran magnitud y a la fuerte pendiente de subida. Afortunadamente, se amortiguan rápidamente durante su «viaje» a lo largo de líneas eléctricas y transformadores. Las sobretensiones de maniobra son más habituales que las atmosféricas, se amortiguan en menor grado con la distancia al ser de menor frecuencia y, en general, son menos peligrosas.

5.4.2 Dispositivos de protección frente a sobretensiones en BT

En las instalaciones de baja tensión, la protección frente a las sobretensiones se realiza mediante los llamados limitadores de sobretensiones. Su principio de funcionamiento básico consiste en provocar una descarga de corriente elevada a tierra cuando la tensión en su punto de conexión supera un cierto valor umbral. De esta forma, se consigue limitar la tensión en dicho punto.

Existen diversas tecnologías para fabricar limitadores de sobretensiones siendo las más importantes las siguientes:

- Descargadores de gas: se componen de un tubo de cerámica o cristal relleno de gas noble a una presión determinada y en el que se sitúan dos electrodos. A tensiones normales, el dispositivo se comporta como un circuito abierto mientras que al superar un cierto valor salta el arco eléctrico entre los electrodos limitándose la tensión entre ellos.
- Varistores de óxido de zinc: se comportan como resistencias no lineales que presentan un valor muy elevado cuando la tensión es pequeña y un valor muy pequeño cuando la tensión supera un valor umbral.
- Diodo Zener: es un diodo diseñado para que entre en avalancha sin deteriorarse al superar un cierto valor de tensión inversa por lo que puede utilizarse como limitador de sobretensiones. En la práctica su uso como tal es muy restringido.

La Figura 5.25 muestra los símbolos de los tres elementos descritos.

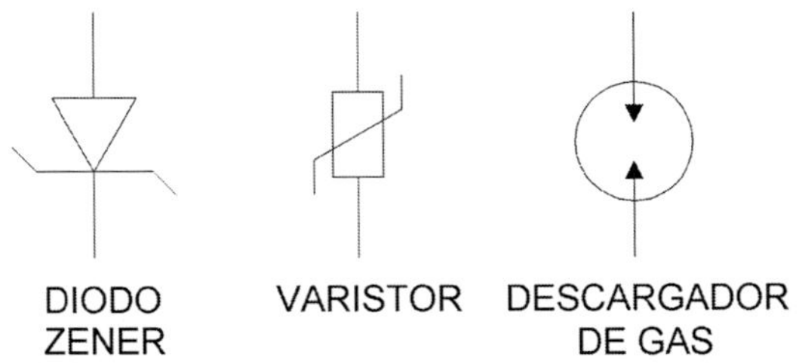

***Figura** 5.25. Tecnologías para limitadores de sobretensiones*

El comportamiento de un limitador de sobretensiones tipo varistor se muestra en la Figura 5.26. De esta se puede deducir que cuando la tensión aplicada entre sus extremos es menor que una tensión umbral o de paso a conducción (Uc), el dispositivo no permite prácticamente la circulación de intensidad. Por el contrario, cuando la tensión aplicada entre sus extremos supera el valor umbral, pasa al estado de conducción permitiendo la circulación de una intensidad elevada y manteniendo una tensión residual en bornes (Ur). Por tanto, si el dispositivo se conecta entre una fase y tierra tal como se muestra en la Figura 5.27, ante la aparición de una sobretensión que llega por la línea, el dispositivo reacciona pasando a conducción, descargando una corriente elevada a tierra y limitando la tensión a un valor *Ur* en los puntos situados aguas abajo del dispositivo.

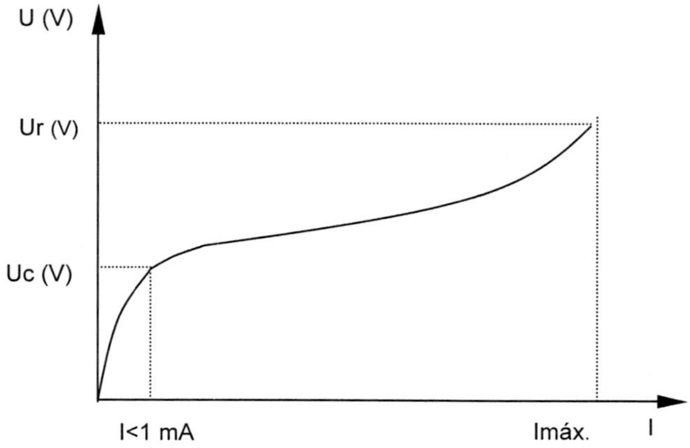

Figura 5.26. *Comportamiento de un limitador de sobretensiones (varistor)*

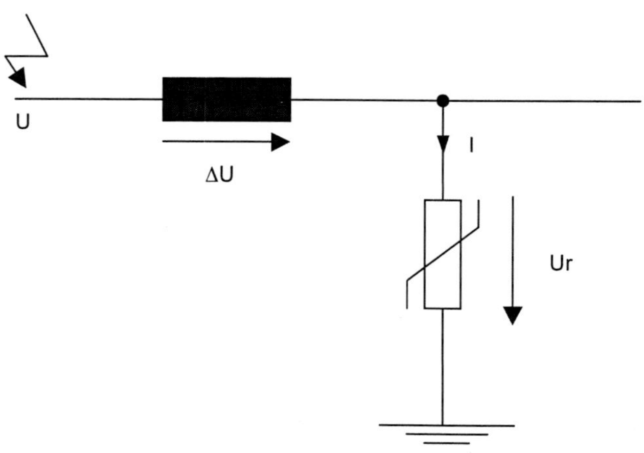

Figura 5.27. *Protección de una línea frente a sobretensiones mediante varistor*

Los parámetros que caracterizan un limitador de sobretensiones son los siguientes:

- Tensión nominal (*Un*): tensión de trabajo normal.
- Tensión umbral o de paso a conducción (*Uc*): tensión a partir de la cual comienza a descargar la protección.

- Tensión residual (*Ur*): valor de la tensión en el punto de conexión del limitador durante su funcionamiento.
- Intensidad máxima de descarga (Imax): mayor corriente capaz de conducir el dispositivo sin que se produzca su destrucción.

Los limitadores de sobretensiones comerciales suelen combinar las tecnologías de protección mencionadas. La Figura 5.28 muestra la constitución típica de un limitador monofásico y otro trifásico. Como se aprecia, se combinan una serie de varistores junto con descargadores de gas. De esta forma se consigue una menor tensión residual en caso de fuertes corrientes de descarga y una menor corriente de fuga a tierra durante el funcionamiento normal. La Figura 5.29 muestra algunos limitadores comerciales.

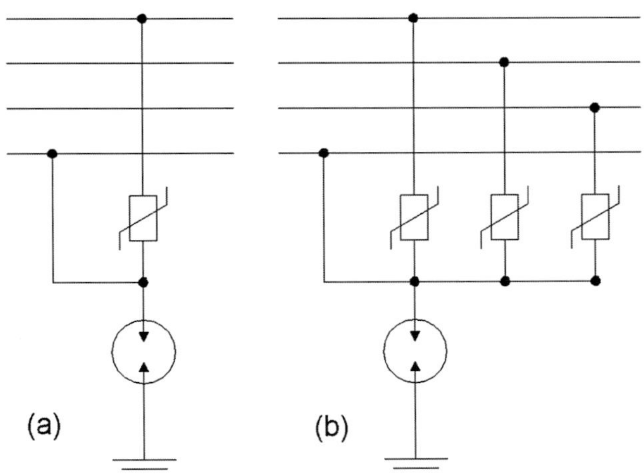

***Figura** 5.28. Limitador de sobretensión monofásico (a) y trifásico (b) combinando varistores con descargadores de gas*

***Figura** 5.29. Limitadores de sobretensión comerciales*

5.4.3 Selección de la protección frente a sobretensiones

A la hora de determinar la necesidad de utilizar la protección frente a sobretensiones en una instalación, la instrucción ITC-BT-23 distingue entre dos situaciones posibles:

- Situación natural: cuando el riesgo de sobretensiones es bajo (por ejemplo en el caso de que la instalación se alimente desde una red subterránea) y no se requiere protección suplementaria contra las sobretensiones transitorias.
- Situación controlada: cuando se considera necesaria la protección frente a sobretensiones transitorias, por ejemplo, en el caso de que la instalación se alimente por una línea aérea con conductores desnudos. Además se consideran situaciones controladas todas aquellas instalaciones en las que el fallo del suministro o de los equipos debido a la sobretensión puedan afectar a:
  - . La vida humana, por ejemplo, servicios de seguridad, centros de emergencia, equipo médico en hospitales.
  - . La vida de los animales, por ejemplo, explotaciones ganaderas, piscifactorías, etc.
  - . Los servicios públicos, por ejemplo, pérdida de servicio para el público, centros informáticos, sistemas de telecomunicación.
  - . Las instalaciones de los locales de pública concurrencia.
  - . La actividad agrícola o industrial en función del impacto económico que pudieran implicar las sobretensiones.

Adicionalmente, y como recoge la instrucción ITC-BT-52 es necesaria la protección frente a sobretensiones en las instalaciones para la recarga de vehículos eléctricos.

La selección del limitador adecuado para proteger una instalación determinada se realiza en base a una serie de aspectos que dependen tanto de las características de la instalación en sí como del nivel de protección que se desea alcanzar. Usualmente, cada fabricante ofrece un método de selección que permite elegir el dispositivo adecuado para cada situación. A continuación se presentan los principales aspectos que deben ser considerados en el proceso de selección:

1. **Categoría de sobretensión de los equipos a proteger.** Indica, para un equipo determinado, el nivel máximo de tensión de una onda tipo rayo que el equipo es capaz de soportar. Según la norma CEI 61180,

una onda de este tipo se define por un tiempo de subida de 1,2 μs y un tiempo hasta que alcanza el valor medio de 50 μs tal como se muestra en la Figura 5.30.

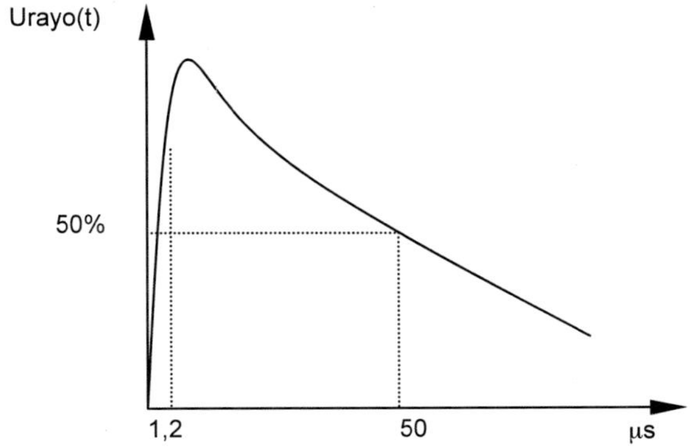

Figura 5.30. *Onda de tensión normalizada que simula la producida por un rayo*

La norma CEI 60364 define cuatro categorías de sobretensión para los equipos eléctricos en función de la tensión máxima soportada tal como se muestra en la Tabla 5.16.

Tabla 5.16. *Categorías de sobretensión para equipos de 230/400 V*

Tensión nominal de la instalación		**Tensión soportada a impulsos 1,2/50 (kV)**			
Sistemas trifásicos	Sistemas monofásicos	Categoría IV	Categoría III	Categoría II	Categoría I
230/400	230	6	4	2,5	1,5
400/690 1000	... ...	8	6	4	2,5
		Equipos próximos al origen de la instalación aguas arriba del cuadro de distribución tales como contadores de energía, equipos principales de protección frente a sobreintensidades, etc.	Equipos con conexión permanente a una instalación fija como armarios de distribución, aparamenta, canalizaciones de la instalación fija, motores fijos, etc.	Aparatos de utilización como los electrodomésticos de una vivienda, herramientas portátiles, etc.	Aparatos electrónicos muy sensibles a sobretensiones transitorias.

Como se aprecia en la tabla, los equipos de categoría I son los que presentan una mayor sensibilidad a las sobretensiones transitorias y deben ser, por tanto, los mejor protegidos. Por el contrario, los equipos de categoría IV son los más simples y robustos capaces de soportar sobretensiones de mayor valor.

2. **Presencia de pararrayos.** La existencia de un pararrayos en el edificio de la instalación afecta al tipo de limitador de sobretensión a escoger. Es el fabricante del limitador el que indica el criterio de selección en este caso.

3. **Probabilidad de caída de rayos.** Esta viene determinada por el índice ceráunico o número medio de días de tormenta al año. La Figura 5.31 muestra los valores para España. Es recomendable la instalación de dispositivos de protección en aquellas provincias con al menos 20 días de tormenta al año aunque la situación sea natural.

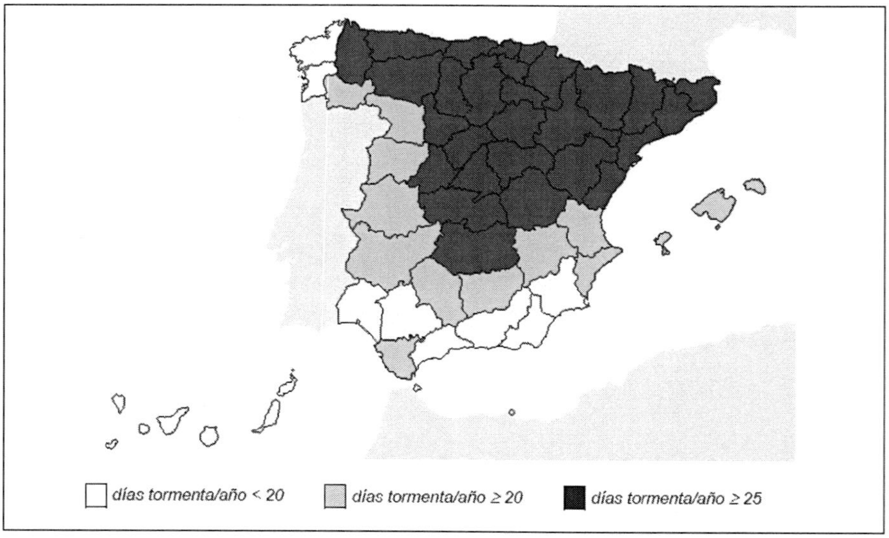

***Figura* 5.31.** *Mapa de densidad de caída de rayos (Ng: número de impactos por km² y por año)*

4. **Tipo de instalación.** El tipo de instalación y, sobre todo, el coste que pueden tener los equipos de la misma si se dañan en caso de sobretensión o el coste de la interrupción del servicio o de la producción en caso de fallo son variables que deben tenerse, obviamente en cuenta. De forma genérica, la Figura 5.32 muestra los diferentes casos o tipos de instalación que podrían considerarse y la sensibilidad asignada a cada caso.

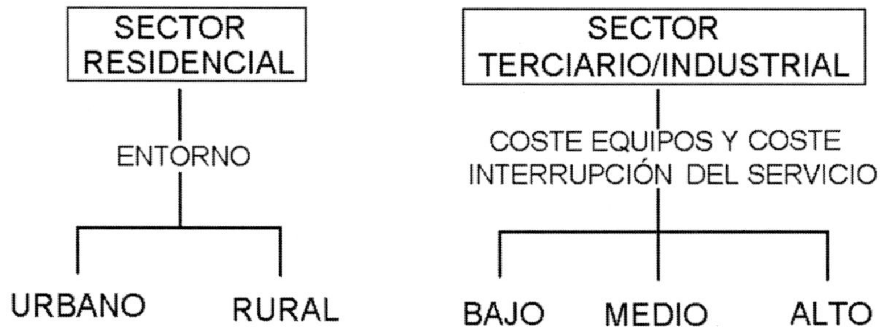

***Figura* 5.32.** *Tipos de instalación según su sensibilidad a las sobretensiones*

La norma UNE-EN 61643 considera tres tipos de limitadores de sobretensiones transitorias cuyas características se indican en la Tabla 5.17.

***Tabla* 5.17.** *Tipos de limitadores según UNE-EN 61643*

Parámetro	Tipo 1	Tipo 2	Tipo 3
Capacidad de absorción de energía	Muy alta - Alta	Media - Alta	Baja
Rapidez de respuesta	Baja - Media	Media - Alta	Muy alta
Origen de la sobretensión	Impacto directo de rayo	Sobretensiones de origen atmosférico y conmutaciones, conducidas o inducidas	

Se considera que, en general, se consigue la protección frente a sobretensiones mediante un dispositivo Tipo 2 instalado lo más cerca posible del origen de la instalación interior, en el cuadro de distribución principal. Si se desea un mayor nivel de protección, por ejemplo para equipos sensibles, puede ser necesario instalar dispositivos adicionales Tipo 2 y Tipo 3 en otros puntos de la instalación. Si además el edificio dispone de protección externa contra el rayo es necesario instalar en el origen de la instalación un dispositivo Tipo 1. La Figura 5.33 muestra un ejemplo de instalación de los dispositivos según el tipo.

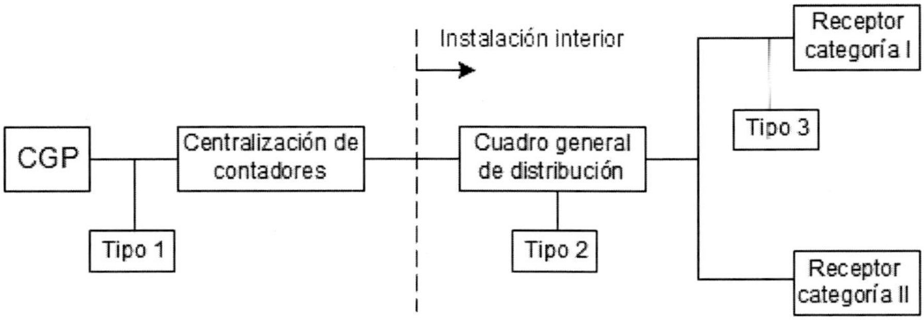

Figura 5.33. Ejemplo de instalación de dispositivos de protección frente a sobretensiones

Tan importante como la correcta selección de los limitadores en base a los aspectos indicados es tener en cuenta una serie de factores básicos en su instalación:

- Aguas arriba del limitador debe situarse un magnetotérmico encargado de protegerlo en caso de que puedan circular corrientes superiores a su intensidad máxima de descarga. Por otra parte, en instalaciones con protección diferencial el limitador debe situarse aguas arriba del mismo para evitar el disparo del diferencial en caso de actuación del limitador. La Figura 5.34 muestra la instalación correcta del limitador en el caso del cuadro de protección de una vivienda.

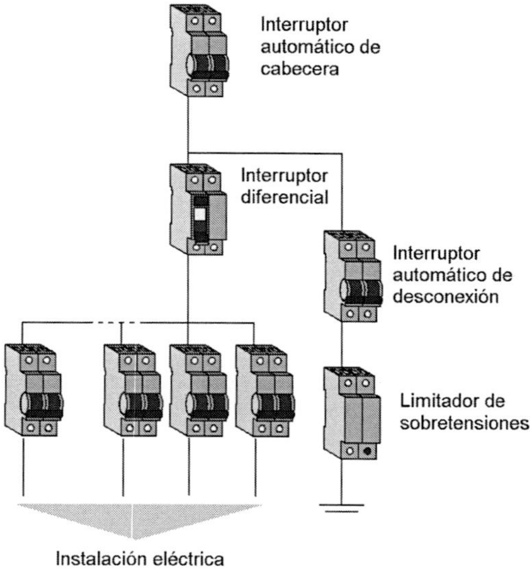

Figura 5.34. Instalación correcta de un limitador de sobretensión

- Regla de los 50 cm. La longitud de los cables del circuito del limitador, entre este y el borne de tierra al que se conecta, debe ser menor de 50 cm. En caso contrario, la inductancia de dichos cables puede hacer que la caída de tensión en los mismos sea excesivamente elevada.
- Si la distancia entre el cuadro principal (en el que se instala el limitador) y los receptores es elevada (mayor de 30 m), es conveniente instalar un segundo limitador en algún cuadro secundario más próximo a los receptores (protección en cascada).
- Si se disponen limitadores en cascada, los dispositivos secundarios deben conectarse a una distancia no menor de 10 metros del dispositivo primario.
- Las tomas de tierra de los receptores deben estar conectadas eléctricamente con el borne de tierra al que se conecta el limitador.

6 Previsión de cargas

6.1 Introducción

Uno de los primeros pasos en el cálculo de una instalación eléctrica de interior es la previsión de las cargas o de la potencia demandada. Este es el dato de partida para determinar las intensidades de corriente que recorren los distintos conductores de la instalación. Sin ellas resultaría imposible diseñar correctamente las secciones y protecciones de la totalidad de los circuitos, incluyendo la acometida.

El método habitual para abordar este cálculo consiste en concretar los receptores eléctricos que se utilizarán, especialmente en lo que se refiere a sus correspondientes potencias, rendimientos y factores de potencia, así como las necesidades en cuanto a tomas de corriente. Se continúa analizando su forma de funcionamiento teniendo en cuenta la actividad a la que se dedica la instalación para determinar con ello los factores de simultaneidad en la actividad del conjunto de receptores. Con ello puede estimarse una potencia demandada global e iniciar los restantes cálculos.

Sin embargo, en un edificio de viviendas en el que cada propietario decidirá a posteriori los distintos receptores que instalará, es difícil hacer una previsión realista mediante este procedimiento. La indeterminación es mayor en los locales comerciales de un edificio en proyecto ya que el desconocimiento de su uso final hace imposible toda estimación realista. No obstante, el REBT resuelve esta incertidumbre estableciendo unas directrices para la previsión de cargas en la ITC-BT-10 y fijando unos valores mínimos. De ellas se ocupa el presente capítulo.

De manera general, la previsión de carga de un edificio de viviendas puede deducirse aplicando la ecuación [6.1]:

$$P_T = P_V + P_{SG} + P_{LC} + P_G + P_I + C_{SRV} \cdot P_{RV} \qquad [6.1]$$

donde:

- P_T → Previsión de cargas del edificio, en vatios (W).
- P_V → Potencia prevista en viviendas, en vatios (W).
- P_{SG} → Potencia prevista debida a los servicios generales, en vatios (W).
- P_{LC} → Potencia prevista en los locales comerciales y oficinas, en vatios (W).
- P_G → Potencia debida a los garajes, en vatios (W).

P_I → Potencia debida a los locales industriales, en vatios (W).

P_{RV} → Potencia prevista para puntos de recarga de vehículos eléctricos, en vatios (W).

C_{SRV} → Coeficiente de simultaneidad adoptado para las instalaciones de recarga de vehículos eléctricos (Adimensional). Este puede tomar los valores de 1 o 3 como se verá en el apartado correspondiente.

Cabe resaltar que se toma como coeficiente de simultaneidad uno entre estos conceptos y que no necesariamente han de aparecer todos estos términos en todos los edificios. Por otro lado, la operación de adición se realiza con valores de potencia activa y nunca empleando la potencia aparente, de acuerdo con el teorema de Boucherot.

A continuación se analizan los distintos componentes por separado.

6.2 Carga correspondiente a viviendas

Cuando se quiere hallar la carga correspondiente al conjunto de las viviendas de un edificio P_V, debe comenzarse por determinar la potencia instalada en cada una de ellas. Para ello han de estimarse los posibles electrodomésticos, receptores de alumbrado y tomas de corriente que podrían emplearse en uso doméstico. Con el objeto de resolver este problema, el REBT diferencia entre dos niveles de electrificación distintos correspondientes a dos situaciones de demanda energética diferente. En consecuencia se habla de electrificación básica y electrificación elevada. A continuación se analiza cada una de ellas.

Electrificación básica

Se aplica cuando en una vivienda se prevé la utilización de los aparatos electrodomésticos considerados como básicos. En este caso, la potencia mínima de diseño que debe adoptarse es de 5750 W a 230 V, aunque existen dos escalones diferentes para este nivel de electrificación, tal y como se refleja en la Tabla 6.1.

Tabla 6.1. *Escalones de potencia para viviendas de electrificación básica*

Intensidad nominal del IGA (Interruptor General Automático)	Potencia
25 A	5750 W
32 A	7360 W

Electrificación elevada

En determinadas circunstancias se prevé el uso de un nivel de potencia mayor que el definido anteriormente. Esto sucede cuando al menos se da alguna de las siguientes condiciones:

- Que la superficie útil de la vivienda supere los 160 m^2.
- Que se prevea la instalación de un sistema de aire acondicionado o calefacción eléctrica.
- Que se prevea la instalación de un sistema domótico o de automatización.
- Que el número de tomas de corriente de uso general previstas supere el valor de 20.
- Que el número de tomas de puntos de luz previstos sobrepase el valor de 30.
- Que el número de tomas de corriente en cuartos de baño y auxiliares de cocina sea mayor que 6.
- Si hay más de un circuito destinado a la cocina y horno.
- Si hay más de un circuito destinado a lavadora, lavavajillas y termo eléctrico.
- Que pretenda dotarse a la vivienda de secadora.
- Que se trate de una vivienda unifamiliar dotada de una instalación para la recarga del vehículo eléctrico.

En estas circunstancias, la potencia mínima prevista es de 9200 W a 230 V, existiendo dos escalones más posibles, mostrados en la Tabla 6.2.

Tabla 6.2. *Escalones de potencia para viviendas de electrificación elevada*

Intensidad nominal del IGA (Interruptor General Automático)	Potencia
40 A	9200 W
50 A	11500 W
63 A	14490 W

En ambos casos el tipo de suministro es monofásico. Si por las circunstancias que fuese se superase el valor de 14490 W, obligatoriamente la instalación de la vivienda tendría que ser trifásica. Asimismo, también debe implementarse este tipo de alimentación si alguno de los receptores previstos fuera trifásico.

Una vez concretados los valores de potencia correspondientes a cada una de las viviendas de un mismo edificio, la potencia prevista para el conjunto de todas ellas se calcula mediante la expresión [6.2].

$$P_V = \left(\frac{\sum P_{Vi}}{N_V} \right) \cdot C_s \quad [6.2]$$

donde:

$P_{Vi} \rightarrow$ Potencia prevista para la vivienda *i* en vatios (W).

$N_V \rightarrow$ Número total de viviendas.

$C_s \rightarrow$ Coeficiente de simultaneidad para el número total de viviendas obtenido de la Tabla 6.3:

Tabla 6.3. *Coeficiente de simultaneidad C_s en función del número total de viviendas*

Nº VIVIENDAS	C_s	Nº VIVIENDAS	C_s
1	1	12	9,9
2	2	13	10,6
3	3	14	11,3
4	3,8	15	11,9
5	4,6	16	12,5
6	5,4	17	13,1
7	6,2	18	13,7
8	7	19	14,3
9	7,8	20	14,8
10	8,5	21	15,3
11	9,2	n > 21	15,3 + (n-21) · 0,5

El parámetro C_s representa el hecho improbable de que se demande al mismo tiempo la máxima potencia prevista en cada una de las viviendas. La utilización de un coeficiente de simultaneidad está más que justificada por dos razones: la potencia que se contrata en cada dependencia suele ser inferior a la que se instala siendo la última la que se emplea en la previsión y, por otro lado, la ocupación y la demanda de energía de las distintas viviendas se suele distribuir de manera temporal, más aún cuando el número de viviendas de un mismo edificio es elevado.

Ejemplo 6.1

Determina la potencia prevista correspondiente exclusivamente a las viviendas de un edificio si se tienen 6 de electrificación básica y 4 de electrificación elevada.

Solución:

Si se consulta la tabla 6.3 para un total de 10 viviendas, se obtiene un coeficiente de simultaneidad:

$$C_s = 8{,}5$$

Suponiendo en cada nivel de electrificación el escalón mínimo, se aplica la fórmula [6.2]:

$$P_V = \frac{6 \cdot 5750 + 4 \cdot 9200}{10} \cdot 8{,}5 = 60605\ \text{W}$$

En el caso de que las viviendas cuenten con una plaza de garaje vinculada a cada una de ellas y se vayan a realizar instalaciones de recarga de vehículos eléctricos en todas las plazas con un contador de energía común para registrar tanto el consumo de la vivienda cómo el de la recarga del vehículo (esquema 2 o 4a, ver Anexo II), la potencia prevista en cada vivienda deberá incluir esta necesidad adicional.

Dado que no existe ninguna normativa que determine cómo realizar este cálculo, se recomienda consultar el Anexo II de la GUÍA-BT-52 del REBT donde se dan orientaciones de cómo abordar esta situación.

6.3 Carga correspondiente a los servicios generales del edificio

Se entiende por servicios generales al conjunto de los receptores eléctricos que se ubican en las zonas comunes del edificio y constituyen una prestación a la comunidad. Forman parte de estos los aparatos elevadores, el alumbrado de las zonas comunes, los grupos de presión, los sistemas centralizados de calefacción, la alimentación de los equipos de antenas colectivas, etc.

La potencia prevista por este concepto se designa como P_{SG} y se calcula aplicando la expresión [6.3].

$$P_{SG} = P_{ASC} + P_{ILU} + P_{GP} + P_{OEC} \quad [6.3]$$

donde:

P_{SG} → Potencia prevista debida a los servicios generales, en vatios (W).

P_{ASC} → Potencia de ascensor, en vatios (W).

P_{ILU} → Potencia de iluminación de todos los elementos comunes, en vatios (W).

P_{GP} → Potencia del grupo de presión, en vatios (W).

P_{OEC} → Potencia de otros elementos comunes, en vatios (W).

Cabe observar que en este caso el coeficiente de simultaneidad es la unidad ya que todos los receptores mencionados son susceptibles de funcionar al mismo tiempo.

Cuando se conozcan exactamente los elementos que se van a conectar y se disponga de sus datos técnicos, basta con sumar los valores de potencia reales para determinar la demanda total. Cuando aún no se ha decido qué receptores se van a emplear como es bastante habitual en la fase de proyecto del edificio, debe recurrirse a estimaciones. Existen valores estándar que pueden emplearse en la previsión de potencia para los aparatos elevadores y para el alumbrado de las zonas comunes. La incertidumbre relativa al resto de los elementos debe solventarse consultando en catálogos técnicos.

6.3.1 Potencia del ascensor

En ausencia de datos del modelo concreto, se puede recurrir a las tablas de la NTE-ITE-ITA que establecen la potencia correspondiente a cada tipo de elevador y cuyos valores se sintetizan en la Tabla 6.4.

Tabla 6.4. *Valores de potencia eléctrica de los distintos tipos de ascensores según la norma NTE-ITE-ITA*

TIPO	N.° PERSONAS	POTENCIA (kW)
ITA-1	5	4,5
ITA-2	5	7,5
ITA-3	8	11,5
ITA-4	8	18,5
ITA-5	13	29,5
ITA-6	13	46,0
ITA-7	21	73,5
ITA-8	21	103,0
ITA-9	24	33,0
ITA-10	24	53,0
ITA-11	24	83,0

6.3.2 Potencia de alumbrado

Si aún no se ha determinado el número exacto de receptores de alumbrado, su tipo y su potencia, existen valores típicos para hacer una aproximación de la demanda de energía para este fin en función de su utilización. También la Guía-BT-10 da recomendaciones para realizar la estimación. Ambos valores se muestran en la Tabla 6.5.

Tabla 6.5. *Valores válidos para la estimación de la potencia de alumbrado*

		Valores Típicos	Guía-BT-10
Portal y espacios comunes	Incandescente	10 ÷ 20 W/m²	15 W/m²
	Fluorescente	5 ÷ 10 W/m²	8 W/m²
Iluminación Escalera	Incandescente	5 ÷ 10 W/m²	7 W/m²
	Fluorescente	2 ÷ 5 W/m²	4 W/m²

No está de más comentar que el sistema de alumbrado incandescente, debido a su ínfima eficiencia energética, está siendo reemplazando por otros tipos de iluminación. De hecho, las bombillas de mayor potencia ya han dejado de fabricarse y se prevé su extinción total en los próximos años. Otro aspecto destacable es que la Tabla 6.5. no contempla tecnologías en expansión como lo es la fibra óptica o los leds, hecho que el proyectista debe evaluar a la hora de realizar el diseño de la instalación eléctrica.

Ejemplo 6.2

Realiza la previsión de cargas de los servicios generales de un edificio de viviendas del que se tienen los siguientes datos:

- Dos ascensores ITA-2.
- Iluminación portal y rellanos fluorescente, siendo la superficie total 412 m^2.
- Iluminación de escalera incandescente, con superficie total 210 m^2.
- Grupo de presión de 5 CV.

Solución:

Potencia aparatos de elevación

Se consulta la tabla 6.4 y se tiene en cuenta que hay dos ascensores:

$$P_{ASC} = 2 \times 7500 = 15000 \text{ W}$$

Iluminación del portal

Se toma el valor establecido en la Guía-BT-10 de 8 W/m²:

$$P_{ILU1} = 412 \times 8 = 3296 \text{ W}$$

Iluminación escalera

Se toma el valor establecido en la Guía-BT-10 de 7 W/m²:

$$P_{ILU2} = 210 \times 7 = 1470 \text{ W}$$

Grupo de presión

Su potencia es un dato conocido, lo único que hay que hacer es transformar las unidades a vatios:

$$P_{GP} = 5 \times 736 = 3680 \text{ W}$$

Con ello, la potencia correspondiente a los servicios generales de este edificio queda:

$$P_{SG} = 15000 + 3296 + 1470 + 3680 = 23446 \text{ W}$$

6.4 Carga correspondiente a los locales comerciales y oficinas

La ITC-BT-10 establece unos valores mínimos y unas condiciones de cálculo para locales comerciales y oficinas en edificios. Al igual que sucede con la carga de las viviendas, si se superase el valor de 14490 W o alguno de los receptores fuese trifásico, el suministro debe ser obligatoriamente trifásico.

Tabla 6.6. *Estimación de la potencia en locales comerciales y oficinas*

Potencia Estimada Mínima	Valor Mínimo	Coeficiente de simultaneidad
100 W/m²	3450 W a 230 V	1

Esto significa que si se conoce el valor real de la potencia prevista, habrá que compararlo con el obtenido aplicando las directrices del reglamento y tomar el mayor de ambos.

La nomenclatura que se emplea para este concepto es P_{LC} y engloba tanto la previsión de cargas debida a locales comerciales como a oficinas.

Ejemplo 6.3

Calcula la previsión de cargas para los siguientes elementos de un edificio de viviendas:

- 5 locales comerciales de destino desconocido, dos de 50 m^2, uno de 110 m^2, otro de 125 m^2 y el quinto de 230 m^2.
- 3 oficinas de 100 m^2 cada una en las que se prevé una potencia de 5750 W en cada una de ellas.

Solución:

Potencia de los locales comerciales

La siguiente tabla resume los cálculos:

	Superficie	Previsión	Potencia
Local 1	50 m^2	5000 W	5000 W
Local 2	50 m^2	5000 W	5000 W
Local 3	110 m^2	11000 W	11000 W
Local 4	125 m^2	12500 W	12500 W
Local 5	230 m^2	23000 W	23000 W

Potencia oficinas

Por superficie, la potencia mínima que se puede considerar es de 10000 W en cada oficina, que supera a la estimación real de 5750 W. Como hay que cumplir con los mínimos reglamentarios se tomará el valor de 10000 W por oficina.

Con ello, la potencia total prevista correspondiente a estos conceptos es:

$$P_{LC} = 2 \cdot 5000 + 11000 + 12500 + 2300 + 3 \cdot 10000 = 65800 \text{ W}$$

6.5 Carga correspondiente al garaje

Los valores mínimos reglamentarios de estimación de potencia en garajes P_G depende del sistema de ventilación que dispongan y aparecen en la Tabla 6.7.

Tabla 6.7. Previsión de cargas en garajes

	Estimación de potencia	Valor mínimo	Coeficiente de simultaneidad
Ventilación Natural	10 W/m^2	3450 W a 230 V	1
Ventilación Forzada	20 W/m^2		

En principio se prevé un suministro monofásico, salvo que alguna de las cargas sea trifásica o se superen los 14490 W.

Ejemplo 6.4

Estima la previsión de cargas de un garaje de 890 m^2 que dispone de ventilación forzada.

Solución:

Hay que tomar un valor mínimo de 20 W/m^2, luego se tendrá:

$$P_G = 890 \cdot 20 = 17800 \text{ W}$$

6.6 Carga correspondiente a un edificio destinado a concentración de industrias

Puede suceder que un edificio se destine a la concentración de industrias y se desconozca la carga real previsible. También podría darse el caso de un local destinado a una actividad industrial en los bajos de un edificio de viviendas siempre que la actividad sea compatible con los planes de ordenación urbana del municipio. En ese caso debe determinarse la potencia prevista por este concepto, P_I, de acuerdo con los mínimos reglamentarios establecidos en la ITC-BT-10 y sintetizados en la Tabla 6.8.

Tabla 6.8. Estimación de la potencia en industrias

Potencia Estimada Mínima	Valor Mínimo	Coeficiente de simultaneidad
125 W/m^2	10.350 W a 230 V	1

La alimentación de este usuario debe ser trifásica a partir de los 14490 W de demanda o se prevea la utilización de receptores trifásicos.

Ejemplo 6.5

Un edificio se destina a concentración de industrias, estructurándose de acuerdo con la siguiente partición:

- Un local de 1500 m².
- Dos locales de 800 m².

Estima la previsión de cargas del mismo.

Solución:

La siguiente tabla resume los cálculos:

	Superficie	Previsión	Potencia
Local 1	1500 m²	187500 W	187500 W
Local 2 y 3	800 m²	10000 W	10000 W

En total se tiene:

$$P_I = 187500 + 2 \cdot 100000 = 387500 \text{ W}$$

6.7 Carga correspondiente a puntos de recarga de vehículos

Según el Real Decreto 1053/2014 por el que se aprueba una nueva Instrucción Técnica Complementaria (ITC) BT 52 «Instalaciones con fines especiales. Infraestructura para la recarga de vehículos eléctricos», en edificios o estacionamientos de nueva construcción es obligatorio ejecutar instalaciones eléctricas específicas para la recarga de los vehículos eléctricos en previsión de que este tipo de locomoción será cada vez más abundante. Este grupo comprende los aparcamientos o estacionamientos colectivos en edificios de régimen de propiedad horizontal, es decir, los garajes de los edificios de viviendas así como también es posible dotar de punto de recarga a las viviendas unifamiliares.

La carga que se deberá prever para este tipo de suministro será diferente según los distintos casos que se consideren.

Viviendas unifamiliares

Aunque no es obligatoria la instalación de recarga de vehículo eléctrico para este tipo de edificio, dado el continuo aumento de estos vehículos es conveniente que las viviendas independientes dispongan de ella para su cómodo abastecimiento. En el caso de que se realice, la potencia instalada será cualquiera de los escalones que aparecen en la Tabla 6.9.

Tabla 6.9. *Escalones de potencia normalizados para la instalación de recarga de vehículos eléctricos en viviendas unifamiliares*

$U_{nominal}$	Interruptor automático de protección en el origen del circuito	Potencia instalada	Estaciones de recarga por circuito
230 V	10 A	2.300 W	1
	16 A	3.680 W	1
	20 A	4.600 W	1
	32 A	7.360 W	1
	40 A	9.200 W	1
230/400 V	16 A	11.085 W	de 1 a 3
	20 A	13.856 W	de 1 a 4
	32 A	22.170 W	de 1 a 6
	40 A	27.713 W	de 1 a 8

La elección de un nivel u otro dependerá de las necesidades particulares de los usuarios finales y es posible escoger un valor mayor de los reflejados en la tabla a criterio del proyectista. Conviene tener en cuenta que cuanto mayor sea el valor de potencia de la instalación de recarga de vehículo eléctrico más rápidamente podrá realizarse la operación.

Estacionamientos de flota privados, para empresas, oficinas, depósitos municipales de vehículos o aparcamientos públicos permanentes

Se ha de prever una instalación para la recarga de vehículo eléctrico al menos por cada 40 plazas de vehículo que tenga el estacionamiento. No hay nada establecido a nivel normativo sobre qué potencia se debe prever para cada instalación, ya que esa magnitud depende de factores tales como la rapidez con que se quiera que se realice la recarga y sus valores pueden oscilar de los 7 kW a los 50 kW por poner un ejemplo. Por tanto, en estos casos se recomienda decidir previamente las prestaciones que se quieren ofrecer y consultar las soluciones comerciales existentes para hacer una estimación de las cargas de la instalación.

Para calcular el número mínimo de puntos de recarga que se deben considerar aplicaremos la fórmula siguiente:

$$N_{PRV} = \text{Redondear enterro superior} \left(\frac{\text{Nº plazas aparcamiento}}{40} \right) \quad [6.4]$$

donde:

N_{PRV} → Número mínimo de puntos de recarga de vehículo eléctrico que se han de instalar.

$$P_{RV} = N_{PRV} \cdot P_{PRV} \quad [6.5]$$

donde:

P_{RV} → Potencia prevista para la instalación completa de recarga de vehículo eléctrico, en watios (W).

P_{PRV} →Potencia prevista para cada punto de recarga de vehículo eléctrico, en watios (W) que deberá ajustarse a alguno de los escalones contemplados en la normativa. Aunque este valor lo determina el proyectista, puede escogerse el valor de 3.680 W correspondiente a una instalación de 16 A que es el mínimo admisible para este tipo de instalación.

Estacionamientos en plazas de aparcamientos o estacionamientos colectivos en edificios o conjuntos inmobiliarios en régimen de propiedad horizontal

Hay que diferenciar entre distintas posibles situaciones en función del esquema de instalación de recarga de vehículo eléctrico escogido:

Esquema colectivo con un contador principal común (esquemas 1a, 1b, 1c).

La previsión de potencia para la carga del vehículo eléctrico se calculará multiplicando 3.680 W que es el valor correspondiente a una base de 16 A, por el 10 % del total de las plazas de aparcamiento construidas redondeando este último valor al entero superior. Es decir, se realizará el siguiente cálculo:

$$N_{PRV} = \text{Redondear enterro superior} \left(\frac{\text{Nº plazas aparcamiento}}{40} \right) \quad [6.6]$$

donde:

N_{PRV} → N.º mínimo de puntos de recarga de vehículos eléctricos que deben considerarse.

Y la potencia que se considerará en el cálculo será:

$$P_{RV} = N^o{}_{PRV} \cdot 3680 \qquad [6.7]$$

donde:

P_{RV} → Potencia mínima que debe preverse para la instalación de recargas de vehículo eléctrico.

El PRV determinado de este modo tiene la consideración de mínimo reglamentario. No obstante, puesto que el vehículo eléctrico está considerado la locomoción del futuro, se recomienda que los edificios de nueva construcción cuenten con la preinstalación de puntos de recarga para el 100 % de las plazas del garaje. Por otro lado también es aconsejable que en la previsión de cargas, para no sobredimensionarse los elementos comunes de enlace pero que exista previsión suficiente para soportar estos consumos, se consideren un 50% de las plazas de garaje a efectos de cálculo en lugar del 10 % que establece el mínimo reglamentario, es decir, en la expresión [6.6] utilizar un factor de 0,5 en lugar de 0,1.

En el caso que las instalaciones de recarga de vehículo eléctrico tengan una potencia superior a los 3860 W dentro de los escalones admisibles (ver Tabla 6.9), se adoptará el valor de dicha potencia en la expresión [6.7].

Este valor de potencia, para sumárselo a la previsión de cargas del edificio de acuerdo con la expresión [6.1], se multiplica por un factor de simultaneidad CSRV que puede adoptar los siguientes valores:

Tabla 6.10. *Valores del coeficiente de simultaneidad CSRV empleado en la previsión de cargas del edificio*

Coeficiente de simultaneidad CSRV	Situación
1	No se instala SPL
0,3	Se instala SPL

El SPL o Sistema de Protección de la Línea General de Alimentación es un sistema de regulación y control que trata de evitar la actuación de los fusibles de la Caja General de Protección del edificio debida a una demanda excesiva de corriente para la recarga de vehículo eléctrico. Lo que hace este sistema, por ejemplo, es desconectar cargas o regular corrientes destinadas a la recarga de vehículos cuando se producen picos excesivos. Su instalación no es obligatoria en el caso de edificios de nueva construcción en los que desde su diseño ya se ha previsto este tipo de instalaciones para recarga y se han calculado tanto la acometida como la LGA para soportar el 100% de la potencia prevista. Por contra, es necesario en el resto de casos.

Esquema individuales (esquemas 2)

En este caso, como la instalación de recarga de vehículos la realizarán aquellos propietarios que la necesiten o se preverá para todas las plazas de garaje en un edificio de nueva construcción, la potencia prevista tendrá un coeficiente de simultaneidad de la unidad con el resto de cargas de la instalación, es decir, $C_{SRV}=1$.

Ejemplo 6.6

Realiza la previsión de cargas para recarga de vehículo eléctrico para el estacionamiento de un centro comercial provisto de 350 plazas de aparcamiento aplicando suponiendo que las estaciones de recarga empleadas sean monofásicas a 230V y tengan una protección en origen con un magnetotérmico de 32 A.

Solución:

En primer lugar se calcula el número mínimo de puntos de recarga de vehículo eléctrico (N_{PRV}) que se han de instalar de acuerdo con la expresión [6.4]:

$$N_{PRV} = \text{Redondear entero superior}\left(\frac{\text{N° plazas aparcamiento}}{40}\right) = Redondear\left(\frac{350}{40}\right) = 9$$

Por lo que se deberán instalar un mínimo de 9 puntos de recarga. Como cada uno de ellos es de 32 A, habrá que considerar 7.360 W por punto. Con ello, la previsión de cargas se determinará con la expresión [6.5]:

$$P_{RV} = N_{PRV} \cdot P_{PRV} = 0 \cdot 7360 = 66240\,W$$

Ejemplo 6.7

Un edificio de viviendas está dotado de un garaje de 62 plazas. Determinar la potencia mínima reglamentaria que se debe prever para la recarga de vehículo eléctrico en dicho garaje:

Solución:

En primer lugar se aplica la expresión [6.6] para calcular el número mínimo de puntos de recarga de vehículo eléctrico (N_{PRV}) que deben suponerse de acuerdo con el REBT:

$$N^o{}_{PRV} = \text{Redondear entero superior}(0,1 \cdot \text{N° plazas aparcamiento}) =$$
$$= \text{Redondear}(0,1 \cdot 62) = 7$$

Y ahora se suponen 3.680 W por cada uno de esos puntos de acuerdo con la expresión [6.7]:

$$P_{RV} = N^o{}_{PRV} \cdot 3680 = 7 \cdot 3680 = 25760\,W$$

Con lo que deberán preverse 25.760 W como mínimo para la recarga de vehículo eléctrico.

Ejemplo 6.8

Realiza la previsión de cargas de un edificio de viviendas del que se conocen los siguientes datos. El garaje, con 34 plazas, debe prever la instalación de puntos de recarga de vehículo eléctrico sabiendo que el edificio dispondrá de un SPL (Sistema de Protección de la Línea General de Alimentación).

- 1ª y 2ª planta: 1 vivienda de electrificación elevada con magnetotérmico de 40 A, 2 de electrificación básica con magnetotérmico de 25 A.
- 3ª y 4ª planta: 2 viviendas de electrificación básica con magnetotérmico de 32 A y una de electrificación elevada con magnetotérmico de 50 A.
- 2 locales comerciales de 110 m² y uno de 25 m².
- Grupo de presión de 3 CV.
- Un ascensor ITA-3.
- Alumbrado fluorescente en portal y hueco de escalera teniendo en cuenta que:
  - · Superficie total de portal y rellanos: 200 m².
  - · Superficie de escalera total: 80 m².
- Garaje con ventilación natural de 400 m².

Solución:

Potencia debida a las viviendas

$$P_V = \frac{2 \cdot 9200 + 4 \cdot 5750 + 4 \cdot 7360 + 2 \cdot 11500}{12} \cdot 9{,}9 = 77418\ W$$

Potencia debida a los servicios generales

Ascensor	11500 W
Alumbrado Portal	200·8 = 1600 W
Alumbrado Escalera	80·4 =320 W
Grupo presión	3·736 = 2208 W

$$P_{SG} = 11500 + 1600 + 320 + 2208 = 15538\ W$$

Potencia debida a los locales comerciales

	Estimación	**Mínimo**	**Previsión**
Local 1 y 2	$P_{LC1} = 100 \cdot 110 = 11000$ W	3450 W	11000 W
Local 3	$P_{LC1} = 25 \cdot 100 = 2500$ W	3450 W	3450 W

$$P_{LC} = 11000 \cdot 2 + 3450 = 25450\ W$$

Potencia de los consumos del garaje a excepción de la carga de vehículos

$$P_G = 400 \cdot 10 = 4000\ W$$

Potencia debida a las instalaciones de recarga de vehículo eléctrico. Se supone el mínimo reglamentario.

$$N^o{}_{PRV} = \text{Redondear entero superior}(0{,}1 \cdot \text{N° plazas aparcamiento}) =$$

$$= \text{Redondear}(0{,}1 \cdot 34) = 4$$

$$P_{RV} = N^o{}_{PRV} \cdot 3680 = 4 \cdot 3680 = 14720\,W$$

Previsión de cargas del edificio

Como el edificio cuenta con un SPL, de acuerdo con la tabla 6.10, habrá que adoptar un coeficiente de simultaneidad de 0,3 para incorporar la potencia debida a la recarga del vehículo eléctrico a previsión de cargas del edificio:

$$P_T = P_V + P_{SG} + P_{LC} + P_G + C_{SRV} \cdot P_{RV} =$$
$$= 77418 + 15538 + 25450 + 4000 + 0{,}3 \cdot 14720 = 126822 \text{ W}$$

7 Acometidas

7.1 Definición

Según la ITC-BT-11 una acometida se define como:

> *Parte de la instalación de la red de distribución que alimenta la caja o cajas generales de protección o unidad funcional equivalente.*

La acometida discurre entre la red de distribución pública y la Caja General de Protección, siendo este último el punto donde la Compañía Suministradora entrega la energía al abonado y comienza la propiedad privada de la instalación. Dentro del sistema eléctrico se engloba en la red de distribución, pertenece normalmente a la compañía eléctrica, la cual se responsabiliza de ella, asumiendo el compromiso de su mantenimiento y operación.

Este elemento de la instalación eléctrica no forma parte del proyecto de la instalación eléctrica de BT del edificio al que abastece, sino que se detalla en un documento técnico diferente e incluso con titularidad distinta. Sin embargo, está directamente relacionada con los elementos de la instalación de enlace, produciéndose condicionamientos recíprocos entre ambas partes. De ahí la necesidad de que uno de los pasos iniciales antes de dimensionar y diseñar los diversos elementos deba ser el contacto con el distribuidor de zona para recabar información y acordar algunos aspectos como:

- El punto de acometida, que se elegirá próximo a la red de distribución y al mismo tiempo en un lugar que facilite la colocación de la Caja General de Protección (CGP). Es el gestor de la red quien, justificadamente, lo establece.
- El tipo de acometida, aérea o subterránea, en función de la red de distribución existente o de las modificaciones previstas. La CGP deberá ser específica para la forma de alimentación adoptada.
- La sección y el número de conductores. La sección depende de la previsión de cargas del edificio y es una información que se debe proporcionar a la empresa suministradora, al igual que si el suministro demandado es trifásico o monofásico.

- La tensión de suministro. Existe la posibilidad de solicitar el suministro tanto en alta como en baja tensión, todo ello dependiendo de las líneas de distribución que discurran por esa área. Una acometida en alta tensión implica la necesidad de un centro de transformación propio cuya localización deberá preverse y, posiblemente la desaparición de la CGP al realizar esa función el cuadro de baja tensión del centro.

Por esta razón, se dedica este capítulo a tratar de este elemento que, aun siendo ajeno, no es independiente a la instalación eléctrica del edificio de viviendas.

7.2 Tipos de acometidas

Las acometidas pueden clasificarse en función de distintos criterios, expuestos en este apartado:

- **Según el tipo de suministro:** cabe diferenciar entre acometidas **monofásicas** y **trifásicas**. Las primeras se utilizan fundamentalmente en la alimentación de viviendas unifamiliares y de locales comerciales con discreta demanda energética. No hay que olvidar que no existe obligación por parte de las compañías eléctricas de proporcionar un suministro monofásico cuando se exceden los 14490 W por solicitante. Las acometidas trifásicas son, por tanto, las de mayor aplicación en entornos de alta densidad urbanística.

- **Según la tensión de suministro:** se distingue entre acometidas de **alta tensión** cuando la tensión nominal entre fases supera los 1000 V y de **baja tensión** en los restantes casos. La adquisición de energía en alta tensión resulta más económica que en baja tensión, luego siempre que la potencia demandada justifique los gastos de inversión que supone la instalación de un centro de transformación de abonado, se recurre a esta forma de suministro. Como consecuencia, se tienen acometidas de alta tensión en industrias con consumos relevantes o en grandes edificios de viviendas donde se sobrepasen los mínimos establecidos para la obligatoriedad de abastecimiento en baja tensión.

  La mayoría de los edificios de viviendas son alimentados por acometidas en BT. Esta es la razón por la que, en apartados sucesivos, se trata con más detalle este tipo de acometidas.

- **Según la forma de instalación:** básicamente se van a presentar dos tipos diferentes de acometidas, **aéreas** (ITC-BT-06) y **subterráneas** (ITC-BT-07), con las variantes de instalación que se exponen en la ITC-BT-11 y aquí se reflejan en la Tabla 7.1. El empleo de un tipo u otro es función de la forma de instalación adquirida por la red de distribución que dotará el suministro. Cabe mencionar que las redes de distribución subterráneas son propias de zonas de alta demanda energética ubicadas especialmente en grandes poblaciones, donde ponderan los motivos de impacto visual y seguridad, además de la mayor capacidad de transporte de los cables subterráneos. Por el contrario, las redes de distribución aéreas se reservan para situaciones de media y baja densidad de consumo donde el soterramiento de las redes resulta poco rentable, como es el caso de pequeñas poblaciones o entornos rurales; también es característico de polígonos industriales y las afueras de los núcleos urbanos donde la alimentación se produce a través de líneas aéreas de alta tensión.

Tabla 7.1. *Tipos de acometidas*

Tipo	Sistema de instalación
Aéreas	Posada sobre fachada
	Tensada sobre poste
Subterráneas	Con entrada y salida
	En derivación
Mixtas	Aéreo-subterráneas

El criterio que más condicionantes aporta a la hora de realizar el diseño tanto de la acometida como de la instalación de enlace, es la forma de instalación. Por ello, a continuación se estudia con más detalle cada una de las posibilidades existentes.

7.2.1 Acometida aérea posada sobre fachada

Este sistema de instalación, exclusivo de acometidas en baja tensión, implica que los cables se disponen sin estar sometidos a tensiones mecánicas a excepción de su propio peso. Se utilizan conductores normalmente de aluminio con aislamiento termoestable, fundamentalmente polietileno reticulado; son unipolares y el conjunto de fases y neutro se enrolla entre sí de forma helicoidal, de ahí su denominación de «red trenzada». Se fijan a la fachada mediante soportes tipo brida que proporcionan un espacio entre el muro y el propio conductor para facilitar su ventilación. En la Figura 7.1. puede observarse el detalle de la sujeción de una acometida posada.

ACOMETIDA POSADA	BRIDAS DE SUJECIÓN

Figura 7.1. *Detalles de acometidas posadas sobre fachada*

Se trata del tipo de acometida más económico pero también del más antiestético, por lo que actualmente se reserva a las partes más antiguas de las ciudades y algunos pueblos donde aún no se ha procedido al enterramiento de las líneas urbanas de distribución en baja tensión. Debe evitarse en los edificios históricos y monumentales y, en cualquier caso, se debe procurar que el recorrido sea lo más corto y rectilíneo posible. Preferentemente han de ir en conductos cerrados o canales protectoras desmontables con ayuda de un útil, aunque en la mayoría de los casos se encuentran los cables al descubierto.

Según el REBT, las distancias mínimas de separación del cable a los elementos de la fachada son:

- Al suelo: 2,5 m.
- Ventanas: 0,30 m al borde superior de la apertura y 0,5 m a los restantes lados.
- Balcones: 0,30 m al borde superior y 1 m a los laterales.
- Partes metálicas presentes en la fachada: 0,05 m.

Estas distancias mínimas se han representado esquemáticamente en la Figura 7.2.

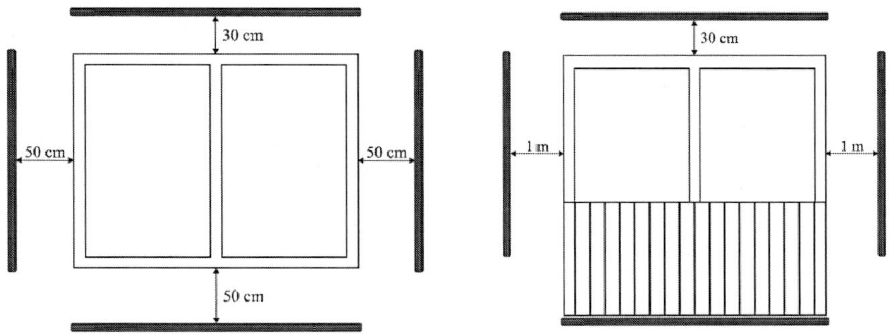

Figura 7.2. Distancias mínimas de acometidas posadas a ventanas y balcones

Otra condición exigible es que cuando los cables se instalen a distancias al suelo inferiores a 2,5 m, deben protegerse mediante tubos o canales rígidos (Figura 7.3), los cuales tienen que cumplir una serie de especificaciones resumidas en la Tabla 7.2.

Tabla 7.2. Características de los tubos protectores de las acometidas posadas

Características	Grado (canales)	Código (tubos)
Resistencia al impacto	Fuerte (6 julios)	4
Temperatura mínima de instalación y servicio	-5 °C	4
Temperatura máxima de instalación y servicio	+60 °C	1
Propiedades eléctricas	Continuidad eléctrica aislante	1 / 2
Resistencia a la penetración de objetos sólidos	Ø ≥ 1 mm	4
Resistencia a la corrosión (conductos metálicos)	Protección interior media, exterior alta	3
Resistencia a la propagación de la llama	No propagador	1

Figura 7.3. Tubo protector hasta 2,5 m de una acometida aérea posada

En los cruces con vías públicas la red posada pasa a ser red tensada con dos posibles formas de ejecución:

- Los cables son amarrados por ambos extremos del cruce (Figura 7.4.a).
- Se emplea un cable fiador de acero para la sujeción de los conductores en este tramo (Figura 7.4.b).

En cualquier caso, la distancia mínima que ha de haber entre el suelo y el punto más bajo del cable es de 6 m.

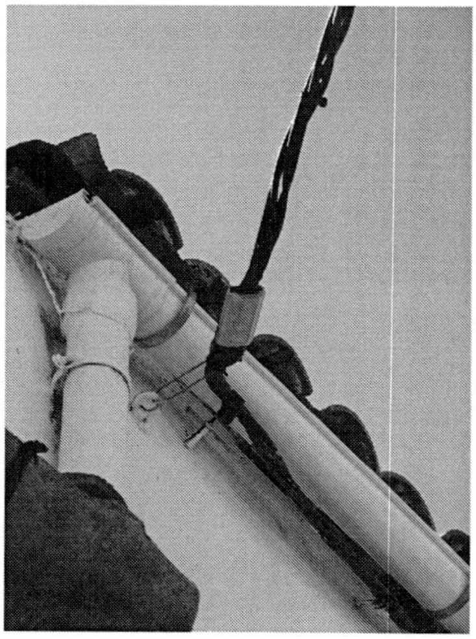

a) Cables amarrados por ambos extremos

b) Fiador de acero para el tramo tensado

Figura 7.4. Detalles del cruce de calles de redes posadas

7.2.2 Acometida aérea tensada sobre poste

Figura 7.5. Vista de una red aérea tensada de BT

En este caso los conductores se colocan con un tense mecánico predeterminado y sujetos a apoyos que se encargan de mantenerlos a una distancia mínima de las zonas transitadas. La Figura 7.5. muestra un ejemplo de este tipo de red. En su diseño y en la elección de los conductores deben preverse tanto las sobrecargas a las que estarán sometidos los cables como los esfuerzos mecánicos derivados de los cambios de las condiciones ambientales. Cuando se trate de una acometida en BT, ha de estar conforme con lo especificado en la ITC-BT-06 donde se establecen los requisitos y condiciones de cálculo. En el caso de cables aislados, existen dos formas de instalación de este tipo de red y, por consiguiente, de acometidas de esta naturaleza (Figura 7.6):

- Con cable fiador independiente: un cable de acero desnudo solidario a los conductores eléctricos mediante abrazaderas especiales soporta los esfuerzos mecánicos. Es este elemento el que se engrapa a los apoyos. Los conductores, tanto las fases como el neutro, son del mismo material, normalmente aluminio.

- Con conductor neutro portador, debidamente dimensionado para cumplir esta función (resistencia mínima de rotura de 800 daN). En este caso el neutro realiza la doble función eléctrica y mecánica y es elemento que se sujeta a los postes mediante accesorios especiales. Por ello se construye con una aleación de aluminio, magnesio y silicio (Almelec), de mejores características mecánicas que el aluminio.

Figura 7.6. Detalle de acometida tensada

En el trazado de este tipo de acometidas en BT tienen que aplicarse las condiciones estipuladas en la ITC-BT-06 relativas a **cruzamientos, paralelismos** y **proximidad** con otros elementos teniendo en cuenta que las acometidas siempre se construyen con cables aislados. La Tabla 7.3. resume los aspectos más destacados de estas exigencias. Si se trata de una acometida en AT, debe consultarse la ITC-LAT-07 para establecer las condiciones de cruzamiento y paralelismo.

Tabla 7.3. Cruzamientos, paralelismos y proximidad de las acometidas aéreas

	Cruzamientos	**Paralelismos y proximidad**
Con Línea Aérea de AT	Separación: $d > 1{,}5 + \frac{U + L_1 + L_2}{100}$ U → Tensión de AT en kV. L_1 → Longitud en m desde el punto de cruce al apoyo más próximo en AT. L_2 → Longitud en m desde el punto de cruce al apoyo más próximo en BT.	• La separación horizontal será superior a 1,5 veces la altura del apoyo más alto. • Podrán ir en los mismos apoyos cuando cumplan que: · La carga de rotura de los conductores de la LAAT es superior a 480 daN. · La distancia entre los conductores más próximos de los dos sistemas es mayor que la separación entre conductores de la LAAT. · Las dos líneas están señalizadas. · El aislamiento de la LABT no es inferior al de puesta a tierra de la línea de AT.

	Cruzamientos	Paralelismos y proximidad
Con Línea Aérea de BT	Al tratarse de conductores aislados pueden ir en contacto.	• La separación mínima horizontal será ≥ 0,10 m. • Si se colocan los cables sobre los mismos apoyos deberán guardar una distancia horizontal ≥ 0,50 m.
Con Líneas de Telecomunicaciones	• En apoyos distintos, la separación mínima vertical será 1 m. • En apoyos comunes, la separación mínima vertical 0,5 m.	
Con calles y carreteras	La distancia vertical será ≥ 6 m del conductor más bajo en las condiciones más desfavorables.	La distancia horizontal será ≥ 6 m.
Con ferrocarriles sin electrificar	La distancia será ≥ 6 m.	La distancia mínima horizontal será ≥1,5 m.
Con ferrocarriles electrificados, tranvías y trolebuses	• 2 m de altura mínima de los conductores sobre los cables o hilos. • Que al desconectarse el trole, en la posición más desfavorable, el trole quede al menos a 0,30 m.	
Con teleféricos y cables transportadores	• Si la LABT va por encima: 2 m. • Si la LABT va por debajo: 3 m.	No establece ningún valor.
Con ríos y canales navegables o flotables	H = G + 1 m G → Gálibo • 6 m mínimo de distancia vertical.	No establece ningún valor.

	Cruzamientos	Paralelismos y proximidad
Con canalizaciones de agua o gas	• Separación vertical mínima: $\geq 0{,}2$ m. • Se evitará el cruce por la vertical de las juntas de las canalizaciones de agua o gas, o por los empalmes de los cables eléctricos. • Los empalmes de los cables o las juntas de las canalizaciones deben quedar a más de 1 m del cruce.	La distancia mínima horizontal será: • 0,20 m entre conductores aislados y conductos de agua y de gas a baja presión. • 0,40 m entre conductores aislados y conductos de gas a alta presión. • 1 m entre empalmes de conductores eléctricos y juntas de canalizaciones de gas o agua. • 1 m entre cables eléctricos y arterias principales de gas o agua.

7.2.3 Acometida subterránea

Enlazando con la red de distribución pública, la acometida discurre por el subsuelo hasta conectarse por la parte inferior de la Caja General de Protección si se trata de una instalación en BT, o con el centro de transformación para acometidas en alta tensión. Existen diferentes modalidades de líneas subterráneas, entre ellas destacan:

- Conductores directamente enterrados: los cables se colocan en el fondo de una zanja en contacto con la tierra.
- Enterrados bajo tubo: un tubo protector que discurre a lo largo de todo el surco aloja los conductores eléctricos. Es el sistema más empleado y con mejor facilidad para la reparación de averías que el anterior.
- En galerías: los conductores se disponen en bandejas, sujetos directamente a la pared, etc., en el interior de una galería que puede ser compartida con otros servicios. Aunque sería el sistema más deseable para las operaciones de mantenimiento y reparación, además de facilitar las ampliaciones futuras, no es ni mucho menos el más empleado debido a su elevado coste.

Hay más modalidades de instalación subterránea que pueden consultarse en la ITC-BT-07.

Las acometidas subterráneas mayoritariamente parten de sistemas de instalación bajo tubo o con cables directamente enterrados. Esto significa que adoptan la forma de la red a la que se conectan. Sin embargo, en su conexión a la CGP, siempre se introducen en un tubo que hay dispuesto al efecto, como puede observarse en la Figura 7.7.

Figura 7.7. *Detalle de acometida subterránea*

Las canalizaciones de las acometidas subterráneas discurren normalmente por terrenos de dominio público, preferentemente bajo aceras donde frecuentemente se encuentran instalados otros servicios. A la hora de ejecutar una acometida que no se aloje en el interior de un tubo, se deben respetar las distancias mínimas y condiciones de **cruzamientos**, **paralelismos** y **proximidad** para cables directamente enterrados que establece la ITC-BT-07 del REBT cuando se trate de una acometida en BT, las cuales se resumen en la Tabla 7.4. En el caso de una acometida en AT, ha de consultarse la ITC-LAT-06 para conocer las condiciones de cruzamiento y paralelismo.

Tabla 7.4. *Cruzamientos, paralelismos y proximidad de las acometidas subterráneas directamente enterradas*

	Cruzamientos	**Paralelismos y proximidad**
Con carreteras	• Perpendiculares al eje del vial siempre que sea posible. • Cables bajo tubo recubiertos de hormigón toda su longitud. • Profundidad mínima = 0,80 m.	• Irán preferentemente bajo aceras a profundidad mínima = 0,60 m. • Cuando discurra bajo calzada se enterrarán a una profundidad mínima de 0,80 m.
Con Líneas de Ferrocarril	• Perpendiculares al eje de la vía. • Los cables discurrirán bajo tubo y recubiertos de hormigón en toda su longitud. • Profundidad mínima = 1,30 m respecto a la cara inferior de la traviesa. • El cruzamiento rebasará las vías férreas en 1,5 m por cada extremo.	Se guardará una distancia mínima horizontal de 0,20 m.

<table>
<tr><th></th><th>Cruzamientos</th><th>Paralelismos y proximidad</th></tr>
<tr><td>Con otros cables</td><td colspan="2">• Los de BT por encima de los de AT.
• Distancia mínima horizontal y vertical:
· 0,25 m con AT.
· 0,20 m con BT.
• El paralelismo de cables de BT de un mismo propietario puede realizarse a distancias menores a las anteriormente indicadas, incluso en contacto.
• La distancia del punto de cruce con cualquier empalme será ≥ 1 m.
Si no se pueden respetar las distancias el cable instalado más recientemente discurrirá bajo tubo.</td></tr>
<tr><td>Con cables de telecomunicación</td><td colspan="2">• Distancia mínima horizontal y vertical de 0,20 m.
• La distancia del punto de cruce con cualquier empalme será ≥ 1 m.
• Las condiciones no se aplican a cables de fibra óptica con cubiertas dieléctricas.</td></tr>
<tr><td>Con canalizaciones de agua o gas</td><td colspan="2">• Separación mínima horizontal y vertical:
· Canalizaciones de agua y gas a baja presión: ≥ 0,20 m.
· Canalizaciones de gas a alta presión (<4 bar): ≥ 0,40 m.
• Se evitará el cruce por la vertical de las juntas de las canalizaciones de agua o gas, o por los empalmes de los cables eléctricos.
• Los empalmes de los cables o las juntas de las canalizaciones deben quedar a más de 1 m del cruce.
• Las arterias principales de agua o gas quedarán a una distancia ≥ 1 m del cable eléctrico.</td></tr>
</table>

	Cruzamientos	Paralelismos y proximidad
Con alcantarillado	• Los cables eléctricos discurrirán por encima del alcantarillado. • Si discurren por debajo, los conductores eléctricos deberán instalarse bajo tubo. • Distancia mínima vertical = 0,20 m.	Se guardará una distancia mínima horizontal de 0,20 m.
Con depósitos de carburante	• Los cables se instalarán bajo tubo. • Distancia al depósito ≥ 0,20 m. • El cruzamiento rebasará el depósito al menos 1,5 m por cada extremo.	Se guardará una distancia mínima horizontal de 0,20 m.

7.2.4 Acometida aéreo-subterránea

Se compone de una parte aérea y otra subterránea, cada una de las cuales ha de cumplir con la reglamentación correspondiente a su naturaleza.

7.3 Instalación

Las acometidas se ejecutan siguiendo los trazados más rectos y cortos posibles. Los empalmes y conexiones se realizan empleando dispositivos adecuados como manguitos de empalme y terminales, y debe estar garantizado el aislamiento de los conductores en todo su tramo hasta conectar con la Caja General de Protección (CGP) o el centro de transformación.

La trayectoria de la acometida, tanto si se trata de instalación aérea como subterránea, suele realizarse por terrenos de dominio público; cuando esto no fuese posible, deben autorizarse las correspondientes servidumbres de paso para que puedan discurrir a través de propiedades privadas. Por esta razón conviene evitar el trazado de acometidas por patios interiores, garajes, jardines privados, viales de conjuntos privados cerrados, etc., ya que ello implicaría una tramitación administrativa larga que demoraría su ejecución, además de afectar a propiedades de uso privado.

En general, se dispone de una sola acometida por edificio o finca. Sin embargo, pueden establecerse acometidas independientes para suministros complementarios o para suministros especiales que así lo aconsejen.

Existen dos esquemas de conexión de la acometida a la CGP:

- **Alimentación en paso:** El conductor de la acometida se conecta a la CGP, la cual dispone de un doble juego de bornes por fase, permitiendo la salida de un nuevo tramo de acometida que alimentará a una CGP diferente. Dicho de otra forma, la acometida entra en la Caja General de Protección y sale para suministrar servicio a una caja contigua. Se emplea este esquema cuando, por razones de potencia demandada, un mismo edificio requiere más de una CGP, o cuando cajas pertenecientes a distintos edificios se ubican próximas la una a la otra. Este esquema es típico de acometidas subterráneas (Figura 7.8.).
- **Alimentación en punta o derivación:** La acometida finaliza en la CGP, sin posibilidad de proporcionar suministro a otra caja. Esta modalidad puede darse tanto en acometidas subterráneas como aéreas (Figura 7.9.).

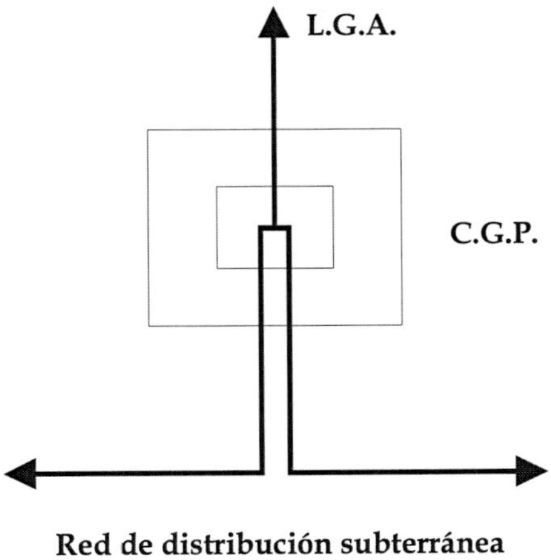

Figura 7.8. Esquema de acometida con alimentación en paso

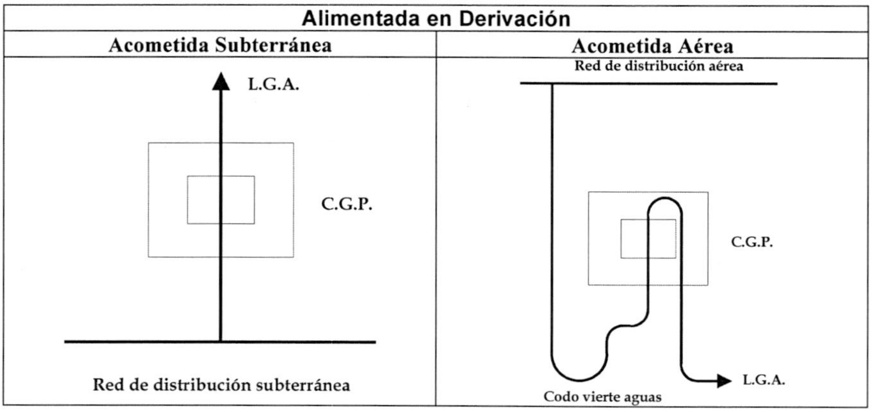

Figura 7.9. Esquema de acometida con alimentación en derivación

7.4 Diseño de acometidas

7.4.1 Condiciones generales de cálculo

Las secciones y número de conductores de la acometida de un edificio de viviendas se calculan considerando:

- La potencia prevista aplicando los criterios de la ITC-BT-10, desarrollados en el Capítulo 6.
- La tensión de suministro y el número de fases. Para la mayoría de los edificios normalmente se acomete de la red de distribución trifásica en BT cuya tensión nominal es de 400 V. Cuando se trate de una acometida en alta tensión, los procedimientos aquí descritos son perfectamente válidos pero deben aplicarse las tablas del Reglamento de Líneas de Alta Tensión.
- Las intensidades máximas admisibles para el tipo de conductor, que deberán consultarse en las tablas correspondientes.
- La caída de tensión máxima admisible en el conductor. Este límite no está fijado en el REBT ya que la acometida pertenece a la red de distribución. Por ello debe cumplir el *Reglamento por el que se regulan las actividades de transporte, distribución, comercialización, suministro y procedimientos de autorización de instalaciones de energía eléctrica,* donde se establece que la máxima oscilación de la tensión en el punto de entrega ha de ser del ± 7 %. Para

satisfacer esta condición, las empresas suministradoras de energía reparten a su conveniencia este porcentaje entre los distintos elementos de la red. Consecuentemente, se debe solicitar esta información para realizar el diseño de la acometida.

En cuanto a las dimensiones de la sección de los conductores, deben adoptarse tres criterios diferentes:

- Cálculo de la sección por intensidad admisible. Su aplicación se ha desarrollado en el Capítulo 4.
- Cálculo de la sección por caída de tensión. Al igual que el anterior, sus particularidades se han tratado en el Capítulo 4.
- Cálculo de sección por intensidad de cortocircuito, también visto en el Capítulo 4.

Aunque en las redes de distribución suele aplicarse también el criterio de pérdida de potencia, en el caso de las acometidas, por tratarse de líneas de pequeña longitud, no se tiene en cuenta.

7.4.2 Tipos de cables empleados en acometidas de BT

Según las recomendaciones UNESA, para la acometida se emplearán concretamente los siguientes conductores:

- **Acometidas Aéreas:** se emplearán conductores de aluminio trenzados de tipo RZ (UNE 21.030) con aislamiento de polietileno reticulado XLPE de color negro y resistente a la intemperie. Las intensidades admisibles a las condiciones normales de instalación aparecen en la tabla A.2 de la UNE 211435, edición del 2011. La designación normalizada de este cable es RZ1-Al.
- **Acometidas Subterráneas:** se emplean conductores unipolares de aluminio con aislamiento de polietileno reticulado XLPE o etileno propileno EPR y cubierta exterior a base de poliolefina. Se denominan RZ1-Al y DZ1-Al respectivamente.

7.4.3 Síntesis de diseño de acometidas

La Tabla 7.5. resume la información fundamental para el diseño de la acometida en BT extraída del REBT, siempre pensando que esta se utiliza para proporcionar suministro eléctrico a un edificio destinado principalmente a viviendas.

Tabla 7.5. Aspectos normativos y condiciones de cálculo de las acometidas

	Acometidas Aéreas	Acometidas Subterráneas
Reglamentación	ITC-BT-06 (REBT)	ITC-BT-07 (REBT)
Constitución	3F + N	3F + N
Material conductor	• Cobre. • Aluminio	• Cobre. • Aluminio
Tensión asignada	≥ 0,6/1 kV	≥ 0,6/1 kV
Sección mínima	• Cobre: 10 mm² • Aluminio: 16 mm²	• Cobre: 6 mm² • Aluminio: 16 mm²
Condiciones normales de instalación	• Un solo cable multipolar o conjunto de cables unipolares. • Al aire. • Temperatura ambiente de 40 °C	**Enterrados** • Un solo cable multipolar o conjunto de cables unipolares. • Temperatura ambiente de 25 °C. • Profundidad de zanja de 0,70 m. • Resistividad térmica del terreno de 1 K · m/W **En galerías** • Un solo cable multipolar o conjunto de cables unipolares. • Temperatura ambiente de 40 °C. • Colocación que permita la eficaz renovación del aire
Intensidad Admisible	Tabla A.2 de la UNE 211435	Tabla A.1 de la UNE 211435

	Acometidas Aéreas	Acometidas Subterráneas
Coeficientes de corrección	Tabla A.5 de la UNE 211435	Tablas A.5, A.6, A.7, A.8.1, A.8.2 y A.9 de la UNE 211435
Intensidad de Cortocircuito	Tablas B.2 y B.4 UNE 211435	Tablas B.2, B.3, B.4 y B.5 UNE 211435
CDT Admisible	Fijado por la Empresa Suministradora de Energía	Fijado por la Empresa Suministradora de Energía

Ejemplo 7.1

Calcula la sección de una acometida aérea trifásica en BT de 8 m de longitud que transporta 75 kW a 400 V y FP=0,85 si está compuesta por conductores de aluminio con neutro portador de Almelec y aislamiento de XLPE 0,6/1 kV con instalación expuesta al sol, y con cdt admisible del 1 %. Comprueba que la sección elegida soporta el cortocircuito si el tiempo de actuación de las protecciones es de 0,3 s y la intensidad de cortocircuito que se puede producir en ese punto es de 8 kA, según la ESE.

Solución:

Por tratarse de una acometida aérea en BT, se deberá aplicar la ITC-BT-06 y las tablas correspondientes de la UNE 211435.

Cálculo de la sección por intensidad admisible

$$I_b = \frac{75000}{\sqrt{3}\cdot 400\cdot 0{,}85} = 127{,}4\,A$$

Las intensidades máximas admisibles de los conductores de aluminio con neutro portador están en la Tabla A.2 de la UNE 211435.

Al consultar en la segunda columna de intensidades admisibles de la tabla A.2, correspondiente a tres cables cargados expuestos al sol, en la parte superior dedicada a conductores de aluminio se encuentra que la mínima sección necesaria es 95 mm^2, con una intensidad admisible de 185 A. Por tanto, el cable escogido por este criterio es 3x95 Al/54,6 Alm mm^2.

Cálculo de la sección por caída de tensión

Se recurre al método simplificado. En primer lugar se determina la cdt máxima admisible en términos absolutos según expresión [4.23]:

$$e = \frac{v\%_{\text{límite}}}{100} \cdot V = \frac{1}{100} \cdot 400 = 4\,V$$

Seguidamente se aplica la expresión [4.22] teniendo en cuenta que la temperatura máxima de servicio del XLPE es de 90 °C.

$$S = \frac{P \cdot L \cdot \rho_{\theta max}}{e \cdot V} = \frac{75000 \cdot 8 \cdot 0{,}036}{4 \cdot 400} = 13{,}5\,mm^2$$

La sección normalizada inmediatamente superior es 3x25 Al/54,6 Alm mm^2.

Cálculo de sección por criterio de cortocircuito

Para calcular la intensidad máxima de cortocircuito es necesario conocer la configuración de la red aguas arriba, lo cual no es posible. Por tanto, se debe solicitar este dato a la compañía suministradora de energía, que en este caso es de 8 kA.

Consultando la Tabla B.2 de la UNE 211435, se observa que el tiempo de duración 0,3 s no está tabulado; por ello, adoptando una postura conservativa, se consulta la columna correspondiente a 0,5 s:

		0,5 s
		↓
70 mm^2	→	9600 A

Como 70 mm^2 no es una sección válida para líneas aéreas (véase tabla A.2 de la UNE 211435), se adopta la sección inmediatamente superior, que es 95 mm^2. La sección escogida por este criterio es 3x95 Al/54,6 Alm mm^2.

En conclusión, la sección de la acometida es:

3x95 Al/54,6 Alm mm^2.

Ejemplo 7.2

Calcula la sección de una acometida subterránea monofásica de 11,5 m de longitud que transporta 11,5 kW a 230 V y FP=1 si está compuesta por conductores unipolares de cobre con aislamiento de EPR 0,6/1 kV con instalación bajo tubo, y con cdt admisible del 0,5 %. Comprueba que la sección elegida soporta el cortocircuito si el tiempo de actuación de las protecciones es de 0,5 s y la intensidad de cortocircuito que se puede producir en ese punto es de 5 kA, según la ESE.

Solución:

Por tratarse de una acometida subterránea en BT, se deberá aplicar la ITC-BT-07 y las tablas correspondientes de la UNE 211435.

Cálculo de la sección por intensidad admisible:

$$I_b = \frac{11500}{230 \cdot 1} = 50\,A$$

Las intensidades máximas admisibles de los conductores de cobre están en la Tabla A.1 de la UNE 211435. Como se trata de cables unipolares con aislamiento de EPR enterrados bajo tubo, debe consultarse la columna 2 de dicha tabla.

Puesto que la UNE 211435 no distingue entre instalaciones monofásicas y trifásicas cuando se trata de una línea subterránea, se debe consultar la tabla A.1 tal y como se presenta. Para el caso de conductores de cobre, la sección mínima que aparece, 25 mm^2, es válida para esta aplicación pues su intensidad máxima admisible es 105 A > 50 A.

Por este criterio la sección elegida es 25 mm^2.

Cálculo de la sección por caída de tensión:

Se recurre al método simplificado. En primer lugar se determina la cdt máxima admisible en términos absolutos según expresión [4.23]:

$$e = \frac{v\%_{\text{límite}}}{100} \cdot V = \frac{0,5}{100} \cdot 230 = 1,15\,V$$

Seguidamente se aplica la expresión [4.21] teniendo en cuenta que la temperatura máxima de servicio del EPR es de 90 °C.

$$S = 2 \cdot \frac{P \cdot L \cdot \rho_{\theta max}}{e \cdot V} = 2 \cdot \frac{11500 \cdot 11,5 \cdot 0,023}{1,15 \cdot 230} = 23\,mm^2$$

Por este criterio la sección elegida es 25 mm^2.

Cálculo de sección por criterio de cortocircuito:

El cálculo de la sección por criterio de cortocircuito se hace buscando en la tabla B.2 de la UNE 211435 la mínima sección capaz de soportar 5 kA en 0,5 s. Consultando en la parte de la tabla dedicada a los conductores de cobre, se tiene:

$$\begin{array}{ccc} & & 0{,}5\ \text{s} \\ & & \downarrow \\ \text{EPR y } 25\ \text{mm}^2 \text{ de cobre} & \rightarrow & 5200\ \text{A} \end{array}$$

En conclusión, la sección de la acometida es:

$$25\ \text{mm}^2$$

7.5 Régimen Económico de las Acometidas

La acometida es una parte de la red de distribución que se ejecuta expresamente para atender una demanda. En muchas ocasiones es la empresa suministradora quien se encarga de la obra y, en todas, es el solicitante quien debe asumir los costes o una parte de ellos. Estas relaciones económicas se establecen dentro del marco de una regulación cuidadosamente definida correspondiente al Sector Eléctrico. Para realizar su cometido eficientemente, el técnico responsable debe conocer este contexto normativo y tener claros varios conceptos que se abordarán a continuación.

7.5.1 Definición y Componentes de los Derechos de Acometida

Se define **Derecho de Acometida** como:

La contraprestación económica que debe ser abonada a la empresa distribuidora de energía eléctrica por la realización del conjunto de actuaciones necesarias para atender un nuevo suministro o para ampliar uno ya existente.

El régimen económico de las acometidas eléctricas y las actuaciones necesarias para atender los requerimientos de suministro de energía eléctrica se regulan en el Capítulo II: *Acometidas eléctricas y demás actuaciones necesarias para atender el suministro* del Título III: *Distribución* del **Real Decreto 1955/2000**, y por el RD 222/2008 por el que se establece el régimen retributivo de la actividad de distribución eléctrica. Para determinar el régimen económico de acometidas eléctricas hay que diferenciar entre dos conceptos:

- **Extensión natural de las redes de distribución:** son todos los refuerzos y adecuaciones que se realizan sobre la red de distribución eléctrica existente para poder atender nuevos suministros o ampliación de suministros ya existentes cuando estos son debidos al crecimiento vegetativo de la demanda. En este caso, las empresas distribuidoras responsables de la zona donde se ha producido este aumento de la demanda se encargan de la realización de estos refuerzos y asumen su coste.

- **Instalaciones de nueva extensión de red:** son las instalaciones que van desde la red de distribución existente hasta el primer elemento propiedad del solicitante que deben ejecutarse para satisfacer solicitudes de nuevos suministros o ampliación de los existentes que no responden a crecimientos vegetativos de la demanda. En este tipo de instalaciones la asunción de los costes está regulada por la normativa citada y los solicitantes deben satisfacer unos Derechos de Acometida a la compañía eléctrica que ejecuta la obra, o realizar la infraestructura por cuenta propia.

Los **Derechos de Acometida** incluyen tres conceptos diferentes:

- **Derechos de Extensión:** es el pago que realiza **cada solicitante** de un nuevo suministro o de la ampliación de potencia de uno ya existente a la empresa distribuidora, por la ejecución de las infraestructuras eléctricas de nueva extensión de red.
- **Derechos de Acceso:** es el pago que realiza **cada contratante** a la empresa distribuidora por la incorporación a la red de un nuevo suministro o de la ampliación de potencia de uno ya existente.
- **Derechos de supervisión de instalaciones cedidas:** es la cantidad que corresponde abonar **al solicitante** de un nuevo suministro o ampliación del existente a la empresa suministradora cuando el solicitante se encargue de la ejecución de las instalaciones y posteriormente las ceda. Con ello se abonan los costes de revisión y comprobación mediante ensayos de las instalaciones, verificando que se ajustan a las condiciones técnicas y de seguridad reglamentarias.

El régimen económico de las acometidas se establece a través de una orden ministerial donde figura una cuantía diferente para cada nivel de tensión y expresada en euros por kW solicitado y contratado, valor que satisfarán los solicitantes y contratantes de las comunidades autónomas que no hagan su propio desarrollo reglamentario. No obstante, en virtud de sus competencias, las comunidades autónomas fijarán las cantidades exactas a pagar para solicitudes y contrataciones en su territorio, en un margen del ± 5 % del valor establecido en la orden ministerial.

7.5.2 Criterios para la determinación de los Derechos de Extensión de instalaciones de nueva extensión de red

Cuando se desea solicitar un nuevo suministro, el primer paso es contactar con el Gestor de Red, que es quien determina las condiciones técnico-económicas sobre el nivel de tensión, el punto de conexión y la solución de alimentación eléctrica de todas las instalaciones de nueva extensión de red. Los solicitantes de nuevos suministros pueden exigir la justificación de la solución propuesta por la compañía eléctrica, y pueden acudir al órgano competente de la Administración en caso de discrepancia. En el caso de que hubieran varios distribuidores en la zona que pudieran atender el nuevo suministro, es la Administración competente quien determina quién de ellos debe abastecerlo.

En cuanto a la ejecución de las obras necesarias para abastecer el nuevo suministro, existen dos posibilidades: que sea la compañía eléctrica quien se encargue de ellas o que corresponda al solicitante su realización, todo ello dependiendo de las situaciones diferentes que puedan presentarse. Se diferencia entre:

Instalaciones que devengan costes de extensión

Si el nuevo suministro se ubica en una zona donde ya existen las dotaciones y servicios propios de los núcleos de población establecidos por la legislación urbanística, es decir, se trata de suelo que tiene la consideración de urbanizado, las instalaciones de nueva red de extensión necesarias serán realizadas por la empresa distribuidora de la zona, siempre que se trate de:

- Suministros en BT con potencia máxima solicitada de 100 kW.
- Suministros en AT con potencia máxima solicitada de 250 kW.

En ese caso, el solicitante deberá satisfacer los **derechos de extensión** estipulados legalmente, siempre y cuando las obras no estén incluidas dentro del correspondiente plan de inversión. Además, las ampliaciones de potencia que pudieran solicitarse posteriormente dentro de un plazo inferior a 3 años, se acumularán a la solicitada inicialmente a efectos de determinar quién ejecuta las obras.

Instalaciones costeadas por los solicitantes

En cualquier otra situación, ya sea por superarse los niveles de potencia, ya sea por no ubicarse el suministro en suelo urbanizado, corresponde a los solicitantes costear las instalaciones de nueva extensión. En ese caso no se cobran los costes de extensión.

Dentro de esta situación existen dos casos diferenciados:

- Cuando las instalaciones de nueva extensión son utilizadas por más de un consumidor: son los consumidores quienes deciden si las ceden a la compañía eléctrica o si asumen los costes de mantenimiento y explotación al permanecer en su propiedad.
- Cuando las instalaciones de nueva extensión son utilizadas por un único consumidor: deben ser cedidas al distribuidor de la zona a excepción de que el solicitante tenga la consideración de empresa distribuidora. En el caso de existir varias compañías suministradoras en la zona a las que pudieran ser cedidas las instalaciones, corresponde a la Administración competente decidir a qué empresa concreta deben cederse.

Cuando las líneas son cedidas a la empresa suministradora el solicitante del nuevo suministro o ampliación del existente, debe abonar a la compañía eléctrica los **Derechos de supervisión de instalaciones cedidas.**

Por otro lado, cuando se produce la cesión, el titular de la instalación podrá exigir la suscripción de un convenio de resarcimiento frente a terceros, a favor de los consumidores suministrados por dicha instalación, por una vigencia mínima de diez años, quedando dicha infraestructura abierta al uso de terceros.

7.5.3 Reserva de local para Centro de Transformación

En suelo urbano urbanizado, el solicitante de un nuevo suministro de energía eléctrica deberá reservar un local para la ubicación de un posible Centro de Transformación que pasará a ser propiedad de la empresa distribuidora, cuando:

- Se solicite una potencia superior a 100 kW para un solo local, un edificio o agrupación de estos.
- Se haga la solicitud de un nuevo suministro con una potencia superior a 100 kW.
- Se haga una ampliación de un suministro ya existente hasta superar los 100 kW.

El local deberá reunir las condiciones técnicas reglamentarias y cumplirá las normas técnicas establecidas por la empresa distribuidora y aprobadas por la Administración competente. Se destinará únicamente a la finalidad prevista, será cerrado y adaptado y dispondrá de fácil acceso desde la vía pública.

Si el local no fuera utilizado por la empresa distribuidora transcurridos seis meses desde la puesta a su disposición por el propietario, desaparecerá la obligación de cesión.

La compensación económica que percibe el propietario por la entrega del local está regulada en el Artículo 47 del Capítulo II del Título III del Real Decreto 1955/2000.

8 Cajas generales de protección

8.1 Definición y características

Según la ITC-BT-13 las Cajas Generales de Protección (CGP):

> *Son las cajas que alojan los elementos de protección de las líneas generales de alimentación.*

Para realizar la función de protección, las CGP contienen bases de cortacircuitos fusibles con o sin dispositivo extintor de arco. En ellas se instalan cortacircuitos fusibles calibrados de fusión cerrada de clase gG en serie con todos los conductores de fase o polares y con poder de corte mayor o igual a la corriente de cortocircuito prevista en ese punto. El neutro no dispone de elemento de protección contra sobreintensidades y su continuidad se asegura mediante una conexión amovible situada a la izquierda de las fases (Figura 8.2). Además, las cajas han de disponer de un borne de conexión a tierra (Figura 8.1).

Figura 8.1. *Imagen de una CGP*

En la CGP comienzan las instalaciones de enlace y constituye el principio de la propiedad de los usuarios quienes, consecuentemente, asumen la responsabilidad de su mantenimiento. La intervención sobre la caja debe realizarse siempre a través de un instalador, pero este no puede manipular los elementos precintados sin la autorización previa de la empresa suministradora responsable del servicio. No hay que olvidar que la acometida, que forma parte de la red de distribución, se conecta a esta. Excepcionalmente la CGP puede ser propiedad de la compañía eléctrica cuando en el edificio se disponga de un centro de transformación y los fusibles del cuadro de baja tensión se empleen para la protección de la línea general de alimentación; en este caso no existirá la CGP como tal.

***Figura** 8.2. Detalle de la conexión del neutro y de un fusible de una CGP de base abierta*

8.2 Emplazamiento

Debido fundamentalmente a que en la CGP se produce la conexión a la red de distribución, para la decisión de su emplazamiento deben tenerse en cuenta las siguientes condiciones:

- Su ubicación debe acordarse entre la propiedad y la empresa suministradora.

- Se procura instalarlas en un lugar próximo a la red de distribución o al centro de transformación para reducir la longitud de la acometida.
- Se sitúa preferentemente sobre las fachadas exteriores de los edificios, en lugares de libre y permanente acceso con el objeto de facilitar su mantenimiento y la intervención de los técnicos de la compañía eléctrica.
- Cuando la fachada no linde con la vía pública, la CGP se ha de colocar en el límite entre las propiedades pública y privada.
- Por motivos de seguridad y facilidad de operación, siempre que sea posible se aleja de otras instalaciones tales como agua, teléfono, gas, etc.

Uno de los primeros pasos del diseño de la instalación eléctrica de enlace es la ubicación de la CGP, ya que su posición exacta junto con la disposición de la centralización de contadores determinará la longitud de la LGA. Esto supone que el técnico responsable del proyecto, en la primera fase del diseño debe recabar información sobre el trazado de la red de distribución pública de la zona, determinar la presencia de otras instalaciones e iniciar las negociaciones con la empresa suministradora de energía para decidir el punto de colocación de este elemento.

8.3 Instalación

Los modos de instalación de la CGP están condicionados por el tipo de red de distribución a la que se va a conectar. Dado que existen dos formas diferentes de trazado de acometidas eléctricas, aéreas y subterráneas, las CGP empleadas en cada caso cumplirán condiciones de instalación diferentes.

8.3.1 CGP para acometida aérea

Son CGP previstas para la conexión de acometidas aéreas en todas sus variantes (posada o tensada) que se instalan normalmente a la intemperie, por lo que su diseño debe contemplar la protección frente a los agentes atmosféricos a los que queda expuesta como la entrada de agua, humedad, acción corrosiva de la atmósfera, radiación ultravioleta, etc.

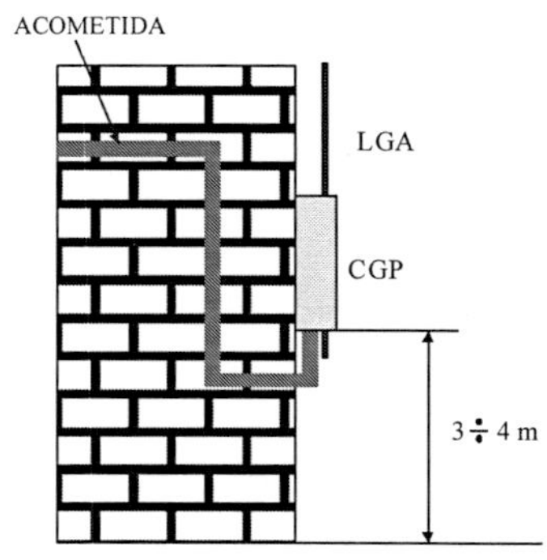

Figura 8.3. Forma de instalación de una CGP para acometida aérea

En la instalación de este tipo de CGP deben tenerse presentes las siguientes consideraciones:

- La CGP suele colocarse en montaje superficial sobre la fachada del edificio. La penetración de agua en su interior se evita conectando tanto la LGA como la acometida por su parte inferior, y sellando los orificios mediante prensaestopas (Figura 8.4).
- Para que no sea fácilmente accesible y evitar con ello su manipulación, la CGP se coloca a una altura comprendida entre 3 y 4 m del suelo como muestra la Figura 8.3.
- Si en la zona de ubicación está previsto el cambio de la red de distribución de aérea a subterránea, la CGP se instala como si la acometida fuera subterránea, es decir, en el interior de un nicho (Figura 8.5).

Figura 8.4. Caja General de Protección en montaje superficial con acometida aérea

Figura 8.5. Acometida aérea con previsión de futuro enterramiento de la red de distribución, por lo que la CGP se alberga en interior de nicho

Al igual que sucede con las líneas de distribución aéreas a las que se conecta, las CGP de montaje superficial constituyen un elemento antiestético que afean las fachadas de los edificios (Figura 8.6). Por ello, siempre que sea posible, como es el caso de edificios de nueva construcción, se tratará de recurrir a su disposición en nicho.

Figura 8.6. CGP en montaje superficial camuflada

8.3.2 CGP para acometida subterránea

Son aquellas CGP preparadas para su conexión a la red de distribución subterránea. A diferencia de las anteriores, no se instalan sobre la fachada sino que se alojan en hornacinas que, por un lado, disimulan este elemento y, por otro, protegen el material eléctrico de la penetración de agua, la acción corrosiva de la atmósfera, etc., además de dificultar su manipulación indebida.

Según el REBT, las condiciones generales exigibles en la instalación de esta CGP son:

- La CGP debe alojarse en un nicho en la pared de la fachada o muro de cerramiento cuyas dimensiones mínimas orientativas se reflejan en la Tabla 8.1.

Tabla 8.1. Dimensiones del nicho de la CGP

CGP		Dimensiones del nicho		
		Ancho	**Alto**	**Fondo**
Para 1 caja	de 80 a 160 A	0,70 m	1,00 m	0,30 m
	de 250 a 400 A	0,70 m	1,40 m	0,30 m
Para 2 cajas	de 80 a 160 A	1,40 m	1,00 m	0,30 m
	de 250 a 400 A	1,40 m	1,40 m	0,30 m

Para un diseño acertado, deben consultarse las normas particulares de la compañía eléctrica de la zona que estén aprobadas por la administración competente, ya que pueden establecer exigencias más concretas.

- El nicho se cierra con una puerta preferentemente metálica con grado de protección IK 10, protegida contra la corrosión y dotada de una cerradura o candado normalizado por la empresa suministradora. En cualquier caso, su apariencia debe ser acorde con el estilo arquitectónico y carpintería de la fachada y su parte inferior se encontrará como mínimo a 30 cm del suelo (Figuras 8.8 y 8.9.).
- La hornacina debe estar dotada de los orificios necesarios para alojar los conductos de entrada de las acometidas subterráneas y ha de cumplir con las prescripciones establecidas en la ITC-BT-21 para canalizaciones empotradas. El diámetro exterior de los tubos tiene que ser suficiente para albergar cables de 3(1x240)+ 150 mm^2, ya que es la máxima sección de acometida que puede conectarse a las CGP comerciales (Figura 8.7.).
- No pueden alojarse más de dos CGP por nicho. Cuando para un mismo edificio fuesen necesarias más de dos LGA, habría de acordarse con la compañía eléctrica una solución diferente a la utilización de CGP para instalar las correspondientes protecciones. Una posibilidad es la utilización de bases tripolares verticales (BTV), en las que los cortacircuitos fusibles tienen una disposición vertical, lo que supone un ahorro de espacio.

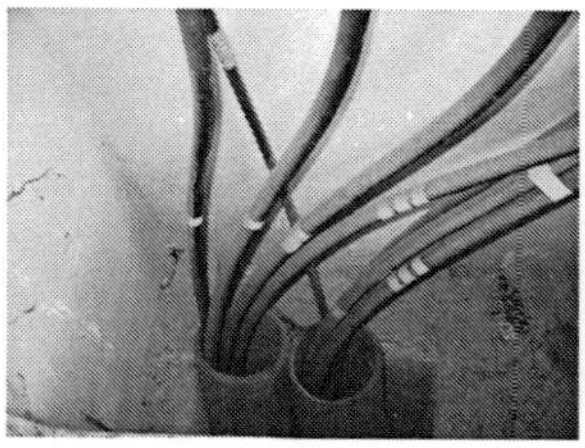

Figura 8.7. Conductos de entrada de acometidas

Figura 8.8. Puerta de CGP camuflada

Figura 8.9. Cerradura normalizada

8.4 Tipos de CGP

Los elementos que constituyen las CGP son: las bases portafusibles, la conexión del neutro y los elementos de conexión de la acometida y de la LGA. Según como se distribuyen estos elementos en el interior de la caja y las posibilidades en cuanto a forma de alimentación y número de LGA que permiten, la caja tendrá un esquema eléctrico determinado (véase figura 8.10). Existen diferentes esquemas de CGP normalizados. Los más utilizados en la actualidad correspondientes a bases portafusibles abiertas aparecen en la Tabla 8.2.

***Tabla** 8.2. Esquemas de conexión normalizados para CGP con bases portafusibles abiertas*

Esquema eléctrico	Designación	Características
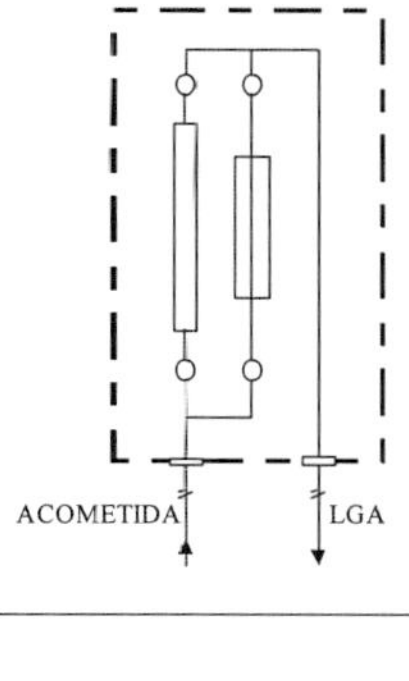	CGP1	• Acometida aérea, montaje intemperie. • Monofásica. • Alimentación en derivación. • Entrada acometida y salida LGA inferior.

Esquema eléctrico	Designación	Características
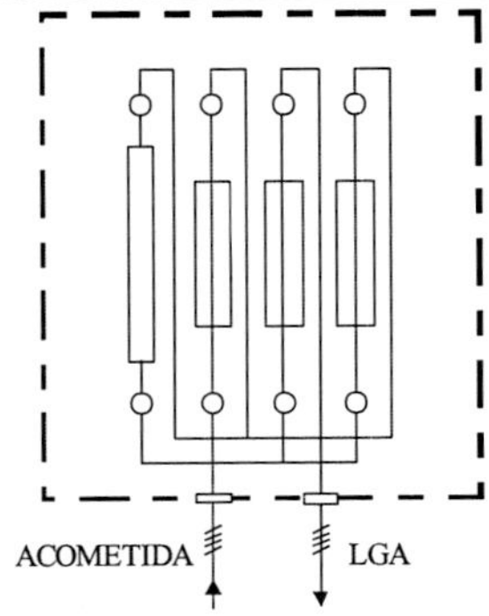	CGP7	• Acometida aérea, montaje intemperie. • Alimentación en derivación. • Entrada acometida y salida LGA inferior.
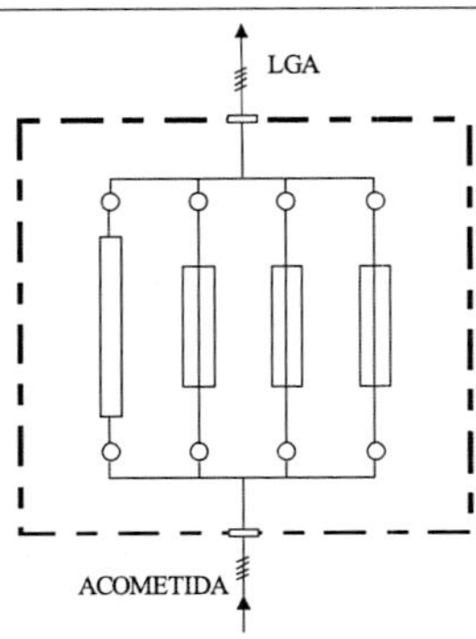	CGP9	• Montaje interior. • Alimentación en derivación. • Entrada acometida inferior, salida LGA superior.
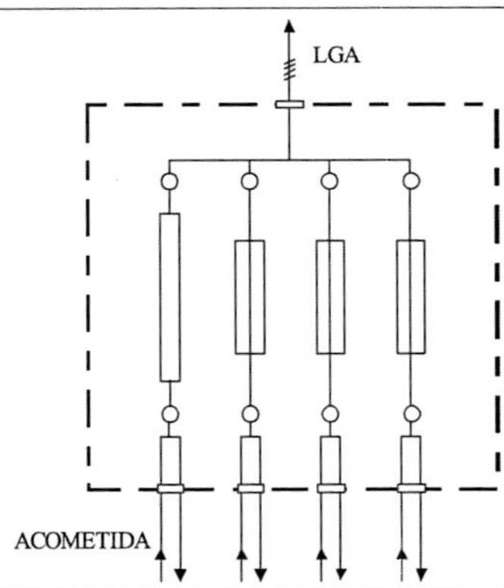	CGP10	• Montaje interior. • Alimentación en paso. • Entrada y salida de la acometida inferior, salida LGA superior.

Esquema eléctrico	Desig-nación	Características
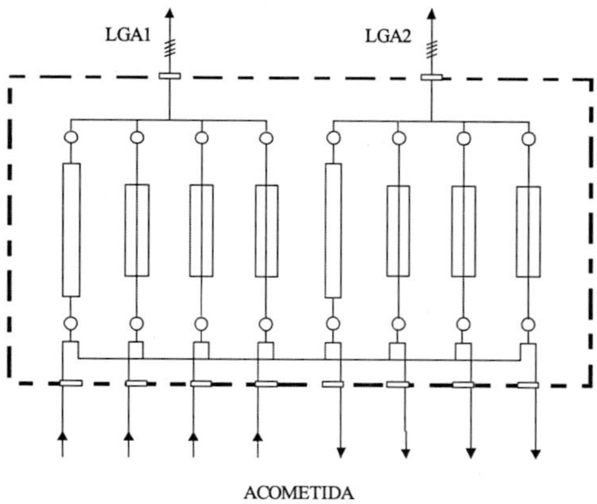	CGP11	• Interior. • Alimentación en paso. • Protege dos LGA. • Entrada y salida de la acometida inferior, salidas LGA superior.
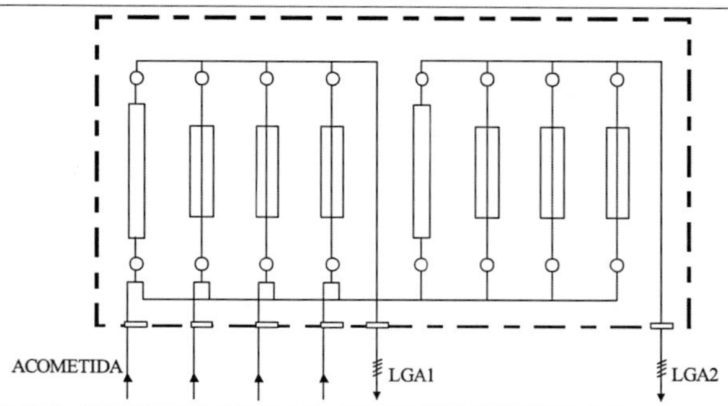	CGP12	• Interior. • Alimentación en derivación. • Protege dos LGA. • Entrada y salida de la acometida inferior, salida LGA inferior.
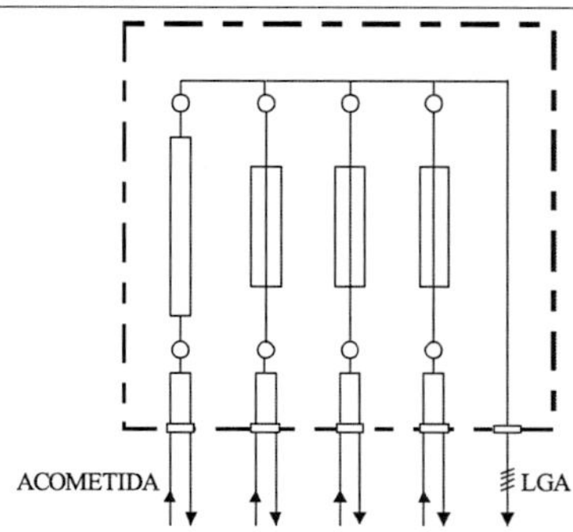	CGP14	• Montaje interior. • Alimentación en paso. • Entrada y salida de la acometida inferior, salida LGA inferior.

CGP7 CGP10 CGP11

Figura 8.10. Imágenes de CGP con diferentes esquemas de conexión

Una innovación tecnológica a las clásicas CGP ha sido la utilización de bases unipolares cerradas (BUC) con dispositivo de extinción de arco como elemento portafusible. A diferencia de las bases abiertas, disponen de una protección aislante de las piezas conductoras. Con ello se mejora la seguridad tanto en el montaje como en la utilización. Su diseño es tal que disminuye la posibilidad de contactos accidentales entre partes activas y la persona que esté manipulando la caja. Por otro lado, el dispositivo de extinción de arco posibilita la apertura en carga y reduce el riesgo de incendio de la instalación, haciendo que la protección de los usuarios sea mayor (Figura 8.11).

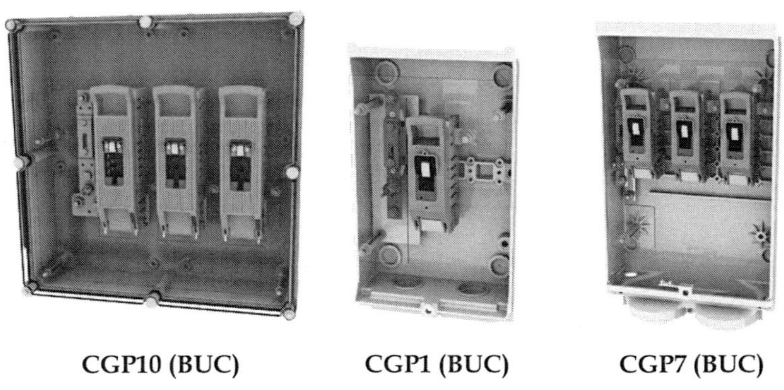

CGP10 (BUC) CGP1 (BUC) CGP7 (BUC)

Figura 8.11. Imágenes de CGP con bases unipolares cerradas con diferentes esquemas de conexión. Fuente: catálogo de Cahors

La representación de los distintos esquemas eléctricos de las CGP con bases unipolares cerradas difiere de las CGP clásicas. En la Tabla 8.3 se han sintetizado dichos esquemas.

Tabla 8.3. *Esquemas de CGP normalizados con bases unipolares cerradas (BUC)*

Esquema eléctrico	Designación
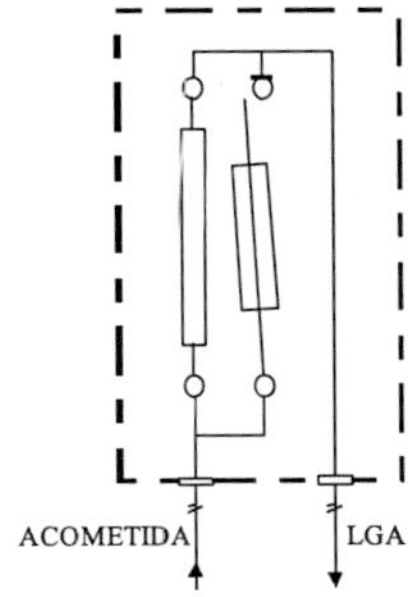	CGP1 (BUC)
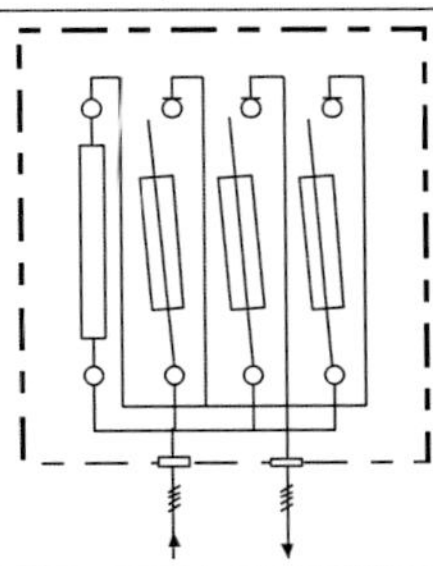	CGP7 (BUC)
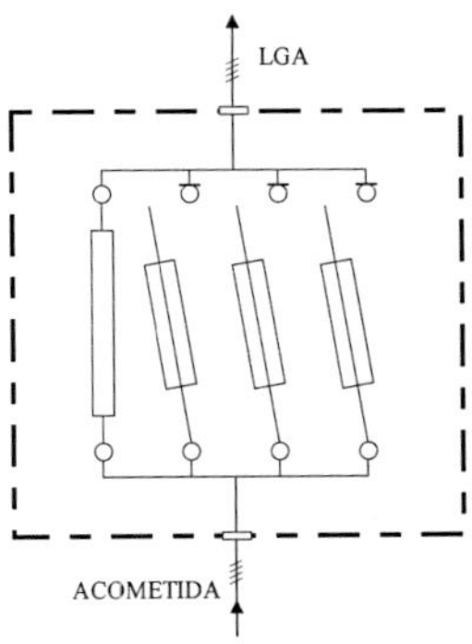	CGP9 (BUC)
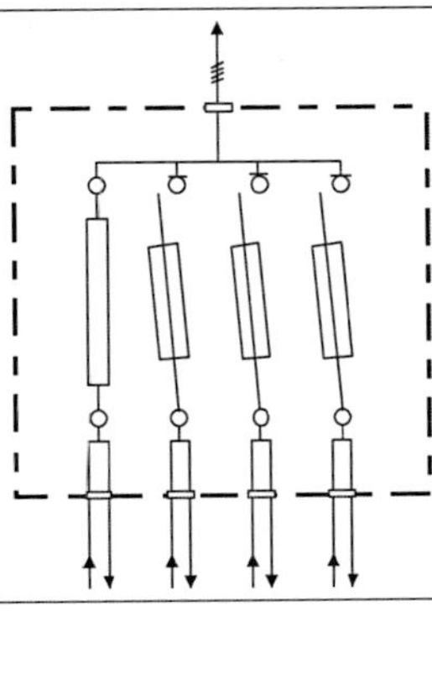	CGP10 (BUC)

Esquema eléctrico	Designación
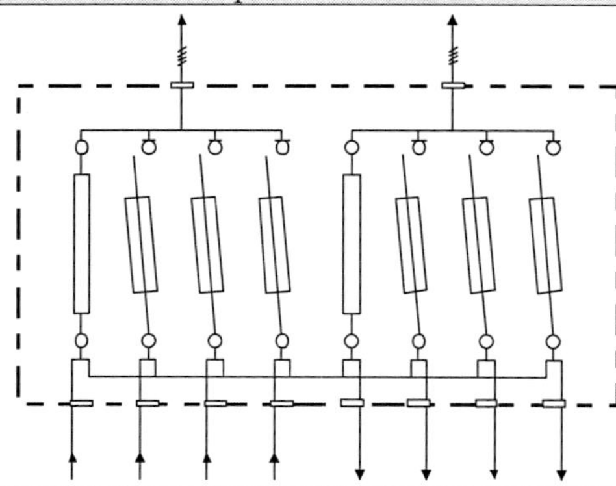	CGP11 (BUC)
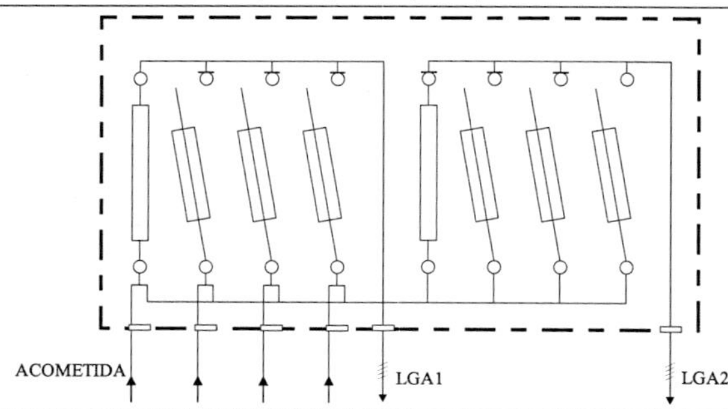	CGP12 (BUC)
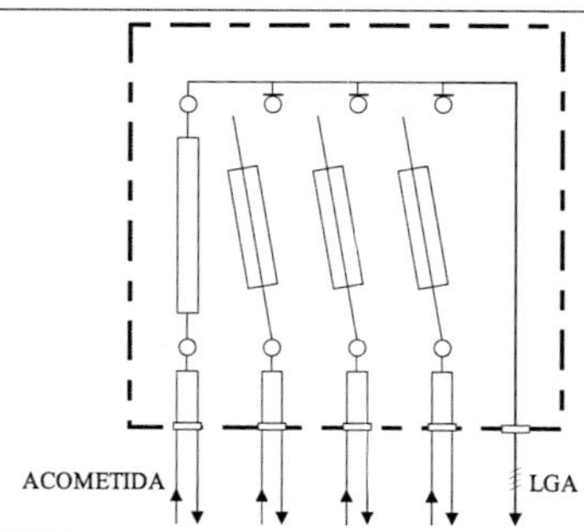	CGP14 (BUC)

En el diseño de la instalación de enlace, la elección de un esquema determinado para la CGP está condicionada al tipo de red de distribución existente en la zona en la que se ubica, y a las necesidades del usuario en cuanto a número de LGA. Además, cada compañía eléctrica establece unas especificaciones técnicas particulares para los elementos que se conectan a su red, las cuales deben haber sido aprobadas por la Administración competente. En estas normas aparecen los esquemas de CGP homologados para sus instalaciones, por lo que no es posible elegir un esquema sin previamente haberlas consultado.

Otro parámetro que identifica a una CGP es su intensidad nominal o valor de la corriente eléctrica que son capaces de soportar sin que se produzca deterioro del elemento, que coincide con la intensidad nominal del fusible de mayor calibre que se puede instalar en su interior (Tabla 8.4). Junto con el esquema eléctrico normalizado permitirá definir las diferentes CGP existentes.

Tabla 8.4. *Tipos de CGP comerciales más frecuentes*

Intensidad Nominal	Tamaño Cartuchos fusibles	Calibres cartuchos fusibles	Sección máxima del conductor	Potencia orientativa
100 A	00	16-20-25-35-40-50-63-80-100	50 mm^2	50 kW
160 A	0	32-40-50-63-80-100-125-160	95 mm^2	80 kW
250 A	1	80-100-125-160-200-250	150 mm^2	125 kW
400 A	2	200-250-315-350-400	240 mm^2	200 kW
630 A	**3**	315-355-400-425-500-630	240 mm^2	300 kW

Para facilitar la identificación de las CGP existe una nomenclatura normalizada que permite designarlas, la cual responde a la siguiente estructura:

CGP-(1)-(2)/(3)*/(BUC)*

Los elementos señalados con asterisco son opcionales y el significado de cada uno de los elementos del código se detalla en la Tabla 8.5.

Tabla 8.5. *Significado de los parámetros de designación de las CGP*

CGP	(1)	(2)	(3)	BUC
Caja General de Protección	Número del esquema eléctrico normalizado.	Intensidad máxima del fusible que se debe colocar en la caja si solo hay un circuito, y en el primer circuito cuando existan dos.	Intensidad máxima del fusible que se debe colocar en el segundo circuito.	Base Unipolar Cerrada, que corresponde a las CGP que incorporen estas bases con dispositivo extintor de arco.

Ejemplo 8.1

CGP-9-160

Solución:

Caja General de Protección con esquema 9 y equipada con un juego de bases de cortacircuitos previstas para colocar fusibles de 160 A.

Ejemplo 8.2

CGP-12-250/250/BUC

Solución:

Caja General de Protección con esquema 12 y equipada con un juego de bases unipolares cerradas con dispositivo extintor de arco previstas para colocar fusibles de 250 A tanto en el primer circuito como en el segundo.

8.5 Elección de la CGP

8.5.1 Datos de Partida

Para tomar una decisión sobre el modelo concreto de CGP que se debe instalar es necesario conocer:

- El tipo de instalación de la red de distribución en BT, aérea o subterránea. En el primer caso, se debe consultar con la empresa suministradora si está previsto cambiar la red a subterránea en esa zona.
- La Constitución (trifásica o monofásica) y sección del conductor de la acometida.
- La tensión de alimentación.
- La potencia prevista para el suministro solicitado que se habrá obtenido mediante la previsión de cargas del edificio. Es preciso conocer no solo la magnitud total sino la distribución de los consumos entre los distintos conceptos: viviendas, garajes, servicios generales, etc., para decidir el número de Líneas Generales de Alimentación (LGA) que serán necesarias y cómo se repartirá la potencia entre ellas.
- La máxima intensidad de cortocircuito que se puede presentar en ese punto. Por lo general se desconoce la configuración de

la red de distribución desde la CGP hasta el centro de transformación que abastece al edificio en cuanto a las secciones de los conductores y sus longitudes. Sin estos datos y otros relativos al transformador de distribución, no es posible estimar la intensidad de cortocircuito en ese punto. Por consiguiente, este es un valor que debe solicitarse a la compañía eléctrica.

8.5.2 Procedimiento de selección

La definición de la caja o cajas concretas que debe reflejarse en el Proyecto o en la Memoria Técnica de Diseño puede llevarse a cabo siguiendo una secuencia ordenada de pasos:

- Se decide el número de LGA necesarias para abastecer las necesidades de energía del edificio aplicando la expresión [8.1].

$$\text{n.}^{\text{o}}\ \text{LGA} = \text{entero superior}\left(\frac{P_T}{150}\right) \quad [8.1]$$

  siendo:

  P_T → Previsión de cargas del edificio en kW.

  El valor de 150 kW corresponde aproximadamente al límite marcado por la máxima intensidad de corriente que puede transportar cada LGA y se establece en 250 A. De manera indirecta lo marca la ITC-BT-16 para la corriente del interruptor general de maniobra, que es el elemento al que se conecta la LGA.

- Se escoge el esquema eléctrico adecuado para la situación particular considerada, teniendo en cuenta los permitidos por la empresa eléctrica que se encargará del suministro.

- Se selecciona la intensidad nominal de la CGP en función de la carga prevista en la línea general de alimentación imponiendo la condición 8.2.

$$I_n \geq I_{LGA} \quad [8.2]$$

  siendo:

  I_n → Intensidad nominal de la CGP, en amperios (A).

  I_{LGA} → Intensidad transportada por la LGA , en amperios (A).

- Se escoge el calibre de los fusibles que debe albergar la CGP, considerando:

  · La intensidad que va a circular a través de cada LGA.

- La sección y la longitud de la LGA, así como de su correspondiente conductor neutro.
- La intensidad máxima de cortocircuito que puede presentarse en ese punto.

Ejemplo 8.3

Una acometida aérea debe suministrar una potencia de 85 kW, con FP=0,85, a un edificio de viviendas. Determina el número de CGP, su intensidad nominal, su esquema eléctrico y las dimensiones del nicho.

Solución:

1. El número de cajas necesarias es uno pues la potencia a satisfacer es inferior a 150 kW (ITC-BT-16) y solamente hay una LGA.
2. El esquema escogido es el CGP-7 pues se trata de una acometida aérea (Tabla 8.2.). Podría elegirse también una CGP-7 (BUC).
3. La intensidad nominal de la CPG será:

$$I_b = \frac{85000}{\sqrt{3} \cdot 400 \cdot 0,85} = 144\,A \rightarrow I_N = 160\,A \quad \text{(Tabla 8.4.).}$$

4. No hay que practicar ningún nicho pues esta caja es de montaje superficial.

En definitiva, se escoge una CGP-7-160.

Ejemplo 8.4

Ídem para una acometida subterránea y potencia de transporte de 200 kW.

Solución:

1. Son necesarias dos LGA ($\frac{200}{150} = 1,3 \approx 2$).
2. Existen varias posibilidades en cuanto al esquema eléctrico. La elección de uno u otro se hará a criterio del técnico con un conocimiento más detallado de las circunstancias. Algunas de las combinaciones posibles son:

- CGP-11
- CGP-12
- CGP-10 + CGP-10
- CGP-14 + CGP+14
- CGP-10 + CGP-9
- CGP-14 + CGP-9

3. La intensidad nominal de las CGP dependerá de si se escoge una caja única para dos LGA (CGP-11 o CGP-12) o combinaciones de dos cajas.

   - **1 Caja:** I_b = 339 A → I_N = 400 A → Por ejemplo sería válida una CGP-11-250/400.
   - **2 cajas:** La primera, necesariamente de alimentación en paso, será de 400 A. La segunda será $Ib = \frac{100000}{\sqrt{3} \cdot 400 \cdot 0{,}85} = 169\ A$ → Algunas posibles combinaciones serían:

     · CGP-10-400 + CGP-10-250

     · CGP-12-400 + CGP-9-250

(**¡Ojo!**: La potencia debe repartirse de acuerdo con los elementos que alimentará cada LGA. Aquí, a falta de otra información, se ha supuesto que cada una de ellas abastece la mitad de la potencia).

4. Las dimensiones del nicho: 1,40 x 1,40 x 0,30 m (Tabla 8.1).

Ejemplo 8.5

Ídem para una acometida subterránea y potencia de transporte de 410 kW.

Solución:

La I_b = 696 A, lo que supera los valores normalizados de las cajas disponibles. Tanto si se escoge una caja como si se escogen dos, la primera de ellas ha de soportar toda la potencia. La solución sería realizar acometidas independientes para cada CGP, las cuales discurrirían por la misma zanja.

8.6 Cajas de Protección y Medida

Una Caja de Protección y Medida (CPM) es un elemento que integra tanto los fusibles que protegen las derivaciones individuales como los contadores de energía eléctrica. Se utiliza en el caso de suministros para un único usuario o dos usuarios alimentados desde el mismo punto en el que concurren las circunstancias de no precisarse centralización de contadores ni existir línea general de alimentación. Su uso es propio de viviendas unifamiliares y de instalaciones industriales.

8.6.1 Características y modelos de las CPM

La CPM se instala en las fachadas de los edificios en emplazamientos que cumplan con las mismas condiciones que se les exigen a las CGP. Actualmente no se permite el montaje superficial, obligatoriamente deben colocarse en nicho u hornacina. Su configuración e instalación debe facilitar la lectura del consumo energético por lo que su cerramiento ha de tener al menos un orificio transparente en la parte frontal del contador resistente a la radiación ultravioleta que ha de quedar a una altura comprendida entre 0,7 y 1,8 m del suelo.

Estas cajas han de pertenecer a modelos normalizados y cumplir las especificaciones establecidas en las correspondientes normas UNE. Una vez instaladas tendrán un grado de protección mínimo IP43 e IK09 y serán precintables para evitar la manipulación de los contadores.

Existen distintos tipos de CPM:

- Caja capaz de alojar en su interior un contador monofásico y dos bases de cortacircuitos.
- Caja capaz de alojar en su interior un contador monofásico de simple o doble tarifa, un interruptor horario y dos bases de cortacircuitos.
- Caja capaz de alojar en su interior un contador monofásico o trifásico indistintamente, de simple o doble tarifa, un reloj de accionamiento de cambio de tarifa y cuatro bases de cortacircuitos.
- Caja capaz de alojar en su interior un contador monofásico o trifásico indistintamente, de simple o doble tarifa, un reloj de accionamiento de cambio de tarifa y dos juegos de bases de cortacircuitos que pueden ser de dos y/o de cuatro bases.

Estos modelos se basan en la utilización de contadores de inducción. Sin embargo, actualmente todos los contadores que se instalan nuevos son electrónicos y los ya existentes se han reemplazado prácticamente en su totalidad por los contadores inteligentes. Con el uso de los nuevos modelos solamente se necesita un único dispositivo para la medida de energía activa y reactiva y para realizar la función de discriminación horaria, por lo que los modelos actuales de CPM básicamente solamente diferencian entre trifásica y monofásica, y entre uno o dos contadores, este último modelo para esquemas de enlace de dos usuarios alimentados desde el mismo lugar.

Por otro lado, hay un factor más que afecta a los modelos de las CPM que es la presencia o no de instalación de recarga de vehículo eléctrico ya que, de haberla, este elemento debe disponer de espacio para albergar un protector contra sobretensiones transitorias antes del contador y también prever un espacio para la posible instalación de un filtro PLC si fuera necesario para la supresión de ruido eléctrico después del contador.

Por último, enlazando con los posibles modelos de CPM, hay que distinguir también el tipo de bases portafusibles que utilizan ya que, aunque en todos los casos son bases unipolares cerradas, pueden emplearse que tengan dispositivo de ruptura de arco (denominadas BUC) o que no lo tengan, siendo las primeras más seguras para su manipulación y las exigidas por las compañías eléctricas actualmente.

Estas variedades de cajas pueden fabricarse en dos modalidades diferentes:

- **CPM de interior.** Tienen su parte delantera totalmente transparente y deben alojarse en el interior de una hornacina dotada de una puerta que la proteja de la radiación solar y que pueda abrirse sin necesidad de ningún tipo de llave.
- **CPM de exterior.** Disponen de una cubierta frontal opaca salvo justo encima del indicador del contador en donde se coloca una ventana transparente para visualizar los números sin manipular la CPM.

En la Figura 8.12. se pueden observar distintos tipos de CPM.

CPM de exterior **CPM de interior**

Figura 8.12. *Distintas CPM*

Para diferenciarlas unas de otras, las Cajas de Protección y Medida hasta el momento se designan de la siguiente forma:

CPM (1) - (2) (3) (4)

El significado de cada elemento se detalla en la Tabla 8.6.

Tabla 8.6. *Designación de las CPM*

CPM	(1) Número de contadores y tamaño	(2) Posibilidad de doble tarifa	(3) Equipamiento (bases cortacircuitos)	(4) Forma de instalación
Caja de Protección y Medida	• «1» si es apta solo para un contador monofásico. • «2» si es apta para un contador monofásico o trifásico. • «3» si es apta para dos contadores trifásicos o monofásicos.	• «S» si está equipada solo para contador de tarifa sencilla. • «D» si está equipada solo para un contador de doble tarifa. • «E» si está equipada para un contador multifunción.	• «2» la CPM está equipada para un contador monofásico. • «4» la CPM está equipada para un contador trifásico. • En la CPM apta para dos contadores se indicará el equipamiento existente para cada uno de ellos y separados por una barra.	• «M» instalación empotrada. • «I» instalación intemperie. • «BP» equipada con bloque de pruebas para medida directa.

Ejemplo 8.6

CPM 1-D2 I

Solución:

Caja de Protección y Medida de instalación de intemperie para un contador monofásico más el interruptor horario.

Ejemplo 8.7

CPM 3 - S2/4 M

Solución:

Caja de Protección y Medida de instalación empotrada apta para dos contadores monofásicos o trifásicos, sin reloj para cambio de tarifa y equipada para un contador monofásico y un contador trifásico.

8.6.2 Elección de la CPM

Las CPM comerciales tienen una intensidad asignada de 63 A. Por tanto, hasta 43,6 kW de demanda energética, el valor de la potencia a abastecer no condiciona la elección. Lo que sí que es determinante para escoger un modelo u otro es la clase de contadores que se van a emplear y el tipo de tarifa eléctrica que se pretende contratar.

8.7 Bases Tripolares Verticales

8.7.1 Definición y características

Las Bases Tripolares Verticales (BTV) son elementos destinados a albergar fusibles, normalmente de tipo cuchilla, para la protección de líneas eléctricas trifásicas en los que las bases portafusibles de una misma línea adoptan una disposición vertical.

Con esta disposición se consigue una reducción de espacio respecto a la colocación de las bases horizontalmente.

Las BTV se emplean en los cuadros de baja tensión de los centros de transformación y también pueden utilizarse para la protección de las líneas generales de alimentación en sustitución de las Cajas Generales de Protección. Según la ITC-BT-13 del REBT, no pueden alojarse más de dos CGP en un mismo nicho; en el caso de que un mismo suministro requiera más de dos LGA, deben adoptarse soluciones técnicas distintas a la CGP, acordadas entre la empresa suministradora y la propiedad. La opción que se está empleando en la actualidad son las BTV, de hecho, han sido normalizadas por algunas compañías eléctricas.

Las BTV disponen de conjuntos de tres bases portafusibles amovibles colocadas en alineación vertical que permiten tanto la desconexión de cada fase de forma individual como el corte omnipolar de las tres fases, dependiendo de los modelos escogidos. Además, la base portafusibles suele tener una cubierta transparente para permitir la lectura de las características nominales de los fusibles alojados en su interior.

La nueva tecnología de bases portafusibles cerradas con dispositivo de extinción de arco también se ha extendido a estos elementos, denominándose en este caso Bases Tripolares Verticales Cerradas (BTVC).

El esquema eléctrico de las BTV es único ya que todas se acometen por la parte inferior y la salida de las distintas LGA también es por abajo. La única diferencia está en el número de bases instaladas, que dependerá de la cantidad de LGA que tenga el suministro. En la Figura 8.13 aparece el esquema de conexión de una BTV para 6 LGA.

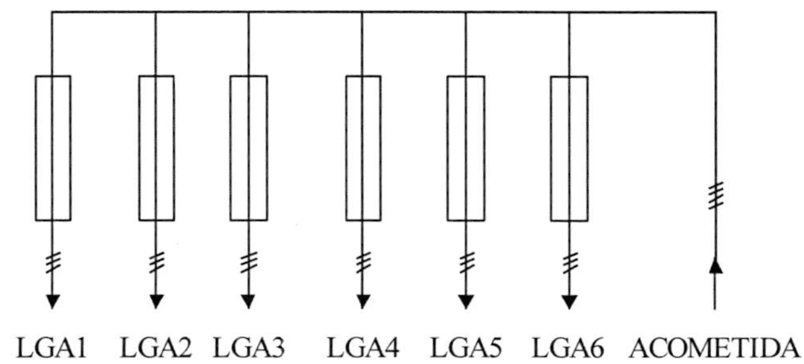

***Figura** 8.13. Esquema eléctrico de una BTV para 6 LGA*

8.7.2 Elección de la BTV

El procedimiento de selección de la BTV es más sencillo que el de la CGP, ya que el esquema es único. Los datos que se necesitarán para decidir qué BTV comercial es adecuada para una cierta aplicación son:

- El número de LGA de la instalación, así como la intensidad que va a transportar cada una de ellas.
- Los catálogos de BTV comerciales para conocer las intensidades nominales y las configuraciones.
- Las normas de la compañía eléctrica que se vaya a hacer cargo del suministro para conocer las especificaciones técnicas particulares que deben cumplir.

9 Línea general de alimentación

9.1 Definición y características

La definición dada por la ITC-BT-14 de la Línea General de Alimentación (LGA) es:

> *La LGA es aquella que enlaza la Caja General de Protección con la centralización de contadores.*

Dicho de otra forma, consiste en un sistema de conductores unipolares que transportan el conjunto de la potencia demandada por todos los consumos del edificio de acuerdo con la previsión de cargas si existe una única LGA o una agrupación de los consumos si existiese más de una LGA.

La LGA se compone de las tres fases más el neutro (3F + N), siempre es trifásica y se ejecuta con conductores unipolares. En el caso de instalaciones de enlace con concentración de contadores en varias plantas, la LGA que vaya de la inferior o primera a las centralizaciones sucesivas incluye obligatoriamente el conductor de protección (CP), que se coloca en la misma canalización que los conductores activos.

Los sistemas de instalación admisibles reglamentariamente son:

- Conductores aislados en el interior de tubos empotrados.
- Conductores aislados en el interior de tubos enterrados.
- Conductores aislados en el interior de tubos en montaje superficial.
- Conductores aislados en el interior de canales protectoras cuya tapa solo se pueda abrir con la ayuda de un útil.
- Canalizaciones eléctricas prefabricadas según norma UNE-EN 61.439.
- Conductores aislados en el interior de conductos cerrados de obra de fábrica, proyectados y construidos al efecto.

9.2 Trazado e Instalación

Las condiciones generales que debe cumplir la LGA son:

- El trazado ha de ser lo más corto posible y ha de discurrir por zonas de uso común.

- Los elementos que alberguen a los cables deben cumplir:
  - **Tubos:** sus dimensiones dependen de la sección y deben satisfacer lo especificado en la ITC-LAT-14. Las uniones son roscadas o embutidas y se ejecutan de forma que no puedan separarse los extremos.
  - **Otras Canalizaciones:** sus dimensiones tienen que ser tales que permitirán la ampliación de las secciones de los conductores en un 100 %.

  En los tramos verticales la LGA tiene que alojarse en un conducto de obra y puede discurrir en zonas de uso común o por el hueco de la escalera salvo que sea una escalera protegida. Realmente en el REBT habla de *Recinto Protegido* porque cuando se publicó estaba en vigor la Norma Básica de la Edificación de Condiciones de Protección contra Incendios del año 1996 (NBE-CPI-96). Posteriormente, en el año 2006, esa norma fue sustituida por el Código Técnico de la Edificación actualmente en vigor. Dentro de dicho código hay un capítulo independiente denominado Documento Básico de Seguridad en caso de Incendios (DB-SI) que es donde aparece el concepto de escalera protegida. Según él, se trata de una escalera continua donde, en caso de incendio, los ocupantes pueden permanecer de manera segura durante un tiempo determinado. Una escalera tiene esa consideración en función de su altura y del tipo de utilización del edificio, condiciones que pueden consultarse en el Anexo I de protección frente a incendios.

El conducto de obra para tramos verticales debe tener unas dimensiones mínimas de 30x30 cm y su uso es exclusivo de la LGA. Para facilitar tanto la instalación como el mantenimiento además de prever manipulaciones indebidas, la canaladura debe ser registrable y precintable en cada planta. Por otro lado, no debe alterar las condiciones de protección contra incendios del edificio por lo que las paredes deben tener una resistencia al fuego mínima EI 120 y las tapas de registro EI 30, además de estar dotado de cortafuegos al menos cada tres plantas.

9.3 Tipos de Cable Empleados en las LGA

El REBT establece unas exigencias mínimas a los cables empleados en la LGA. La Tabla 9.1 resume las condiciones que, desde el punto de vista normativo, deben satisfacer:

Tabla 9.1. *Condiciones exigibles por el REBT a los cables para la LGA*

Cables para líneas generales de alimentación	
Composición	Trifásico: 3F + N + CP* *Solamente en concentración de contadores en varias plantas y para la LGA que vaya de la inferior a las centralizaciones sucesivas
Tipo	Unipolares
Conductor	Cobre Aluminio
Tensión aislamiento	0,6/1 kV
Sección mínima	Cobre: 10 mm^2 Aluminio: 16 mm^2
Protección contra incendios	No propagadores de incendio y con emisión de humos y opacidad reducida alojados en conductos que tampoco sean propagadores de la llama

En el mercado existen cables comerciales que satisfacen los requisitos reglamentarios. La Tabla 9.2, extraída de la GUIA-BT-14, resume las características de conductores y conductos, así como su designación empleados en la ejecución de LGA.

Tabla 9.2. Resumen de características de cables y conductos válidos

Sistema de instalación	Sistema de canalización		Cable	
	Características	**Norma**	**Designación**	**Norma**
Superficial	Tubo 4321 no propagador de la llama	UNE-EN 61386-21	RZ1-K (C_{ca}-s1b,d1,a1)	UNE 21.123-4
	Canal no propagadora de la llama	UNE-EN 50085		
Empotrado	Tubo 2221 no propagador de la llama	UNE-EN 61386-22	DZ1-K (C_{ca}-s1b,d1,a1)	UNE 21.123-5
	Canal no propagadora de la llama	UNE-EN 50085		
Enterrado	Tubo (propiedades de propagación de la llama no declaradas)	UNE-EN 61386-24	RZ1-K (C_{ca}-s1b,d1,a1) DZ1-K (C_{ca}-s1b,d1,a1)	Ya descritos
Canal de obra			RZ1-K (C_{ca}-s1b,d1,a1) DZ1-K(C_{ca}-s1b,d1,a1)	Ya descritos
Canalizaciones prefabricadas UNE-EN 61439-6				

9.4 Cálculo de la LGA

9.4.1 Cálculo de los conductores de fase

El cálculo de la sección de los conductores activos o de fase de la LGA se realiza de acuerdo con dos criterios diferentes:

- **Por intensidad admisible.** A partir de la previsión de cargas del edificio se decide el número de LGA con que contará la instalación. Esta decisión tiene en cuenta tanto las limitaciones tecnológicas impuestas por las intensidades nominales de las CGP comerciales (máximo 630 A) y la máxima intensidad para la que se prevea el interruptor general de maniobra (IGM) de la centralización de contadores, que es de 250 A.

  Si hay más de una LGA, las cargas de los distintos conceptos deben repartirse entre ellas. Si hubiera que fraccionar la potencia correspondiente a viviendas, como el coeficiente de simultaneidad depende del número de estas, la suma de potencias de las LGA superaría a la potencia transportada por la acometida.

- **Por caída de tensión.** El porcentaje de caída de tensión reservado para este tramo de la instalación depende del número de centralizaciones de contadores, siendo:
    - ·0,5 % cuando únicamente existe una centralización de contadores.
    - ·1 % en el caso de varias centralizaciones parciales.

Con cada criterio se obtiene un valor mínimo de la sección que lo satisface. Como sección de la LGA se toma el mayor de ellos, siempre y cuando supere o iguale el valor mínimo de sección establecido por el REBT, que es:

- 10 mm² para conductores de cobre.
- 16 mm² para conductores de aluminio.

En la GUIA-BT-14 se resumen las tablas de intensidad admisible para este tipo de instalación considerando que se trata de un sistema de cables unipolares con aislamiento termoestable. Como la norma de referencia para las intensidades máximas admisibles de los conductores, la UNE 20 460-5-523, fue modificada posteriormente a la publicación de la guía y después se reemplazó por la UNE-HD 60364-5-52. Además se ha tenido en cuenta que para el sistema de instalación enterrado se aplica la UNE 211435. Por ello, se han actualizado los valores y se recogen en las Tablas 9.3 y 9.4.

Tabla 9.3. *Intensidades máximas admisibles en cables para LGA con conductores de cobre*

<table>
<tr><th rowspan="2">Tipo de instalación</th><th colspan="11">Sección nominal del conductor (Cu) en mm²</th></tr>
<tr><th>10</th><th>16</th><th>25</th><th>35</th><th>50</th><th>70</th><th>95</th><th>120</th><th>150</th><th>185</th><th>240</th></tr>
<tr><td>Tubos empotrados en pared de obra</td><td rowspan="4">57</td><td rowspan="4">77</td><td rowspan="4">100</td><td rowspan="4">124</td><td rowspan="4">151</td><td rowspan="4">193</td><td rowspan="4">234</td><td rowspan="4">272</td><td rowspan="4">313</td><td rowspan="4">356</td><td rowspan="4">419</td></tr>
<tr><td>Tubos en montaje superficial</td></tr>
<tr><td>Canal protectora</td></tr>
<tr><td>Conductos cerrados de obra de fábrica</td></tr>
<tr><td>Tubos enterrados</td><td></td><td></td><td>105</td><td></td><td>155</td><td></td><td>225</td><td></td><td>300</td><td></td><td>400</td></tr>
</table>

Tabla 9.4. Intensidades máximas admisibles en cables para LGA con conductores de aluminio

<table>
<tr><th rowspan="2">Tipo de instalación</th><th colspan="10">Sección nominal del conductor (Al) en mm²</th></tr>
<tr><th>16</th><th>25</th><th>35</th><th>50</th><th>70</th><th>95</th><th>120</th><th>150</th><th>185</th><th>240</th></tr>
<tr><td>Tubos empotrados en pared de obra</td><td rowspan="4">60</td><td rowspan="4">75</td><td rowspan="4">93</td><td rowspan="4">113</td><td rowspan="4">145</td><td rowspan="4">177</td><td rowspan="4">205</td><td rowspan="4">237</td><td rowspan="4">271</td><td rowspan="4">320</td></tr>
<tr><td>Tubos en montaje superficial</td></tr>
<tr><td>Canal protectora</td></tr>
<tr><td>Conductos cerrados de obra de fábrica</td></tr>
<tr><td>Tubos enterrados</td><td></td><td>82</td><td></td><td>115</td><td></td><td>175</td><td></td><td>230</td><td></td><td>305</td></tr>
</table>

9.4.2 Cálculo del neutro

Si la instalación eléctrica del edificio fuera equilibrada en cargas y no se produjesen corrientes de tipo armónico, por el conductor neutro de la LGA no circularía corriente. Pero en realidad las condiciones anteriores son bastante improbables y en la práctica el neutro es atravesado por una cierta intensidad que debe tenerse en cuenta a la hora de determinar su sección.

Según el REBT, el valor mínimo de la sección debe ser al menos el 50 % de la sección de fase y nunca inferior a los valores de la Tabla 9.5.

Tabla 9.5. *Sección mínima del conductor neutro*

Sección Fase mm²	Sección Neutro mm²
10 (Cu)	10 (Cu)
16 (Cu)	16 (Cu)
16 (Al)	16 (Al)
25	16
35	16
50	25
70	35
95	50
120	70
150	70
185	95
240	120

Sin embargo, para determinar la sección del neutro se ha de considerar el máximo desequilibrio previsible en la instalación eléctrica del edificio, así como las corrientes armónicas que puedan producirse y su comportamiento, todo ello teniendo en cuenta las protecciones contra sobrecargas y cortocircuitos que pudieran actuar.

El estudio de la corriente del neutro puede ser bastante complejo. Por un lado se podría estimar la corriente de desequilibrio sabiendo cómo se distribuyen las cargas entre las tres fases en la instalación, pero esta no es una operación sencilla, pues muchas veces se desconoce el uso que se va a dar a cada carga ni la simultaneidad con que van a operar. En cuanto a las corrientes armónicas son frecuentes cuando se tienen cargas no lineales que absorben corrientes en impulsos bruscos. Estos impulsos crean ondas de corriente distorsionadas que originan a su vez corrientes de armónicos de retorno hacia otras partes del sistema de alimentación. Esto se traduce, entre otros efectos, en una circulación de corriente por el neutro que a veces puede superar a la de las fases, aun en el caso de sistemas equilibrados. Son cargas de este tipo los electrodomésticos que contienen rectificadores como ordenadores, impresoras, televisores, sistemas de alimentación ininterrumpida (SAI), etc. También producen este efecto los tubos fluorescentes. Como se trata de receptores comunes, en la práctica la sección del neutro de la LGA se toma igual a la de fase.

9.4.3 Cálculo del diámetro del tubo

Los valores mínimos de los diámetros exteriores de los tubos dependen del valor de la sección de fase y se reflejan en la Tabla 9.6.:

Tabla 9.6. *Diámetro del tubo de la LGA*

Sección Fase mm^2	Diámetro exterior del tubo mm
10	75
16	75
25	110
35	110
50	125
70	140
95	140
120	160
150	160
185	180
240	200

9.5 Resumen de las características de diseño de la LGA

La Tabla 9.7 resume las condiciones de cálculo y diseño de las LGA.

Tabla 9.7. *Condiciones de cálculo de la LGA*

<table>
<tr><th></th><th colspan="2">LGA</th></tr>
<tr><td>Reglamentación</td><td colspan="2">ITC-BT-14</td></tr>
<tr><td>Constitución</td><td colspan="2">3F + N + CP*
* Solamente en concentración de contadores en varias plantas y para la LGA que vaya de la inferior a las centralizaciones sucesivas.</td></tr>
<tr><td>Tensión asignada</td><td colspan="2">≥ 0,6/1 kV</td></tr>
<tr><td>Características del aislamiento</td><td colspan="2">No propagadores de incendio y con emisión de humos y opacidad reducida.</td></tr>
<tr><td>Tipo de cable</td><td colspan="2">unipolares</td></tr>
<tr><td>Material conductor y sección mínima</td><td colspan="2">• Cobre: 10 mm²
• Aluminio: 16 mm²</td></tr>
<tr><td>Formas de instalación</td><td colspan="2">• Conductores aislados en el interior de tubos empotrados.
• Conductores aislados en el interior de tubos enterrados.
• Conductores aislados en el interior de tubos en montaje superficial.
• Conductores aislados en el interior de canales protectoras cuya tapa solo se pueda abrir con la ayuda de un útil.
• Canalizaciones eléctricas prefabricadas según norma UNE-EN 60.439.
• Conductores aislados en el interior de conductos cerrados de obra de fábrica, proyectados y construidos al efecto.</td></tr>
<tr><td>Intensidad Admisible</td><td>Cobre
UNE-HD 60364-5-52
Tabla A.1 UNE 211435</td><td>Aluminio
UNE-HD 60364-5-52
Tabla A.1 UNE 211435</td></tr>
<tr><td>CDT Admisible</td><td>Con centralización de contadores
0,5 %</td><td>Centralización de contadores parcial
1 %</td></tr>
<tr><td>Conductor Neutro</td><td colspan="2">Tabla 1, ITC-BT-14</td></tr>
<tr><td>Diámetro Tubos</td><td colspan="2">Tabla 1, ITC-BT-14</td></tr>
</table>

Ejemplo 9.1

Calcula la sección del conductor y el diámetro del tubo de una LGA de instalación subterránea bajo tubo desde la CGP a la centralización de contadores con una longitud de 28 m. La potencia transportada es de 115 kW y los conductores son de cobre con aislamiento de XLPE. Supón FP=0,9.

Solución:

Cálculo de la sección por intensidad admisible

Se consulta la Tabla A.1 UNE 211435, columna correspondiente a *En tubular soterrada*, parte inferior por tratarse de conductores de cobre. Como en el enunciado no se indica nada, se supone que se está en condiciones estándar de instalación y no se aplica ningún factor de corrección, también se puede consultar la última fila de la Tabla 9.3

$$I = \frac{115000}{\sqrt{3} \cdot 400 \cdot 0{,}9} = 184{,}4\ \text{A}$$

La sección mínima válida que se podría adoptar es de 95 mm², cuya intensidad máxima admisible es de 225 A, ya que se cumple que $I_b = 184{,}4$ A $\leq I_z = 225$ A.

Cálculo de la sección por caída de tensión

Se admite una cdt del 0,5 % (2 V), pues según el enunciado existe una centralización de contadores.

$$S = \frac{P \cdot L \cdot \rho_\theta}{e \cdot V} = \frac{115000 \cdot 28 \cdot 0{,}023}{2 \cdot 400} = 92{,}5\, mm^2$$

Se ha tomado la resistividad del cobre a 90 °C al ser esta la máxima temperatura que puede soportar el aislamiento de XLPE sin deteriorarse y plantearse el cálculo para las circunstancias más desfavorables.

Como el valor dado por la fórmula está próximo a la sección normalizada inmediatamente superior no es necesario realizar iteración. Por otro lado, se han despreciado los efectos inductivos ya que la sección obtenida por ambos criterios es inferior a 120 mm².

Por este criterio la sección elegida sería: $S = 95\ mm^2$ que como coincide con la determinada por intensidad admisible es la que se escoge para la LGA.

Cálculo de la sección del neutro

Como no se pueden evaluar ni los armónicos ni las corrientes de desequilibrio, se tomará la sección del neutro igual a la de las fases.

$$S = 95\ mm^2$$

Cálculo del diámetro del tubo:

Se obtiene consultando la Tabla 1 de la ITC-BT-14 para sección de 95 mm^2, o lo que es equivalente, consultando la Tabla 9.6.

$$\Phi_{EXT} = 140\ mm$$

10 Centralización de contadores

10.1 Definición y características

La Centralización de Contadores puede definirse como:

> *El lugar donde se instalan los contadores destinados a medir el consumo de energía eléctrica correspondiente a los distintos consumos de un mismo edificio.*

Este elemento de la instalación eléctrica de enlace está regulado por la ITC-BT-16 del REBT. En dicha instrucción se establecen las diferentes formas de instalación de los contadores, que son:

- **De forma individual:** solamente es aplicable cuando se tiene un suministro independiente para un único usuario, o dos usuarios alimentados desde un mismo lugar. Se emplea en el caso de viviendas unifamiliares, de locales comerciales o de industrias con alimentación independiente. Cuando es posible, se utilizan Cajas de Protección y Medida que contienen los fusibles generales de protección, el o los contadores y el dispositivo de discriminación horaria si lo hubiese. En el caso de suministros industriales, comerciales o de servicios en los que la medida de la potencia es indirecta, hay que consultar con las normas particulares de la empresa suministradora encargada del servicio para decidir una forma de instalación, ya que existen gran variedad de posibilidades.
- **De forma concentrada:** es la solución adoptada cuando hay más de dos usuarios diferentes que comparten acometida, es decir, en edificios destinados a viviendas y locales comerciales, edificios comerciales o edificios de concentración de industrias. En este caso, los dispositivos para la medida de la energía eléctrica de cada uno de los usuarios y de los servicios generales del edificio se instalan agrupados para facilitar la tarea de lectura, ubicándose en:
    - · *Armarios*: cuando el número de contadores a instalar es igual o inferior a **16**.
    - · *Locales independientes*: cuando se supere el valor anterior.

Cuando se disponen los contadores de forma concentrada, la centralización se sitúa en la planta baja, en el entresuelo o en el primer sótano, pudiendo ser esta concentración única siempre que el edificio tenga menos de 12 plantas. Cuando el número de alturas de la edificación supera el anterior valor, pueden concentrarse en plantas intermedias, cada una de ellas destinada al uso de 6 o más plantas.

También puede realizarse una concentración en cada planta del edificio si el número de contadores que alberga cada una de ellas es superior a 16.

En el caso de que el edificio esté dotado de infraestructura para recarga de vehículos eléctricos, los contadores de energía que formen parte de esta se pueden instalar en la centralización de contadores general del edificio o, por contra, pueden disponer de una centralización específica situada en un local o en un armario independiente.

Para evitar su alteración indebida, los contadores y los demás dispositivos deben instalarse en módulos (cajas con tapas), paneles o armarios normalizados, todos ellos dotados de partes transparentes resistentes a la radiación ultravioleta que permitan la lectura directa de los consumos. Puesto que únicamente pueden ser manipulados por personal de la compañía eléctrica, todos estos elementos son precintados, o bien por la empresa suministradora, o bien por organismos oficiales, siendo responsabilidad del usuario el quebrantamiento de estos precintos.

10.1.1 Características del armario de la centralización de contadores

Si el número de contadores a centralizar es igual o inferior a 16, además de poderse instalar en un local independiente, la centralización se podrá ubicar en un armario destinado única y exclusivamente a este fin que cumplirá con los requisitos establecidos en el punto 2.2.2. de la ITC-BT-16, además de las condiciones adicionales que pudiese establecer la compañía suministradora de energía, siempre y cuando éstas hayan sido autorizadas por la Administración competente.

Resumiendo lo que establece el REBT, las características del armario son:

- Se situará en planta baja, entresuelo o primer sótano.
- Estará próximo a la entrada y a las canalizaciones de las derivaciones individuales.
- Se dispondrán empotrados o adosados sobre paramentos de la zona común.
- No tendrá bastidores intermedios que dificulten la instalación de los elementos ni la lectura.

- El pasillo será como mínimo de 1,5 m de anchura.
- La característica de parallamas mínima será de RE 30 (mantiene la capacidad portante y la integridad durante 30 minutos).
- La cerradura estará normalizada por la empresa suministradora.
- Dispondrá de ventilación e iluminación suficiente.
- En sus proximidades se instalará un extintor de eficacia mínima 21B.
- Se colocará una toma de corriente de 16 A con toma de tierra.

10.1.2 Características del local para la centralización de contadores

Las condiciones que debe satisfacer este local son, en líneas generales, las siguientes:

- Se dedicará exclusivamente a la centralización de los contadores.
- Se situará en planta baja, entresuelo o primer sótano.
- No servirá de paso ni de acceso a otras estancias.
- Las paredes serán de clase A1 (material incombustible sin contribución en grado máximo al fuego) o A2-s1,d0 (material incombustible sin contribución en grado menor al fuego, opacidad de humos baja y sin caída de gotas o partículas inflamadas que puedan propagar el fuego) y los suelos de clase $A2_{FL}$-s2 (material incombustible sin contribución en grado menor al fuego y opacidad de humos media).
- La ventilación e iluminación serán suficientes.
- Dispondrá de sumidero de desagüe cuando la cota sea inferior a la de los pasillos o locales colindantes.
- Las paredes en las que se fijarán los contadores tienen como mínimo una resistencia no inferior a la de tabicón de medio pie de ladrillo hueco.
- Las dimensiones del local satisfacen las siguientes condiciones:
  - · Altura mínima ≥ 2,30 m.
  - · Anchura mínima de las paredes ocupadas por los contadores ≥ 1,50 m.
  - · Distancia entre la pared de los contadores al primer obstáculo ≥ 1,10 m.

- La distancia mínima entre los laterales de la concentración de contadores y sus paredes colindantes es de 20 cm.
- La puerta de acceso abrirá hacia el exterior y sus dimensiones mínimas son 70 cm de ancho por 2 m de alto.
- La resistencia al fuego de las paredes y de la puerta de acceso cumplirá lo establecido en el **DB-SI-CTE** (Documento Básico Seguridad en caso de Incendios del Código Técnico de la Edificación) para locales de riesgo especial bajo. Estas se detallan en la Tabla 10.1.

Tabla 10.1. *Condiciones que deben cumplir los locales de riesgo de incendio especial bajo*

Característica	Exigencia
Resistencia al fuego de la estructura portante	R 90
Resistencia al fuego de las paredes y techos que separan el local del resto del edificio	EI 90
Puertas de comunicación con el resto del edificio	EI_2 45-C5
Máximo recorrido hasta alguna salida del local	≤ 25 m

- Tanto en el local como a su entrada se instalará un equipo autónomo de alumbrado de emergencia (mínimo 1 hora y 5 lux).
- Fuera del local y próximo a su entrada se colocará un extintor móvil de eficacia mínima 21B.

10.2 Elementos de una centralización de contadores

Las Centralizaciones de Contadores se estructuran en diferentes unidades funcionales donde se agrupan los distintos elementos de idéntica naturaleza y función. Todas ellas están formadas por componentes que cumplirán las correspondientes normas UNE, además de lo establecido en el REBT. Las Unidades Funcionales se muestran en la Figura 10.1 y se detallan a continuación:

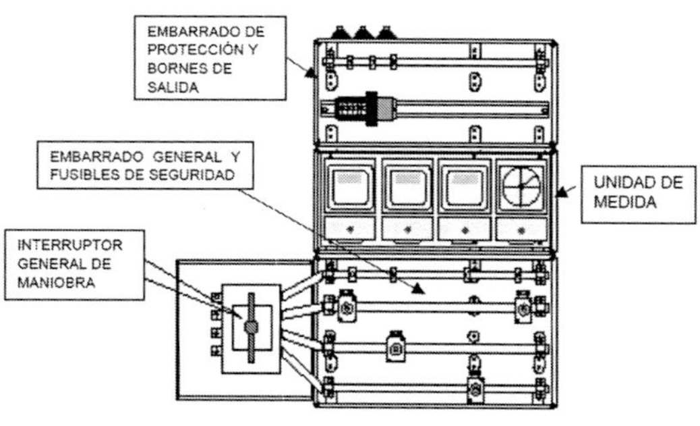

Figura 10.1. *Unidades Funcionales de la centralización de contadores*

- **Unidad Funcional de Interruptor General de Maniobra (IGM):** es el elemento al que se conecta la LGA. Se compone de un interruptor de corte omnipolar que se puede bloquear en posición abierto para evitar un cierre accidental o indebido. Tiene capacidad de corte en carga y su apertura produce la desconexión de toda la centralización de contadores. Su utilidad es fundamental en caso de incendios pues permite desconectar todos los suministros con una sola maniobra; por ello, en el caso de que hubiera que instalar más de un IGM en un edificio, se recomienda que se instalen juntos en la centralización más próxima a la entrada de los bomberos.

  La instalación de esta unidad funcional es obligatoria a partir de dos contadores, constituye un módulo independiente con envolvente de doble aislamiento ya que alberga elementos en tensión, y su intensidad nominal ha de ser como mínimo de 160 A para previsiones de carga hasta 90 kW, y de 250 A hasta 150 kW. La Figura 10.2 muestra la imagen de un IGM.

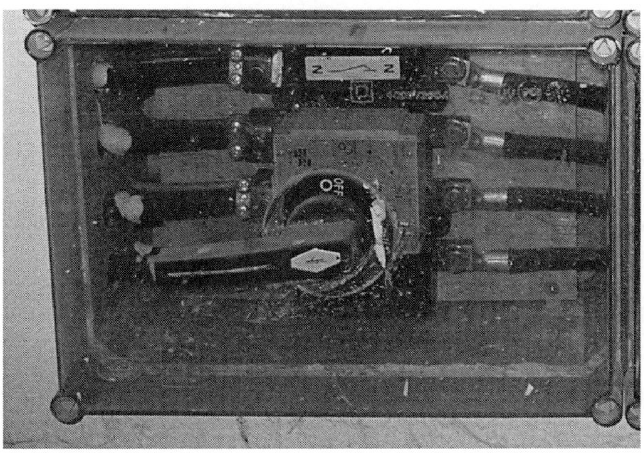

Figura 10.2. *Interruptor General de Maniobra*

- **Unidad Funcional de Embarrado General y Fusibles de Seguridad:** tras pasar a través del IGM, la LGA se conecta a las tres pletinas de cobre de fase y la pletina del neutro de esta unidad funcional, las cuales constituyen el embarrado general de la concentración de contadores. Del embarrado parten las Derivaciones Individuales (DI) a través de unas bornas de salida y pasan por los fusibles de seguridad que las protegen. Los dos elementos de esta unidad funcional deben estar en envolventes aislantes independientes para evitar que se produzca un contacto directo con el embarrado general cuando se están manipulando los fusibles. La Figura 3.10 muestra una imagen de este elemento.

Figura 10.3. *Unidad Funcional de Embarrado General y Fusibles de Seguridad*

- **Unidad Funcional de Medida:** es donde se alojan los contadores, interruptores horarios y/o dispositivos de mando para la medida de energía eléctrica. En esta unidad funcional puede colocarse el reloj para discriminación horaria de la tarifa nocturna siempre y cuando no exista una Unidad Funcional de Mando, caso en el que el interruptor horario se ubica en un módulo independiente. Los contadores se enganchan a unas placas de fijación en tres puntos de sujeción verticales que forman un triángulo isósceles y son desplazables para adaptarse a las dimensiones de cada modelo particular. El número de contadores que pueden instalarse por panel depende de si estos son monofásicos o trifásicos, existiendo en el mercado dos configuraciones típicas mostradas en las Figuras 10.4 y 10.5.

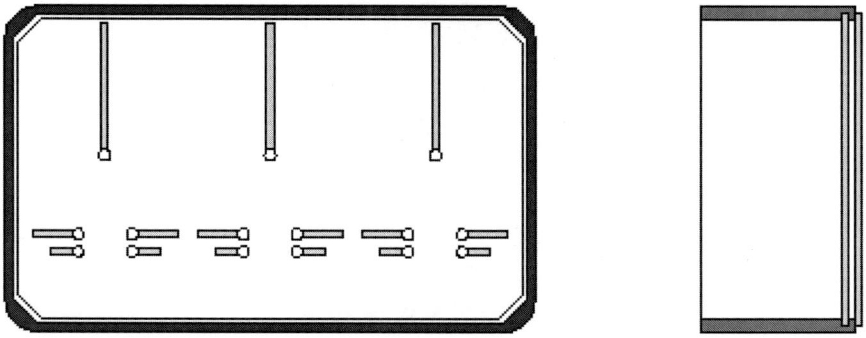

Figura 10.4. Panel para contadores trifásicos

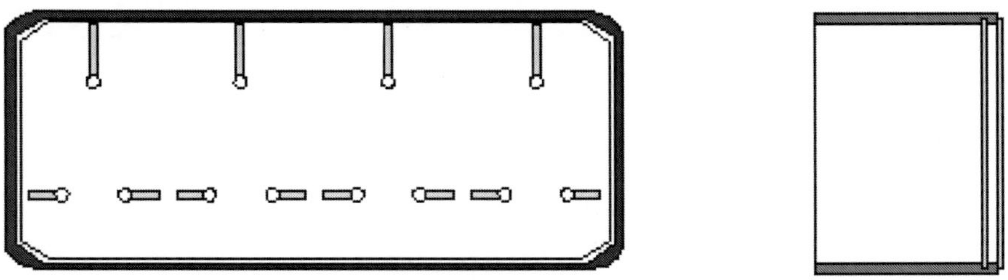

Figura 10.5. Panel para contadores monofásicos

Para elegir los módulos adecuados a cada caso es necesario consultar tanto las normas particulares de la compañía eléctrica que vaya a hacerse cargo del suministro, como aquellas que podría haber establecido la Administración competente de cada comunidad autónoma. El número de paneles que se pueden apilar verticalmente será tal que los contadores instalados en el más alto cumplan que su dispositivo de lectura no esté a más de 1,80 m del suelo. La Figura 10.6 muestra la imagen de un panel para contadores trifásicos con dos contadores.

Figura 10.6. Unidad Funcional de Medida

- **Unidad Funcional de Mando:** es opcional y contiene los dispositivos de mando para el cambio de tarifa de cada suministro. Actualmente vivimos una época de cambios en la forma de facturación de la energía eléctrica, por lo que los elementos que pueden instalarse en esta unidad funcional están sufriendo modificaciones importantes.
- **Unidad Funcional de Embarrado de Protección y Bornes de Salida:** se componen por tantas regletas de bornes como derivaciones individuales partan de la centralización con el correspondiente rail de sujeción, una barra de cobre para la conexión del conductor de protección debidamente señalizado con el símbolo de puesta a tierra y conectado a tierra. Las bornas de conexión de los cables de las derivaciones individuales han de estar debidamente etiquetadas para facilitar la identificación de cada suministro. El modelo de bornas escogido depende de la existencia de instalación de recarga de vehículo eléctrico individual con contador compartido para el consumo de la vivienda y de la recarga (Esquema 2, ver Anexo II), que requerirá preferiblemente un modelo de bornas doble para este caso y uno simple cuando no exista esta instalación o se adopten otros esquemas.
- **Unidad Funcional de Telecomunicaciones:** es opcional y en ella se aloja el equipo de telecomunicaciones y adquisición de datos. Con estos elementos las compañías eléctricas pueden efectuar las lecturas de los consumos de forma remota y en tiempo real.

En el caso de que la instalación del edificio cuente con puntos de recarga para vehículo eléctrico, existe la posibilidad de que los contadores de cabecera y las protecciones iniciales de esta instalación se encuentren en una centralización de contadores independiente (ya sea en armario o local) o en la centralización general del edificio. En cualquier caso, los elementos asociados a ella se repartirán en las siguientes unidades funcionales que dependerán del tipo de esquema escogido o de si el edificio es de nueva construcción y se ha previsto esta instalación desde el comienzo, o si en un edificio existente se han acometido las obras de acondicionamiento para realizarla (Ver ITC-BT-52):

- **Unidad funcional de medida destinada a la medida de la recarga del vehículo eléctrico**. Si en el edificio existen instalaciones individuales para la recarga de vehículo eléctrico con un contador de cabecera para cada instalación, independiente del contador de la vivienda, estos dispositivos se instalarán en esta unidad funcional.
- **Unidad funcional de mando y protección para la recarga del vehículo eléctrico**. En el caso de que exista una estación colectiva troncal para recarga de vehículos eléctricos con contador principal en el origen de la instalación y contadores secundarios en cada punto de recarga, es en la unidad funcional de medida de la centralización de contadores donde usualmente se instalará el dispositivo de medida de cabecera. Las protecciones de cada uno de los circuitos se albergarán en un módulo independiente, el cual constituye esta unidad funcional.
- **Unidad funcional de protección de la línea general de alimentación (SPL) del vehículo eléctrico**. En algunas instalaciones en las que haya previstos puntos de recarga de vehículos eléctricos, puede ser necesario un sistema SPL. Por ejemplo, cuando las instalaciones de recarga de vehículo eléctrico se hacen reformando instalaciones ya existentes, se emplean estos sistemas de regulación y control para evitar sobrecargas que pudieran ocasionar la actuación de los fusibles de la línea general de alimentación. Dichos elementos detectan las intensidades de corriente circulantes hacia los puntos de recarga de vehículos eléctricos en cada momento y actúan en el caso de que se sobrepasen los valores permitidos, desconectando cargas o reduciendo la intensidad por ejemplo. Toda esta electrónica se situaría en la centralización de contadores en una unidad funcional independiente.

Además, las instalaciones para la recarga de vehículos eléctricos deben estar protegidos frente a sobretensiones temporales y transitorias. Los elementos de protección frente al último tipo se deben colocar lo más próximo posibles al origen de la instalación eléctrica del edificio. Por ello, es recomendable colocar un dispositivo de protección frente a sobretensiones de tipo 1 aguas arriba del contador de energía eléctrica que se situará en la caja de protección y medida para suministros individuales o junto al interruptor general de maniobra de la centralización de contadores.

Los módulos prefabricados empleados para las distintas unidades funcionales de la concentración de contadores de un edificio de viviendas se construyen para una capacidad máxima de 250 A en el embarrado general, y para la máxima potencia de las derivaciones individuales. Su modelo y tipo son establecidos por la correspondiente empresa suministradora cuyas normas técnicas han de consultarse, y cumplirán con las correspondientes normas UNE y Recomendaciones UNESA.

Cada LGA debe disponer de sus correspondientes unidades funcionales de Interruptor General de Maniobra, embarrado general y fusibles de seguridad, medida y embarrado de protección y bornes de salida.

10.3 Determinación de la configuración de una centralización de contadores

La configuración de la centralización de contadores condiciona las dimensiones del local o armario que la contenga. Además influye en la longitud tanto de la LGA como de las derivaciones individuales. Por ello, aunque su determinación no es un cálculo eléctrico, debe incluirse en el diseño de la instalación de enlace.

En este punto el técnico se encuentra con varias dificultades. En primer lugar, el REBT no establece ninguna directriz al respecto. Por otro lado, cada compañía eléctrica tiene unos criterios particulares que difieren unos de otros. Además, algunas comunidades autónomas y en virtud de sus competencias emiten normativa propia de instalaciones de enlace. Por si fuera poco, la previsible sustitución de los contadores de inducción por los electrónicos reduce las necesidades de espacio ya que integran en un único dispositivo la medida de energías activa y reactiva y la función de discriminación horaria.

Por ello es difícil llegar a unos criterios generales con validez en todo el país. No obstante, se puede hacer una cierta generalización que permita establecer las necesidades de espacio mínimas:

- Cada vivienda debe tener asociado un hueco monofásico para la instalación de su contador de energía. Además, ya que la ITC-BT-15 estipula que debe preverse un tubo de reserva por cada diez derivaciones individuales o fracción en viviendas o locales para posibles ampliaciones futuras, debería reservarse también un hueco en la centralización de contadores por el mismo concepto. El tipo escogido es monofásico normalmente.

- Cada consumo independiente también requiere un hueco en la unidad funcional de medida. Son ejemplo de estos cada local comercial, oficina, etc. y los garajes. En el caso de locales comerciales, el tipo escogido varía si el consumo se considera monofásico o trifásico. Para los garajes, el tipo a escoger depende de si hay o no cargas trifásicas (por ejemplo, ventiladores para el caso de ventilación forzada).
- Resulta interesante recordar que el REBT establece que en locales que no tengan definida su partición, se debe instalar como mínimo un tubo de reserva por cada 50 m^2 de superficie. Por ello, también debería preverse un hueco para el contador asociado a cada uno de estos tubos.
- Los servicios generales suelen tener sus equipos de medida instalados en un módulo específico independiente con 3 huecos, situado normalmente sobre el IGM. Obedece a que de acuerdo con algunas reglamentaciones, estos dispositivos no deben desconectarse cuando lo hace el IGM. De esta forma, en caso de incendio, puede aislarse de la red eléctrica todo el edificio a excepción de los servicios generales, tan útiles en la evacuación. El tipo escogido debe ser trifásico.
- Cuando la demanda de potencia sea tal que se excedan los 63 A, además deben preverse dos huecos adicionales para la instalación de transformadores de intensidad y regletas de medida.
- Conviene prever huecos adicionales para posibles ampliaciones.
- Se debe instalar al menos un módulo de reserva para alojar un contador y los dispositivos de protección contra sobreintensidades correspondientes para el contador principal de una instalación de recarga de vehículo eléctrico o todas los que hicieran falta en función del esquema escogido.
- Es recomendable reservar espacio en la centralización de contadores para que las empresas distribuidoras de energía puedan instalar filtros PLC cuyo objeto es eliminar o reducir tanto las radiaciones como las interferencias debidas especialmente a los contadores electrónicos, mejorando con ello las comunicaciones y reduciendo las lecturas erróneas. Los actuales contadores electrónicos se valen de la propia red eléctrica para superponer ondas de frecuencias distintas a los 50 Hz de la señal eléctrica para transmitir datos, estrategia denominada Comunicaciones por línea eléctrica (del inglés PLC, Power Line Communications), lo que ocasiona mucho ruido electromagnético. Por ello, los filtros

PLC deben operar en el rango de frecuencias adecuado para garantizar tanto la correcta telegestión de las medidas de consumo eléctrico como para posibilitar la instalación de sistemas de protección de la línea general de alimentación o SPL asociados a algunas infraestructuras de recarga de vehículo eléctrico.

El procedimiento de diseño del sistema modular de la centralización de contadores se puede resumir en los siguientes pasos:

- Partiendo de los suministros que abastece cada LGA, se determina el número de huecos para contadores de medida monofásicos y/o trifásicos de la energía eléctrica necesarios aplicando los criterios enumerados anteriormente.
- Se escogen los modelos de los módulos para determinar cuántos huecos hay por módulo y qué dimensiones tienen.
- Se determina el número de módulos de la unidad de medida totales. Así mismo, cómo se apilan y cuántas columnas de unidades de medida deben disponerse. Cuando por el número de módulos necesarios alguna de las columnas quedase incompleta, se completará hasta que alcance la altura de las restantes para conseguir una disposición simétrica de todas las columnas. Este criterio obedece a facilidades de instalación (fijación a pared o hueco de obra) y no complicar en exceso la continuidad de la pletina de tierras.
- Se calculan el número de unidades funcionales de embarrado general y fusibles de seguridad, embarrado de protección y bornes de salida, así como otras unidades o módulos independientes precisos para abastecer todas las necesidades del edificio.
- Se determina la configuración geométrica de los módulos prefabricados que constituyen la centralización de contadores de cada LGA, teniendo en cuenta las dimensiones de cada uno de ellos.
- Se comprueba que las disposiciones geométricas adoptadas como solución caben dentro del local reservado para este fin y cumplen con todas las prescripciones del REBT y las normas particulares de la compañía suministradora de energía que vaya a hacerse cargo del suministro.

10.4 Cableado de la centralización de contadores

La Tabla 10.2 resume las características que deben cumplir los cables empleados para la conexión de los distintos elementos que componen la centralización de contadores.

Tabla 10.2. Características de los cables utilizados en la centralización de contadores

Sección mínima	Tensión asignada	Conductores	Aislamientos	Colores
REBT: 6 mm^2	400/750 V	• Cobre. • Clase 2	• Seco, extruido, a base de mezclas termoestables o termoplásticas. • No propagadores de incendio, con opacidad y emisión de humos reducida.	**N:** azul **HM:** rojo **F:** marrón, gris y/o negro **CP:** amarillo y verde

N → Neutro.

HM → Hilo de Mando. Este conductor cuya finalidad es la de transmitir la señal de mando para el cambio de tarifas, con los contadores electrónicos no es necesario puesto que estos dispositivos permiten la aplicación de diferentes tarifas sin necesidad de un cable transmisor. Por ello, se ha suprimido la obligatoriedad de instalarlo cuando se empleen contadores inteligentes que incluyan telegestión. No obstante, si la instalación cuenta con puntos de recarga de vehículo eléctrico individuales según esquema 2 de la ITC-BT-52, este hilo de mando puede ser necesario para realizar la función de rearme desde la vivienda en el caso de que se haya producido un corte de suministro por superar instantáneamente la potencia contratada.

F → Fases.

CP → Conductor de protección.

10.5 Aspectos relativos a los contadores como elementos de medida en la facturación a tarifas

El **Real Decreto 1955/2000** por el que se regulan *las actividades de transporte, distribución, comercialización, suministro y procedimientos de autorización de instalaciones de energía eléctrica* establece una serie de procedimientos y condiciones relativas al suministro a tarifa que, si bien no afectan al diseño del proyecto de la instalación eléctrica de un edificio de viviendas, conviene conocerlos por estar relacionados con el tema. En este apartado se hace mención de los aspectos más relevantes, aunque se recomienda su lectura completa.

En el Capítulo I (*Contratos de Suministro a tarifa y de acceso a las redes. Suspensión del suministro. Equipos de medida*) del Título VI (*Suministro*) establece que:

- El suministro de energía eléctrica podrá realizarse:
    - Mediante contratos de suministro a tarifa.
    - Mediante la libre contratación de la energía y el correspondiente contrato de acceso a redes.
- El consumidor tendrá derecho a elegir la tarifa que estime conveniente entre las oficialmente aprobadas teniendo en cuenta las tensiones de las redes disponibles en la zona, así como la potencia que desea contratar entre las resultantes de aplicar las intensidades normalizadas para los aparatos de control que se vayan a emplear.
- Podrán suscribir contratos de suministro a tarifa con las empresas distribuidoras todos aquellos consumidores que no tengan la condición de cualificados o que teniéndola no ejerzan dicha condición de acuerdo con la normativa vigente. (**Consumidor Cualificado:** consumidores de energía eléctrica cuyas características de consumo por instalación o por punto de suministro sean iguales o superiores a las que se establezcan por el gobierno).
- La facturación del suministro a tarifa y del acceso a las redes se efectuará por la empresa distribuidora mensual o bimestralmente de acuerdo con la lectura de los equipos de medida instalados al efecto.
- Se podrá facturar en función de los promedios históricos del año anterior con una regularización semestral basada en lecturas reales.

- A petición del consumidor a tarifa y con cargo al mismo, se podrán instalar equipos de medida de funcionamiento por monedas, tarjetas u otros sistemas de autocontrol, que se acomodarán a la estructura tarifaria vigente. Los equipos empleados deberán ser de modelo aprobado o tener autorizado su uso.
- La empresa distribuidora podrá controlar que la potencia realmente demandada por el consumidor no exceda de la contratada mediante un interruptor de control de potencia (ICP), maxímetros u otros aparatos de corte automático.
- Para la contratación del suministro eléctrico, el consumidor deberá contar con instalaciones adecuadas para la colocación de los equipos de medida y control.
- Los equipos de medida de energía eléctrica podrán ser facilitados por el consumidor o ser alquilados a las empresas distribuidoras, siempre que dispongan de autorización de modelo o pertenezcan a un tipo autorizado y hayan sido verificados según normativa de aplicación.
- Los transformadores de medida, salvo pacto en contrario, serán propiedad del consumidor.
- Se precintarán los equipos que solo podrán ser alterados o manipulados por la empresa distribuidora.
- El consumidor será responsable de los equipos de medida y control y su propietario lo será de su mantenimiento.

11 Derivaciones individuales

11.1 Definición y características

Según la ITC-BT-15 una Derivación Individual (DI):

> *Es la parte de la instalación que, partiendo de la línea general de alimentación, suministra energía eléctrica a una instalación de usuario.*

Por tanto, se inicia en el embarrado general de la centralización de contadores y es mucho más que los conductores de alimentación a los distintos consumos del edificio ya que también comprende:

- Los fusibles de seguridad que protegen al conductor y a los equipos de medida frente a sobrecargas y cortocircuitos. Se emplean fusibles cilíndricos o noezed tipo gG y se conectan a cada una de las fases. El neutro no debe estar protegido aunque para facilitar la desconexión de todos los conductores dispone de una base portafusibles de color azul colocada a la izquierda de las bases blancas destinadas a los cables polares. Para mantener la continuidad eléctrica, en la base portafusible del neutro se coloca un cilindro hueco de material conductor y del mismo tamaño que los fusibles (Figura 11.1).

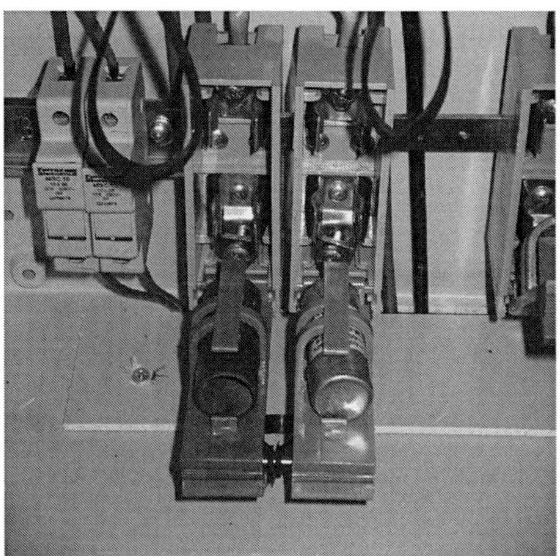

Figura 11.1. *Detalle de los fusibles de una DI monofásica. A la izquierda se observa el elemento que da continuidad al neutro y a la derecha el fusible que protege la fase*

- El conjunto de medida formado por uno o dos contadores de energía y, en su caso, un reloj de discriminación horaria cuando los dispositivos sean analógicos, o un solo aparato de media en el caso de utilizar contadores inteligentes con telegestión, que es la situación predominante en la actualidad. Estos elementos son necesarios para la facturación de los consumos.
- Los dispositivos generales de mando y protección ubicados en el cuadro general de cada usuario, integrados por al menos un interruptor general automático de corte omnipolar y un interruptor diferencial general.

La Figura 11.2 representa los elementos que forman parte de una derivación individual:

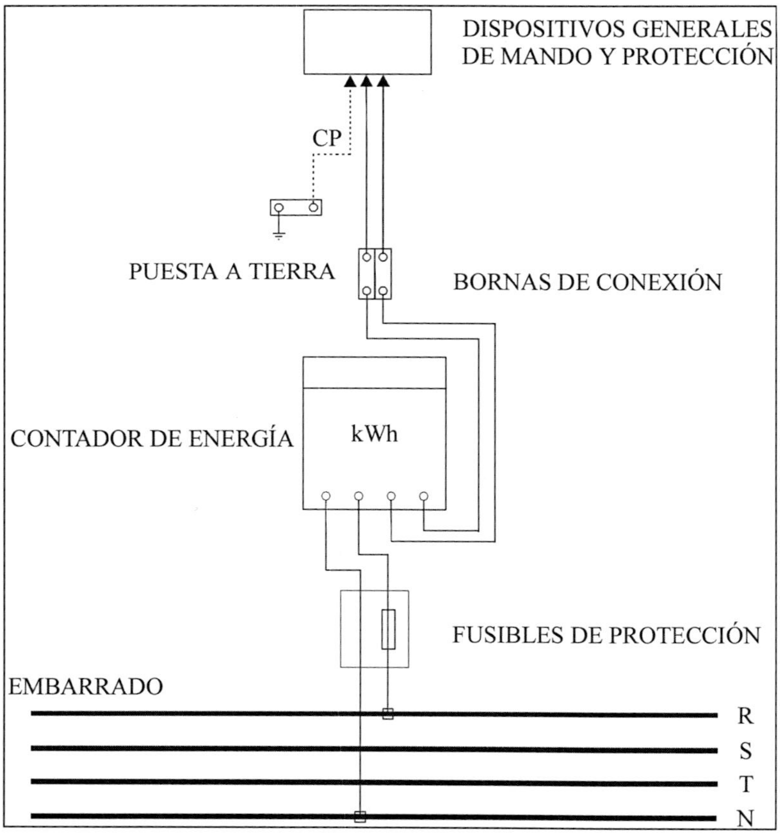

Figura 11.2. *Componentes de las derivaciones individuales*

Los sistemas de instalación contemplados en el REBT para este elemento son:

- Conductores aislados en el interior de tubos empotrados.
- Conductores aislados en el interior de tubos enterrados.
- Conductores aislados en el interior de tubos en montaje superficial.
- Conductores aislados en el interior de canales protectoras cuya tapa solo se pueda abrir con la ayuda de un útil.
- Canalizaciones eléctricas prefabricadas según norma UNE-EN 61.439.
- Conductores aislados en el interior de conductos cerrados de obra de fábrica, proyectados y construidos al efecto.

11.2 Trazado e Instalación

Cada derivación individual es independiente de la de otros usuarios e incluye los conductores activos, el conductor neutro, el hilo de mando para el cambio de tarifa y el conductor de protección.

Las condiciones de instalación que debe cumplir son:

- El trazado ha de ser lo más corto posible.
- Los conductores no deben tener empalmes ni cambios de sección. Se exceptúa en el cableado de la centralización de contadores y del cuadro general de protección. Tanto los dispositivos de medida de la energía como los elementos de protección tienen un límite de sección máxima del conductor que puede conectarse a ellos, normalmente en torno a 35 mm^2. Cuando por razones de cumplimiento de las exigencias de caída de tensión deba emplearse un conductor que supere este valor, se admite que en la conexión de estos dispositivos la sección sea inferior a la del resto de la derivación individual, siempre y cuando sea suficiente para admitir la intensidad prevista en el circuito.
- Los elementos que alberguen a los cables deben cumplir:

  · **Tubos:** sus dimensiones dependen de la sección pero en cualquier caso su diámetro exterior mínimo es de 32 mm y debe permitir la ampliación de las secciones del cable inicialmente instalado en un 100 %. En cuanto al número de tubos que se deben instalar, además del correspondiente a cada derivación individual, hay que añadir uno de reserva por cada 10 derivaciones o fracción. Para el caso de locales comerciales sin partición definida, como mínimo se instala un tubo por cada 50 m^2 de superficie. En cualquier caso, las uniones de los tubos son roscadas o embutidas y se ejecutan de forma que no puedan separarse los extremos.

- **Otras Canalizaciones:** sus dimensiones tienen que ser tales que permitan la ampliación de las secciones de los conductores inicialmente instalados en un 100 %. Si dos derivaciones individuales tienen el mismo trazado, se admite que compartan el mismo canal protector siempre que se utilicen cables con cubierta (multipolares) para que estas queden debidamente separadas.

- Discurren por zonas de uso común, pues se trata de un elemento que está sujeto a unas operaciones de mantenimiento e inspección periódicas y debe facilitarse la intervención al personal responsable. En caso de no ser posible, se tienden en propiedad particular pero se establecen las correspondientes servidumbres de paso, es decir, existe la obligación legal de permitir el acceso a la instalación a los técnicos encargados del mantenimiento.
- En los tramos verticales, las derivaciones individuales se alojan en el interior de un conducto o canaladura de obra de fábrica que puede estar empotrado o adosado a zonas de uso común o al hueco de la escalera siempre que no sea una escalera protegida (Consultar Anexo de Protección Contra Incendios). Las paredes de la canaladura han de tener una resistencia al fuego mínima EI 120 y al menos cada tres plantas se instalan barreras cortafuegos. Además, no debe presentar curvas, cambios de dirección ni de dimensiones en su trazado. Para facilitar los trabajos de inspección e instalación, las canaladuras también deben dotarse como mínimo cada tres plantas de tapas de registro con EI 30 y dimensiones mínimas 0,30 m de alto y anchura igual a la del conducto, quedando su parte superior al menos a 0,20 m del techo.

Las dimensiones mínimas de la canaladura dependen del número de derivaciones individuales que alberguen y se reflejan en la Tabla 11.1:

Tabla 11.1. Dimensiones mínimas de la canaladura de las derivaciones individuales

Número de derivaciones	Dimensiones (m)	
	Anchura l (m)	
	Profundidad P = 0,15 m una fila	Profundidad P = 0,30 m dos filas
Hasta 12	0,65	0,50
13 - 24	1,25	0,65
25 - 36	1,85	0,95
37 - 48	2,45	1,35

- Es posible colocar cajas de registro precintables con tapas aislantes y no propagadoras de la llama, comunes a todos los tubos de las derivaciones individuales cada 15 m; su objeto es facilitar la instalación y el tendido de los conductores, por lo que en su interior no se realizan empalmes.

Ejemplo 11.1

Determina las dimensiones mínimas de la canaladura con tubos dispuestos en una fila y el número de tubos necesario para alojar las derivaciones individuales de las 32 viviendas de un edificio y un local comercial de 120 m^2.

Solución:

Número de tubos

Habrá que instalar tantos tubos como viviendas, uno por el local comercial pues aunque tiene 120 m^2 su partición está definida, más los tubos de reserva que el REBT establece la obligación de instalar. Se estiman como 1 por cada 10 derivaciones o fracción, así que en este caso serán necesarios 4 tubos de reserva.

$$\text{N.º Tubos} = 32 + 1 + 4 = 37$$

Dimensiones de la Canaladura

Se consulta en la Tabla 11.1 en la fila correspondiente a de 36 a 48 derivaciones individuales. De ahí se deduce que la canaladura tendrá como mínimo una profundidad de 0,15 m y una anchura de 2,45 m. Los tubos se dispondrán en su interior en una sola fila y no podrán instalarse otros servicios como conducciones de gas, agua, telecomunicaciones, etc.

11.3 Tipos de cables empleados en las DI

La Tabla 11.2 sintetiza las condiciones que según el REBT deben cumplir los cables de las derivaciones individuales.

Tabla 11.2. *Resumen de las prescripciones reglamentarias de los cables de las DI*

Cables para derivaciones individuales	
Composición	Monofásico: F + N + CP + HM Trifásico: 3F + N + CP + HM
Tipo	Unipolares Tripolares
Conductor	Cobre Aluminio (solo en circunstancias singulares)
Código colores	Fases: marrón, gris y/o negro Neutro: azul Hilo de mando: rojo Conductor de protección: amarillo y verde
Tensión aislamiento	Unipolares: 450/750 V Multipolares o enterrados: 0,6/1 kV
Sección mínima	Polares, neutro y CP: 6 mm^2 Hilo de mando: 1,5 mm^2
Protección contra incendios	No propagadores de incendio y con emisión de humos y opacidad reducida alojados en conductos no propagadores de la llama

El hilo de mando figuraba como obligatorio en el REBT-2002 con la finalidad de canalizar la señal de mando que permitía el cambio de tarifa en el caso de discriminación horaria. No obstante, cuando el origen de la derivación individual se produce en un contador inteligente, este conductor ya no es necesario porque el propio dispositivo realiza esos cambios automáticamente. La normativa actualizada suprime esa obligatoriedad en este supuesto, que es la circunstancia más usual hoy día.

La Tabla 11.3., extraída de la GUIA-BT-15, resume las características de los conductores y conductos, así como su designación, empleados en la ejecución de las DI.

Tabla 11.3. *Cables y canalizaciones de las DI*

Sistema de Instalación	Sistema de Canalización (calidad mínima)		Cable	
Superficial	Tubo 4321 no propagador de la llama	Compresión fuerte (4) Impacto Media (3) Propiedades eléctricas: Aislante/continuidad eléctrica. UNE-EN 61386-21	ES07Z1-K (C_{ca} - s1b, d1, a1)	Unipolar, aislado, de tensión asignada 450/750 V con conductor de cobre Clase 5 (-K) y aislamiento de compuesto termoplástico a base de poliolefina (Z1) UNE 211 002
	Canal no propagadora de la llama	Impacto Media No propagadora de la llama. Propiedades eléctricas: Aislante/continuidad eléctrica. Solamente se abre con herramientas, mínimo IP2X UNE-EN 50085	RZ1-K (C_{ca} - s1b, d1, a1)	Cable de tensión asignada 0,6/1 kV con conductor de cobre Clase 5 (-K), aislamiento de polietileno reticulado (R) y cubierta de compuesto termoplástico a base de poliolefina (Z1) UNE 21 123-4
Empotrado	Tubo 2221: No propagador de la llama	Compresión Ligera (2), Impacto Ligera (2). UNE-EN 61386-22		Cable de tensión asignada 0,6/1 kV con conductor de cobre Clase 5 (-K), aislamiento de etileno propileno (D) y cubierta de compuesto termoplástico a base de poliolefina (Z1) UNE 21.123-5
	Canal no propagadora de la llama	Impacto Media, No propagadora de la llama. Que solo puede abrirse con herramientas- IP2X mínimo. UNE-EN 50085	DZ1- K (C_{ca} - s1b, d1, a1)	
Enterrado	Tubo: (Propiedades de propagación de la llama no declaradas)	Compresión 250/450N (hormigón / suelo ligero) Impacto Ligera / Normal. UNE-EN 61386-24	RZ1-K (C_{ca} - s1b, d1, a1) DZ1-K (C_{ca} - s1b, d1, a1)	Tipos ya descritos siempre multiconductores

<table>
<tr><th>Sistema de Instalación</th><th colspan="2">Sistema de Canalización (calidad mínima)</th><th colspan="2">Cable</th></tr>
<tr><td rowspan="4">Canal de Obra</td><td>Tubo 2221: No propagador de la llama</td><td>Compresión Ligera (2)
Impacto Ligera (2)
UNE-EN 61386-22</td><td rowspan="2">ES07Z1-K (C_{ca} - s1b, d1, a1)
RZ1-K (C_{ca} - s1b, d1, a1)
DZ1-K (C_{ca} - s1b, d1, a1)</td><td rowspan="2">Tipos ya descritos</td></tr>
<tr><td>Canal no propagadora de la llama</td><td>Impacto Media, No propagadora de la llama. Que solo puede abrirse con herramientas- IP2X mínimo.
UNE-EN 50085</td></tr>
<tr><td>Bandejas y bandejas de escalera</td><td>UNE-EN 61537</td><td rowspan="2">RZ1-K (C_{ca} - s1b, d1, a1)
DZ1-K (C_{ca} - s1b, d1, a1)</td><td rowspan="2">Tipos ya descritos siempre multiconductores</td></tr>
<tr><td colspan="2">Cables instalados directamente en su interior</td></tr>
</table>

11.4 Cálculo de las DI

11.4.1 Cálculo de los conductores de fase

Al igual que en el caso de la LGA, la sección de las derivaciones individuales se realiza aplicando los criterios de intensidad máxima admisible y caída de tensión permitida. Cada uno de ellos da como resultado una sección mínima que los satisface. La sección mínima de la DI será la menor de las dos secciones obtenidas, considerando que la sección mínima reglamentaria es de 6 mm^2.

Las condiciones particulares de cálculo son:

- **Por intensidad admisible.** La máxima intensidad admisible de cada sección de conductor se puede obtener consultando la norma UNE-HD 60.364-5-52[1*]. Para condiciones de instalación estándar, es decir, con temperatura ambiente de 40 °C y un solo conductor multipolar o un sistema de cables unipolares, puede emplearse la Tabla 4.19 extraída de dicha norma.

1 * En la ITC-BT-19 aparece una tabla de intensidades máximas admisibles para diferentes cables con conductores de de cobre y distintas formas de instalación, valores que están extraídos de la UNE 20.460-5-523 que estaba vigente en el momento de publicación del REBT, es decir, en el 2002. Sin embargo, no todos ellos son válidos ya que posteriormente a la publicación del REBT, concretamente en el año 2004, la norma UNE sufrió una revisión y algunos de los valores fueron modificados. Posteriormente, en el año 2014, dicha norma UNE fue anulada por la UNE-HD 60.364-5-52 y es la que debe usarse en la actualidad para el cálculo de secciones por intensidad admisible.

La intensidad de trabajo empleada para escoger la sección adecuada de una derivación individual depende de la demanda de potencia prevista, que debe satisfacer los mínimos establecidos en la ITC-BT-10 del REBT. Estos valores pueden estar directamente asociados a una intensidad determinada (es el caso de las viviendas), o ser el resultado de un cálculo que depende de la superficie del lugar a abastecer. En cualquier caso, como las derivaciones individuales contienen los dispositivos generales de mando y protección, la máxima intensidad que circulará por sus conductores coincidirá con la intensidad nominal del interruptor automático o magnetotérmico general, valor que se tomará como intensidad de trabajo. En consecuencia, el cálculo de la sección de la derivación individual es posterior a la elección del interruptor general.

Sin embargo, conviene prever futuras ampliaciones de potencia que pudieran producirse tomando en ese caso una intensidad de trabajo mayor.

En el caso de viviendas, se tiene en cuenta los niveles de electrificación definidos en el REBT. La Tabla 11.4 los muestra.

Tabla 11.4. *Potencias de los distintos niveles de electrificación en viviendas*

Nivel de electrificación	Intensidad Nominal IGA	Potencia
Básico	25 A	5750 W
	32 A	7360 W
Elevado	40 A	9200 W
	50 A	11500 W
	63 A	14490 W

Para el resto de suministros se tienen presentes las siguientes cuestiones:

- Las empresas eléctricas no tienen obligación de proporcionar suministros monofásicos cuando la potencia es superior a 14490 W a 230 V, es decir, la máxima intensidad nominal de un interruptor general monofásico es de 63 A.
- Las intensidades nominales de los magnetotérmicos comerciales más empleados son: 10, 16, 20, 25, 32, 40, 50, 63, 80, 100, 125 A.

- **Por caída de tensión.** Al igual que con la LGA, la caída de tensión admisible en este elemento es función del número de centralizaciones de contadores:

  · 1 % con una sola centralización.

  · 0,5 % cuando existan centralizaciones parciales.

  · 1,5 % en instalaciones de un solo usuario.

  De acuerdo con la ITC-BT-25, estos porcentajes de caída de tensión pueden compensarse con los establecidos para las instalaciones interiores, siempre y cuando la suma de los dos valores sea inferior al límite especificado para ambas.

Ejemplo 11.1

La derivación individual de una vivienda de electrificación elevada de potencia 11500 W a 230 V tiene una longitud de 26 m. Se ejecuta con conductores unipolares de cobre con aislamiento de polietileno reticulado en instalación bajo tubo empotrado en obra. Si en el edificio existe una centralización de contadores, determina la sección mínima de esa DI.

Solución:

Sección por intensidad admisible:

La intensidad de trabajo para el cálculo de esta sección es de 50 A, por ser este el valor de la intensidad nominal del magnetotérmico general correspondiente a esa potencia (véase Tabla 11.4). Con ello se consulta la Tabla 4.22, columna 8b (sistema de instalación B1, conductores monofásicos unipolares XLPE2) y la mínima sección capaz de soportar 50 A es 10 mm^2 (I_z = 57 A).

Sección por CDT:

Se aplica la fórmula de la sección por caída de tensión para suministros monofásicos teniendo en cuenta que como la centralización de contadores es única, la cdt admisible es del 1 %, y que al tratarse de un conductor aislado con polietileno reticulado se debe tomar una resistividad de 0,023 $\Omega \cdot mm^2/m$:

$$S = \frac{2 \cdot P \cdot L \cdot \rho_\theta}{e \cdot U} = \frac{2 \cdot 11500 \cdot 26 \cdot 0{,}023}{2{,}3 \cdot 230} = 26\, mm^2$$

Redondeando a la sección normalizada superior se obtiene que la sección por cdt es 35 mm².

El cálculo de sección por cdt es conservador, es decir, supone que la temperatura de trabajo es la máxima admisible para el tipo de aislamiento. Sin embargo, esta temperatura únicamente se alcanza cuando por el conductor circula la máxima corriente admisible. Como el valor de sección obtenido por intensidad admisible es bastante inferior al obtenido por caída de tensión, la temperatura a la que trabajará realmente estará por debajo de la máxima. Dado que la sección obtenida por cdt sobrepasa ligeramente el valor de sección normalizada anterior, se plantea un cálculo iterativo para ver si sería válida la sección de 25 mm².

Cálculo de la temperatura real

Como el material aislante es termoestable, la máxima temperatura que puede alcanzar es 90 °C (T_{max}=90). Por otro lado, siendo el sistema de instalación bajo tubo empotrado la temperatura ambiente a considerar es de 40 °C (T_0=40). Con ello, la temperatura que alcanza la sección de 25 mm² (I_z = 100 A) al ser atravesada por una intensidad de 50 A, es:

$$T_R = \left(\frac{I}{I_{max}}\right)^2 \cdot \left(T_{max} - T_0\right) + T_0 = \left(\frac{50}{100}\right)^2 \cdot (90 - 40) + 40 = 52{,}5\ ^{\circ}C$$

Cálculo de la conductividad a la temperatura real:

$$\rho_{Tr} = \rho_{20^{\circ}} \cdot (1 + \alpha \cdot \Delta T) = 0{,}018 \cdot \left(1 + 0{,}00392 \cdot (52{,}5 - 20)\right) = 0{,}0203\,\Omega \cdot mm^2/m$$

Cálculo de la sección con la conductividad a la temperatura real:

$$S = \frac{2 \cdot P \cdot L \cdot \rho_{\theta}}{e \cdot U} = \frac{2 \cdot 11500 \cdot 26 \cdot 0{,}0203}{2{,}3 \cdot 230} = 22{,}9\,mm^2$$

Con este cálculo exacto se obtiene que la sección normalizada de 25 mm² es la mínima que cumple con el requisito de caída de tensión.

Sección resultante

Se toma el mayor de los valores de los obtenidos por los dos criterios, es decir, la sección de esta derivación individual es 25 mm².

11.4.2 Cálculo del conductor neutro

La sección del conductor neutro dependerá de si la derivación individual es monofásica o trifásica, ya que su función es diferente.

- **Suministros monofásicos:** en este caso el conductor neutro actúa como conductor polar, por lo que su sección debe ser igual que la sección de fase. Para que el neutro recupere su función de absorber los desequilibrios y teniendo en cuenta que la alimentación al edificio suele ser trifásica, tal y como se indica en la ITC-BT-19, la instalación global debe ejecutarse de forma que se mantenga el mayor equilibrio posible en la carga de los conductores de fase.
- **Suministros trifásicos:** la función del hilo neutro es absorber los desequilibrios de corriente producidos entre las distintas fases, así como las corrientes armónicas que pudieran producirse por la presencia de cargas no lineales en la instalación. Como ambas componentes son difíciles de evaluar, de acuerdo con lo estipulado en la ITC-BT-19, la sección del conductor neutro es igual a la de fase salvo que se pueda justificar que las corrientes que circularán a través de él serán despreciables.

En definitiva, independientemente del tipo de suministro, la sección del neutro se tomará igual a la de los conductores polares.

11.4.3 Cálculo del conductor de protección

Para determinar la sección del conductor de protección se tiene en cuenta lo establecido en la ITC-BT-19 del REBT. Cuando el conductor de protección es del mismo material que los conductores polares, su sección es función de la de las secciones de los conductores de fase y se obtiene a partir de la Tabla 11.5.

Tabla 11.5. *Sección del conductor de protección*

Sección de los conductores de fase (S) mm^2	Sección del conductor de protección (S_{cp}) mm^2
$S \leq 16$	$S_{cp} = S$
$16 < S \leq 35$	$S_{cp} = 16$
$S > 35$	$S_{cp} = S/2$

11.4.4 Cálculo de los conductos

Las dimensiones de los conductos que alojan los conductores de las derivaciones individuales dependen del número y tipo de cables, su sección y la forma de instalación. Las dimensiones mínimas que permiten la ampliación del 100 % de la sección se obtienen consultando las siguientes tablas:

Suministros monofásicos

La Tabla 11.6 expone el diámetro de los tubos y la sección eficaz mínima de las canales protectoras en función de la sección del conductor para suministros monofásicos.

Tabla 11.6. Conductos para DI monofásicas

Sección Nominal del conductor mm^2	Sección eficaz mínima de las canales protectoras (mm^2)			Diámetro exterior de los tubos (mm)							
				Montaje superficial			Empotrado			Enterrado	
	ES07Z1-K	RZ1-K		ES07Z1-K	RZ1-K		ES07Z1-K	RZ1-K		RZ1-K	
	3U	3U	1T*	3U	3U	1T	3U	3U	1T	3U	1T
6	236	560	618	32	32	32	32	40	40	40	40
10	388	744	789	32	40	40	32	40	40	50	50
16	551	975	1179	40	40	50	40	50	50	50	63
25	874	1283	1558	50	50	50	50	50	63	63	63
35	1150	1581	2005	63	50	63	50	63	63	63	75

* Para este sistema particular de instalación, por coincidencia en su trazado se pueden colocar varias derivaciones individuales en el interior del mismo canal protector, en cuyo caso se multiplica la sección eficaz por el número de derivaciones individuales.

Suministros trifásicos

La Tabla 11.7 expone el diámetro de los tubos y la sección eficaz mínima de las canales protectoras en función de la sección del conductor para suministros trifásicos:

Tabla 11.7. Conductos para DI trifásicas

Sección Nominal del conductor mm^2	Sección eficaz mínima de las canales protectoras (mm^2)			Diámetro exterior de los tubos (mm)							
				Montaje superficial			Empotrado			Enterrado	
	ES07Z1-K	RZ1-K		ES07Z1-K	RZ1-K		ES07Z1-K	RZ1-K		RZ1-K	
	5U	5U	1P*	5U	5U	1P	5U	5U	1P	5U	1P
6	393	933	865	32	40	40	32	50	40	50	50
10	647	1240	1128	40	50	50	40	50	50	63	63
16	919	1625	1695	50	63	63	50	63	63	63	63
25	1457	2139	2304	63	63	75	63	63	75	75	90
35	1916	2635	3007	63	75		75	75	75	90	90
50	2705	3478	4211	75						110	110
70	3584	4724								125	
95	4637	5639								125	
120		7272								140	
185		9275								160	
150		10893								180	
240		13514								200	

* Para este sistema particular de instalación, por coincidencia en su trazado se pueden colocar varias derivaciones individuales en el interior del mismo canal protector, en cuyo caso se multiplica la sección eficaz por el número de derivaciones individuales.

Ejemplo 11.2

Una derivación individual trifásica se inicia en la centralización de contadores de un edificio y acaba en el cuadro general de un local comercial cuyo interruptor general tiene una intensidad nominal de 63 A. La longitud total de la derivación individual es de 24 m y se ejecuta con conductores unipolares de cobre con aislamiento de XLPE. Determina las secciones de los conductores de fase, neutro, conductor de protección e hilo de mando de la derivación individual, así como las dimensiones de la canalización si el sistema empleado es de tubo empotrado en obra.

Solución:

Sección de los conductores de fase

Por intensidad admisible:

La intensidad de trabajo para el cálculo de esta sección es de 63 A, por ser este el valor de la intensidad nominal del interruptor general de esa derivación individual. Con ello se consulta la Tabla 4.22, columna 8b (sistema de instalación B1, conductores monofásicos unipolares XLPE2) y la mínima sección capaz de soportar esa corriente es 16 mm² (I_z = 77 A).

Por caída de tensión:

Se emplea la fórmula de la sección por caída de tensión para suministros trifásicos considerando que la centralización de contadores es única y, por tanto, la cdt admisible es del 1 %.

$$S = \frac{P \cdot L \cdot \rho_\theta}{e \cdot U} = \frac{\sqrt{3} \cdot 400 \cdot 63 \cdot 24 \cdot 0{,}023}{4 \cdot 400} = 15{,}06\,\text{mm}^2$$

Redondeando a la sección normalizada superior se obtiene que la sección por cdt es 16 mm². Como coincide con la sección obtenida por el criterio de intensidad admisible, la sección de los conductores de fase es:

$$S = 16\ \text{mm}^2$$

Sección del neutro

La sección del neutro se toma igual a la de fase ya que no puede justificarse la inexistencia ni de armónicos ni de desequilibrios, es decir:

$$S_N = S = 16\ \text{mm}^2$$

Sección del conductor de protección

Para deducir su valor se recurre a la Tabla 11.5, que es:

$$S_{CP} = 16\ \text{mm}^2$$

Sección del hilo de mando

Este conductor tiene una sección de valor único independientemente de las secciones del resto de los componentes de la DI, que es:

$$S_{HM} = 1,5 \text{ mm}^2$$

Diámetro del tubo

El cable de esta DI es asimilable al RZ1-K (C_{ca}-s1b,d1,a1). De la Tabla 11.7 considerando que son 5 cables unipolares y el sistema de instalación es tubo empotrado, el diámetro exterior del tubo es:

$$D = 63 \text{ mm}$$

---

12 Instalaciones interiores

12.1 Número de circuitos

Aunque existe una gran diversidad de viviendas tanto por su distribución como por su dimensión, hay una serie de electrodomésticos que ineludiblemente se repiten en todas ellas como es el frigorífico, la lavadora, etc. Por otro lado, normalmente quien encarga la instalación eléctrica, el promotor de la obra, no es su usuario final por lo que no puede prever las necesidades reales de quienes finalmente adquieran el inmueble. Estos hechos hacen necesaria una reglamentación que defina unas pautas concretas para el diseño de la instalación interior de las viviendas. Por este motivo, el REBT establece una serie de condiciones de diseño relativas a las instalaciones interiores de las viviendas. Dichas condiciones están reflejadas en las siguientes instrucciones:

- **ITC-BT-25.** Instalaciones interiores en viviendas. Número de circuitos y características.
- **ITC-BT-26.** Instalaciones interiores en viviendas. Prescripciones generales de instalación.
- **ITC-BT-27.** Instalaciones interiores en viviendas. Locales que contienen una bañera o ducha.

La instrucción ITC-BT-25 establece, en primer lugar, el número de circuitos independientes que deben instalarse en función del grado de electrificación de la vivienda. Si la vivienda es de grado de electrificación básico, el número y tipo de circuitos independientes es el indicado en la Tabla 12.1.

Tabla 12.1. *Circuitos a instalar en una vivienda con grado de electrificación básico*

Número	Descripción	N.º máximo de tomas
C1	Iluminación	30
C2	Tomas de uso general y frigorífico	20
C3	Cocina y horno	2
C4	Lavadora, lavavajillas y termo eléctrico	3
C5	Tomas de corriente de cuartos de baño y auxiliares de cocina	6

Si la vivienda es de grado de electrificación elevado, además de los circuitos indicados en la Tabla 12.1, deberá incluir uno o varios de los circuitos adicionales descritos en la Tabla 12.2.

Tabla 12.2. *Circuitos adicionales en una vivienda con grado de electrificación elevado*

Número	Descripción	N.º máximo de tomas
C6	Circuito adicional de iluminación del tipo C1	30
C7	Circuito adicional de tomas de corriente del tipo C2	20
C8	Calefacción eléctrica	-
C9	Aire acondicionado	-
C10	Secadora	1
C11	Sistema de automatización, gestión técnica de la energía y de seguridad	-
C12	Adicional de los tipos C3 o C4 o del C5 si su número de tomas excede de 6	-
C13	Circuito exclusivo para la recarga de vehículo eléctrico	-

El número de circuitos a instalar depende, por tanto, de tres factores:

1. De los sistemas eléctricos previstos para la vivienda. Si, por ejemplo, está prevista la instalación de un sistema de calefacción eléctrica o de aire acondicionado, la vivienda será obligatoriamente de electrificación elevada. Lo mismo ocurrirá si se prevé la presencia de una secadora o de un sistema de automatización o instalación domótica.

2. Del número de puntos de utilización o tomas de corriente. Si, por ejemplo, está prevista la instalación de más de 30 puntos de iluminación, se deberá definir un circuito adicional de iluminación (C6) y la vivienda será obligatoriamente de electrificación elevada. De la misma forma, si está prevista la instalación de más de 20 tomas de corriente se definirá un circuito adicional (C7).

3. Del grado de electrificación de la vivienda. Si el grado es básico, la vivienda dispondrá de los 5 circuitos indicados en la Tabla 12.1. Si el grado es elevado (lo que ocurre, por ejemplo, si la superficie de la misma es superior a 160 m^2) además de los 5 cir-

cuitos básicos, la vivienda dispondrá, al menos, del circuito C10 correspondiente a la secadora aunque no esté prevista su instalación. Adicionalmente, se instalarán los circuitos necesarios dependiendo de los sistemas eléctricos previstos o del número de puntos de utilización.

12.2 Conductores y sistemas de instalación

Según la ITC-BT-26, los conductores eléctricos de las instalaciones interiores en viviendas han de ser de cobre, aislados y con una tensión de aislamiento asignada de 450/750 V como mínimo. Los conductores de protección serán igualmente de cobre con el mismo aislamiento que los conductores anteriores debiéndose instalar por la misma canalización que esta. Los tipos de conductores más utilizados se muestran en la Tabla 12.3.

Tabla 12.3. *Tipos de cable en instalaciones interiores en vivienda*

Producto		Norma de aplicación
Tipo H07V-U	Conductor unipolar aislado de tensión asignada 450/750 V, con conductor de cobre clase 1 (-U) y aislamiento de policloruro de vinilo (V)	UNE 50.525-2-31
Tipo H07V-R	Conductor unipolar aislado de tensión asignada 450/750 V, con conductor de cobre clase 2 (-R) y aislamiento de policloruro de vinilo (V)	
Tipo H07V-K	Conductor unipolar aislado de tensión asignada 450/750 V, con conductor de cobre clase 5 (-K) y aislamiento de policloruro de vinilo (V)	

La norma UNE 60228 especifica las características constructivas y eléctricas de las diferentes clases de conductor.

Las clases definidas y el símbolo utilizado en la designación del cable son:

- Clase 1: conductor rígido de un solo alambre (símbolo -U).
- Clase 2: conductor rígido de varios alambres cableados (símbolo -R).
- Clase 5: conductor flexible de varios alambres finos no apto para usos móviles (símbolo -K).

Los conductores de la instalación deben ser fácilmente identificables por los colores que presentan sus aislamientos tal como indica la Tabla 12.4

Tabla 12.4. *Identificación de conductores*

Conductor	Color
Neutro	Azul claro
De protección	Amarillo-verde
De fase	Marrón o negro
	Gris para la tercera fase

En el circuito C11 (domótica), la parte de la instalación con alimentación a Muy Baja Tensión de Seguridad (MBTS), si existe, no debe cumplir el código de colores anterior.

Los sistemas de instalación permitidos en viviendas según la misma instrucción son los indicados en la Tabla 12.5.

Tabla 12.5. *Sistemas de instalación en viviendas*

Instalaciones empotradas	Instalaciones superficiales
• Cables aislados bajo tubo flexible. • Cables aislados bajo tubo curvable	• Cables aislados bajo tubo curvable. • Cables aislados bajo canal protectora cerrada. • Canalizaciones prefabricadas

Adicionalmente, deberán tenerse en cuenta las siguientes condiciones de instalación:

- No se utilizará un mismo conductor neutro para varios circuitos.
- Todo conductor debe poder seccionarse en cualquier punto de la instalación en el que se realice una derivación del mismo, utilizando un dispositivo apropiado, tal como un borne de conexión, de forma que permita la separación completa de cada parte del circuito del resto de la instalación.

- Las tomas de corriente en una misma habitación deben estar conectadas a la misma fase.

12.3 Características eléctricas de los circuitos. Puntos de utilización

La ITC-BT-25 normaliza en su Tabla 1 que se reproduce a continuación como Tabla 12.6, las características eléctricas de cada uno de los circuitos que se pueden instalar en viviendas. Entre estas se encuentran la sección mínima de los conductores, el calibre del interruptor magnetotérmico que protege cada circuito, el diámetro de los tubos y el tipo de toma.

Es importante destacar que el circuito C4, para el que se establece una sección mínima de 4 mm^2, permite que cada toma individual pueda conectarse con un conductor de sección 2,5 mm^2 que parta de una caja de derivación del circuito de 4 mm^2.

El REBT, en la misma instrucción, establece los puntos de utilización que como mínimo se deben instalar en cada estancia. Estos se muestran en la Tabla 12.7.

Tabla 12.6. *Características eléctricas de los circuitos*

Circuito de utilización	Potencia prevista por toma (W)	Factor simultaneidad Fs	Factor utilización Fu	Tipo de toma	Interruptor Automático (A)	Máximo n.º de puntos de utilización o tomas por circuito	Conductores sección mínima mm²	Tubo o conducto Diámetro mm
C1 Iluminación	200	0,75	0,5	Punto de luz	10	30	1,5	16
C2 Tomas de uso general	3450	0,2	0,25	Base 16 A 2p+T	16	20	2,5	20
C3 Cocina y horno	5400	0,5	0,75	Base 25 A 2p+T	25	2	6	25
C4 Lavadora, lavavajillas y termo eléctrico	3450	0,66	0,75	Base 16 A 2p+T	20	3	4	20
C5 Baño, cuarto de cocina	3450	0,4	0,5	Base 16 A 2p+T	16	6	2,5	20
C8 Calefacción	-	-	-	-	25	-	6	25
C9 Aire acondicionado	-	-	-	-	25	-	6	25
C10 Secadora	3450	1	0,75	Base 16 A 2p+T	16	1	2,5	20
C11 Automatización	-	-	-	-	10	-	1,5	16
C13 Recarga vehículo eléctrico	Según ITC-BT-52	1	1	Según ITC-BT-52	Según ITC-BT-52	3	2,5	20

Tabla 12.7. Puntos de utilización por estancia

Estancia	Circuito	Mecanismo	N.º mínimo	Superficie /Longitud	N.º puntos recomendados
Acceso	C1	Pulsador timbre	1	-	1 para pulsador 1 para punto de luz 1 para video portero
Vestíbulo	C1	Punto de luz	1	-	1 o 2 (además 1 para zumbador y 1 para video portero)
		Interruptor 10 A	1		1
	C2	Base 16 A 2p+T	1	-	1
	C8	Toma de calefacción	0	-	1
Sala de estar o salón	C1	Punto de luz	1	hasta 10 m² (dos si S > 10 m²)	1 o 2
		Interruptor 10 A	1	uno por cada punto de luz	por punto de luz
	C2	Base 16 A 2p+T	3	una por cada 6 m² redondeado al entero superior	4 (además 1 múltiple para televisor y video y 1 para equipo de música)
	C8	Toma de calefacción	1	hasta 10 m² (dos si S > 10 m²)	1 o 2
	C9	Toma de aire acondicionado	1	hasta 10 m² (dos si S > 10 m²)	1 o 2

Estancia	Circuito	Mecanismo	N.º mínimo	Superficie /Longitud	N.º puntos recomendados
Dormitorios	C1	Punto de luz	1	hasta 10 m^2 (dos si S > 10 m^2)	2 en dorm. indiv. 3 en dorm. dobles
		Interruptor 10 A	1	uno por cada punto de luz	por punto de luz
	C2	Base 16 A 2p+T	3	una por cada 6 m^2 redondeado al entero superior	4 (además 1 para ordenador, 1 para televisor y 1 para equipo de música)
	C8	Toma de calefacción	1	-	1
	C9	Toma de aire acondicionado	1	-	1
Baños	C1	Punto de luz	1	-	2
		Interruptor 10 A	1	-	por punto de luz
	C5	Base 16 A 2p+T	1		2
	C8	Toma de calefacción	1		1
Pasillos o distribuidores	C1	Puntos de luz	1	uno cada 5 m de longitud	2
		Interruptor/ Conmut. 10 A	1	uno en cada acceso	2
	C2	Base 16 A 2p+T	1	hasta 5 m (dos si L > 5 m)	1 o 2
	C8	Toma de calefacción	1	-	1

Estancia	Circuito	Mecanismo	N.º mínimo	Superficie /Longitud	N.º puntos recomendados
Cocina	C1	Punto de luz	1	hasta 10 m² (dos si S > 10 m²)	1 o 2
		Interruptor 10 A	1	uno por cada punto de luz	-
	C2	Base 16 A 2p+T	2	extractor y frigorífico	2
	C3	Base 25 A 2p+T	1	cocina/horno	1
	C4	Base 16 A 2p+T	3	lavadora, lava-vajillas y termo	3
	C5	Base 16 A 2p+T	3	encima del pla-no de trabajo	4 (además 1 para televisor)
	C8	Toma calefacción	1	-	1 o 2
	C10	Base 16 A 2p+T	1	secadora	1
Terrazas o jardines	C1	Punto de luz	1	hasta 10 m² (dos si S > 10 m²)	1 en la entrada y 1 o 2 en otra zona
		Interruptor 10 A	1	uno por cada punto de luz	1
Garajes unifami-liares y otros	C1	Punto de luz	1	hasta 10 m² (dos si S > 10 m²)	1 o 2
		Interruptor 10 A	1	uno por cada punto de luz	1
	C2	Base 16 A 2p+T	1	hasta 10 m² (dos si S > 10 m²)	2
	C13	Base de toma de corriente según se especifica en ITC-BT-52	1	-	-

Con relación a las tablas anteriores, es importante realizar las siguientes consideraciones:

- La toma de corriente para el microondas se considera perteneciente al circuito C5.
- La toma de corriente para una bañera de hidromasaje es también perteneciente al circuito C5.
- Se considera punto de luz a un punto de utilización del circuito de alumbrado con un interruptor independiente. A un punto de luz se le pueden conectar varias luminarias.
- Para el circuito C4 se recomienda el uso de dos o tres circuitos independientes sin que ello suponga el paso a electrificación elevada.
- Aunque no se prevea la instalación de un termo eléctrico, se instalará su toma de corriente que podrá utilizarse para otros usos como, por ejemplo, para la alimentación de una caldera de gas.
- Una toma de corriente prevista para la conexión de aparatos de iluminación que esté comandada por un interruptor como, por ejemplo, una lámpara de pie o la lámpara de la mesilla de noche, se considera perteneciente al circuito C1.
- Los circuitos C1, C2 y C5 pueden desdoblarse en dos o más circuitos sin que ello suponga el paso a electrificación elevada siempre que no se supere el número máximo de puntos de utilización indicados en la Tabla 12.6. Por ejemplo, si en la vivienda existen 28 puntos de luz, el circuito C1 podrá desdoblarse en dos circuitos que alimenten 14 puntos de luz cada uno de ellos.
- El timbre no computa como punto de utilización en el circuito C1.
- En el caso de instalar varias tomas de corriente para receptor de televisión o asociadas a la infraestructura común de las telecomunicaciones, computa como un solo punto de utilización hasta un máximo de 4 tomas.

12.4 Dimensionado de la sección de los conductores

Como en cualquier instalación interior, los circuitos de las instalaciones interiores de viviendas deben cumplir los criterios de intensidad máxima admisible y caída de tensión máxima.

Por lo que respecta al primer criterio, la Tabla 12.6 establece las secciones mínimas de los conductores para cada uno de los circuitos. Dichos valores se determinan a partir de la Tabla 1 de la ITC-BT-19 fila B2, columna 4, considerando la intensidad nominal del interruptor automático como intensidad de servicio, para una instalación de dos conductores y tierra con cable multiconductor (más desfavorable que el unipolar) con aislamiento de PVC bajo tubo empotrado en obra que constituye el tipo de instalación más utilizado en viviendas. Debe tenerse en cuenta que dicha tabla es resumen de una serie de tablas de la norma UNE 20.460 que fue modificada en el año 2004. Los valores actualizados aparecen en la Tabla 4.22 de este libro.

Se puede observar en la Tabla 12.6 que también se indica el calibre del interruptor automático o magnetotérmico que protege cada circuito. Este calibre se establece para cada circuito a partir de la intensidad de diseño (I) que se obtiene considerando el número máximo de puntos de utilización (n), la intensidad prevista por toma (Ia) y los factores de simultaneidad (Fs) y de utilización (Fu) según la expresión [12.1]:

$$I = n \cdot Ia \cdot Fs \cdot Fu \quad [12.1]$$

Ejemplo 12.1

Calcular la intensidad de diseño para el circuito C1.

Solución:

Aplicando la expresión [12.1], la intensidad de diseño resulta:

$$I = 30 \times \frac{200}{230} \times 0,75 \times 0,5 = 9,78\ A$$

por lo que un magnetotérmico de 10 A de calibre será, en principio, adecuado para su protección.

Por lo que respecta al criterio de caída de tensión, el REBT establece una caída máxima del 3 % considerando para cada circuito una intensidad de funcionamiento igual al calibre del magnetotérmico del circuito y una distancia correspondiente a la del punto de utilización más alejado del circuito.

En el caso del circuito C13 para la recarga de vehículo eléctrico en una vivienda unifamiliar, la caída de tensión admisible según la ITC-BT-52 es del 5 %. El procedimiento de cálculo de la sección por este criterio se realizará de acuerdo con el procedimiento descrito en el párrafo anterior.

El Reglamento permite igualmente compensar el valor de la caída de tensión entre instalaciones interiores y derivaciones individuales de forma que la caída de tensión total sea inferior a la suma de los valores límite especificados para ambas según el tipo de esquema utilizado, tal como muestra la Figura 12.1.

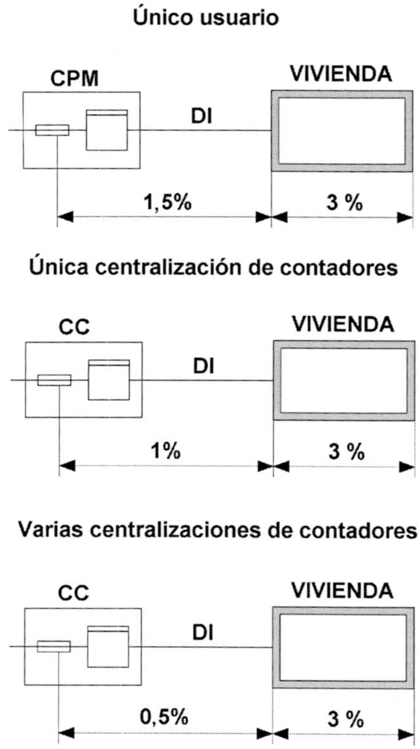

Figura 12.1. *Esquemas de caídas de tensión en edificios destinados a viviendas*

Considerando la expresión de cálculo de sección a partir del criterio de caída de tensión para líneas monofásicas vista en el capítulo 4:

$$S = 2 \cdot \frac{P \cdot L \cdot \rho_{\theta max}}{e \cdot V} \quad [4.21]$$

pueden obtenerse los valores máximos de longitud en función de la sección del circuito y del calibre del magnetotérmico (In) en las siguientes condiciones:

- Caída de tensión porcentual máxima del 3 %: $e = 0{,}03 \cdot V$.
- $V = 230\ V$.

- Temperatura máxima de servicio 70 °C para aislamiento PVC lo que supone una valor de resistividad del cobre.

  $\rho_{70°} = 0{,}021\,\Omega \dfrac{mm^2}{m}$

- cos φ = 1. Se toma el máximo factor de potencia ya que es el que dará los valores más restrictivos de la longitud máxima. Con esta condición se cumple que: $P = V \cdot In$.

Despejando la longitud máxima de la expresión [4.21]:

$$L_{\max} = S \frac{e \cdot V}{2 \cdot P \cdot \rho_\theta} = 164{,}28 \frac{S}{In} \quad [12.2]$$

expresión que permite completar la Tabla 12.8 para las secciones y calibres normalizados de las instalaciones interiores.

Tabla 12.8. *Longitud máxima en metros para que no se supere la caída del 3 %*

S (mm²)	In del interruptor automático (A)			
	10	16	20	25
1,5	24,5			
2,5	41	25,5		
4		41	32,8	
6			49,2	39,4

Si el punto de utilización más alejado del origen del circuito supera la longitud máxima dada en esta tabla se deberá tomar la sección superior que cumpla la condición del 3 %.

Ejemplo 12.2

Determinar la sección mínima, según el criterio de caída de tensión, de los circuitos interiores de una vivienda de electrificación elevada que dispone de los circuitos C1, C2, C3, C4, C5, C9 y C10.

Datos:

- Caída de tensión máxima del 3 %.
- Conductores unipolares de PVC (H07V-R) bajo tubo empotrado.

• Longitudes de los circuitos:

$$L_{C1} = 31\ m \quad ; \quad L_{C2} = 25\ m \quad ; \quad L_{C3} = 9\ m \quad ; \quad L_{C4} = 11\ m$$

$$L_{C5} = 19\ m \quad ; \quad L_{C9} = 20\ m \quad ; \quad L_{C10} = 12\ m$$

Solución:

Para la resolución del ejercicio se puede utilizar tanto la expresión [4.20] que permite calcular la sección mínima que cumple con el criterio como la Tabla 12.8 que indica directamente la longitud máxima permitida en función de la sección del conductor y del calibre del magnetotérmico que protege el circuito correspondiente.

Para el cálculo de la sección del circuito C1 aplicaremos los dos métodos a modo de comprobación. Aplicando en primer lugar la expresión [4.20] en la que la potencia P se calcula directamente como el producto de la tensión nominal (230 V) y la intensidad correspondiente al calibre del magnetotérmico que protege el circuito (10 A), la sección queda:

$$S = 2 \cdot \frac{P \cdot L \cdot \rho_{\theta max}}{e \cdot V} = 2 \times \frac{(230 \times 10) \times 31 \times 0{,}021}{(0{,}03 \times 230) \times 230} = 1{,}88\ mm^2$$

Por lo que se adoptará el valor superior de sección normalizada que es de 2,5 mm^2. Por tanto:

$$S_{C1} = 2{,}5\ mm^2$$

Observando la Tabla 12.8 se observa que para un calibre del magnetotérmico de 10 A y una sección de 1,5 mm^2, la longitud máxima permitida según este criterio es de 24, 5 m por lo que no se cumpliría para el circuito C1. Si se aumenta la sección del circuito C1 a 2,5 mm^2 la longitud máxima permitida es de 41 m, valor superior a la longitud del mismo que es de 31 m.

Para el circuito C2 se puede utilizar la misma tabla observando que la sección de 2,5 mm^2 es suficiente para el calibre de 16 A (véase Tabla 12.6) que es el utilizado en este circuito. Por tanto:

$$S_{C2} = 2{,}5\ mm^2$$

El circuito C3 utiliza un magnetotérmico de calibre 25 A y una sección mínima de 6 mm^2 según la Tabla 12.6. Observando la Tabla 12.8 se aprecia que la longitud máxima permitida es superior a la longitud del circuito por lo que se mantiene la sección mínima:

$$S_{C3} = 6\ mm^2$$

El circuito C4 se supone desdoblado por lo que utiliza magnetotérmicos de 16 A y una sección mínima de 2,5 mm². La longitud del circuito es inferior al valor máximo establecido en la Tabla 12.8 por lo que:

$$S_{C4} = 2{,}5\ mm^2$$

Comparando de manera similar las longitudes de los circuitos C5, C9 y C10 con los valores de la Tabla 12.8 se obtiene que:

$$S_{C5} = 2{,}5\ mm^2 \quad ; \quad S_{C9} = 6\ mm^2 \quad ; \quad S_{C10} = 2{,}5\ mm^2$$

12.5 Dimensionado de la sección de los tubos

La Tabla 12.6 muestra el diámetro exterior mínimo de los tubos (flexibles o curvables) empotrados en obra a utilizar para cada circuito siempre que por su interior discurran tres conductores (fase, neutro y conductor de protección) y su sección sea la establecida en la tabla. Bajo otras condiciones deberán aplicarse las prescripciones establecidas en la instrucción ITC-BT-21 y que se resumen a continuación.

Para instalaciones empotradas, el diámetro exterior de los tubos flexibles o curvables se muestra en la Tabla 12.9.

Tabla 12.9. Diámetro exterior de tubos flexibles o curvables en instalación empotrada

Sección nominal de los conductores unipolares (mm²)	Diámetro exterior de los tubos (mm)				
	Número de conductores				
	1	2	3	4	5
1,5	12	12	16	16	20
2,5	12	16	20	20	20
4	12	16	20	20	25
6	12	16	25	25	25

Para más de 5 conductores por tubo o para conductores de secciones diferentes a instalar en el mismo tubo, su sección será, como mínimo, igual a 3 veces la sección ocupada por los conductores.

Para instalaciones superficiales, realizadas con tubos curvables o rígidos, el diámetro exterior de los tubos se muestra en la Tabla 12.10.

Tabla 12.10. *Diámetro exterior de tubos curvables y rígidos en instalación superficial*

Sección nominal de los conductores unipolares (mm^2)	Diámetro exterior de los tubos (mm)				
	Número de conductores				
	1	2	3	4	5
1,5	12	12	16	16	16
2,5	12	12	16	16	20
4	12	16	20	20	20
6	12	16	20	20	25

Para más de 5 conductores por tubo o para conductores de secciones diferentes a instalar en el mismo tubo, su sección será, como mínimo, igual a 2,5 veces la sección ocupada por los conductores.

12.6 Dispositivos generales e individuales de mando y protección

12.6.1 Características generales

Las instalaciones interiores en viviendas deben estar protegidas, al igual que cualquier otra instalación de baja tensión, frente a sobreintensidades y contactos indirectos. Adicionalmente, y si se considera necesario, se deberán proteger también frente a sobretensiones.

Para ello se utilizan los dispositivos generales e individuales de mando y protección cuya situación y características se indican en las instrucciones ITC-BT-17 e ITC-BT-25. Para proteger frente a sobreintensidades se emplean interruptores magnetotérmicos que deben cumplir las condiciones planteadas en el capítulo 5. La protección frente a contactos indirectos se realiza mediante, al menos, un interruptor diferencial mientras que la protección frente a sobretensiones la llevan a cabo los limitadores de sobretensión.

Puede ser que en el cuadro eléctrico haya otro elemento que, aunque no constituye una protección en sí, tiene la función de limitar la potencia de consumo para que no supere la potencia. Se trata del Interruptor de Control de Potencia (ICP) que consiste en un magnetotérmico con una curva específica. Ahora bien, esa función la realizan actualmente los contadores inteligentes por lo que cuando se disponga de uno, que es lo que sucede actualmente en la mayoría de los hogares, ya no es necesaria su instalación.

En la Tabla 12.11 se establecen las características generales de tales protecciones según las instrucciones comentadas.

Tabla 12.11. *Características de los dispositivos de protección en la vivienda*

<table>
<tr><th colspan="2">Dispositivo</th><th>Características</th><th>Situación</th></tr>
<tr><td colspan="2">Interruptor Automático de Control de Potencia (ICP)</td><td>No cumple función de protección. Se coloca para limitar la potencia consumida.</td><td>Se coloca en una caja inmediatamente antes de los DGMP, en compartimiento independiente y precintable. Podrá situarse en el mismo cuadro que los DGMP.</td></tr>
<tr><td rowspan="3">Dispositivos Generales de Mando y Protección (DGMP)</td><td>Interruptor General Automático (IGA)</td><td>De corte omnipolar con accionamiento manual, de I_n mínima 25 A y poder de corte mínimo 4,5 kA. Ofrece protección frente a sobrecargas y cortocircuitos. La capacidad de la instalación se corresponde, como mínimo, con su intensidad nominal.</td><td rowspan="3">Se disponen junto a la puerta de entrada.</td></tr>
<tr><td>Limitador Sobretensión</td><td>Conforme a la ITC-BT-23 se instala si es una situación controlada.</td></tr>
<tr><td>Interruptor Diferencial (ID)</td><td>Se instalan uno o varios ID que garanticen la protección frente a contactos indirectos de todos los circuitos que presenten corrientes diferenciales superiores a 30 mA. Se pueden instalar ID con sensibilidad por encima de 30 mA en serie si se cumple lo anterior y hay selectividad. Se colocará como mínimo un ID por cada 5 circuitos. La intensidad nominal de los ID será igual o superior a la del IGA.</td></tr>
</table>

Dispositivos Individuales de Mando y Protección (DIMP)	Pequeños Interruptores Automáticos (PIA)	Cada circuito independiente está protegido por un PIA de corte omnipolar, con accionamiento manual y dispositivo de protección frente a sobrecargas y cortocircuitos.	Son el origen de la instalación interior. Se colocan normalmente junto a los DGMP aunque pueden instalarse en cuadros separados (secundarios) y en lugares diferentes a los DGMP.

El cuadro privado de mando y protección de la vivienda (cuadro general de distribución) se dispone junto a la puerta principal de entrada y contiene los dispositivos generales de mando y protección. En la práctica incluye también el ICP y los dispositivos individuales de mando y protección. La Figura 12.2 muestra, como ejemplo, un esquema típico de composición de dicho cuadro.

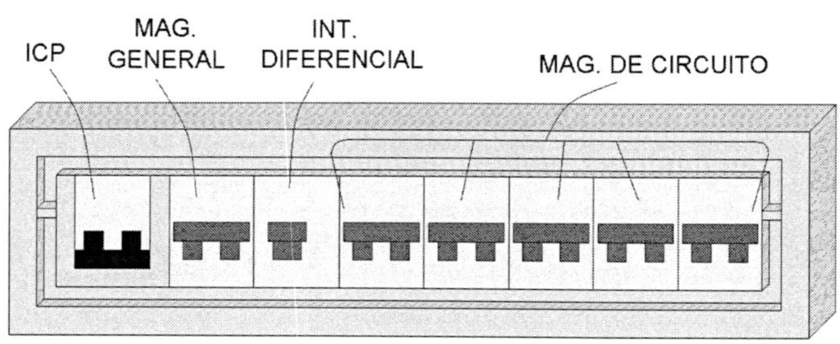

Figura 12.2. Composición típica del cuadro de protección de una vivienda

En el caso de viviendas de más de una planta, como puede ser el caso de viviendas unifamiliares o dúplex, se recomienda la instalación de un cuadro general de mando y protección en cada planta de forma que los circuitos de cada planta estén protegidos por las protecciones del cuadro correspondiente.

12.6.2 Esquemas unifilares

El número de dispositivos de protección depende lógicamente del grado de electrificación de la vivienda y del número de circuitos existentes. Para el caso de vivienda con electrificación básica, la Figura 12.3 muestra el esquema unifilar típico incluyendo las características de las protecciones.

Como ya se ha dicho anteriormente, el circuito C4 puede desdoblarse en tres circuitos resultando el esquema unifilar de la Figura 12.4.

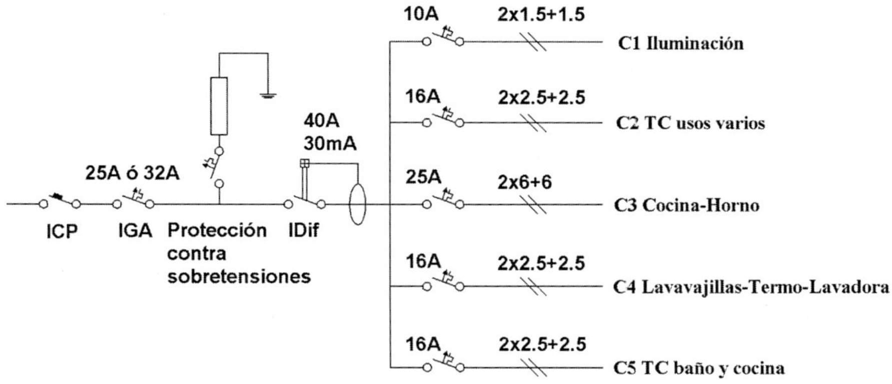

Figura 12.3. Esquema unifilar de vivienda con electrificación básica

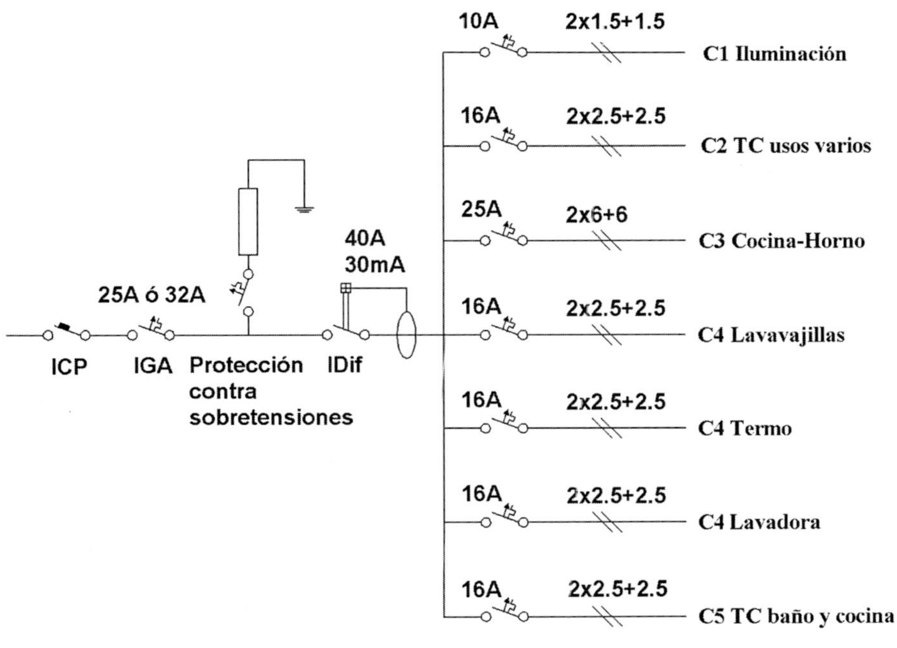

Figura 12.4. Esquema unifilar de vivienda con electrificación básica y circuito C4 desdoblado

Si la vivienda es de electrificación elevada, el número de circuitos puede desdoblarse hasta 13 como ya se ha indicado. La Figura 12.5 muestra un esquema unifilar típico para este caso.

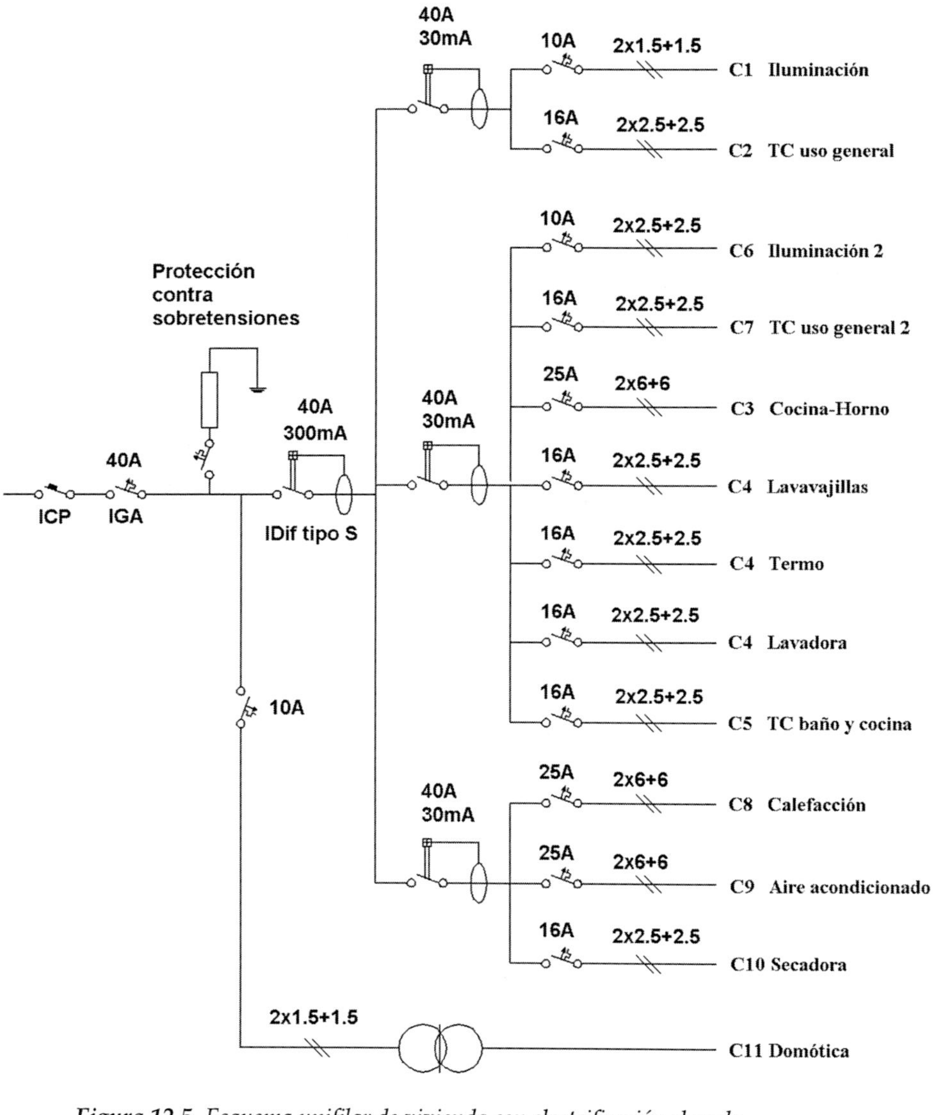

Figura 12.5. Esquema unifilar de vivienda con electrificación elevada

Como se aprecia en la figura 12.5, el circuito C11 es un circuito particular, destinado a alimentar sistemas de automatización, de gestión técnica de la energía o de seguridad. Su sección mínima es de 1,5 mm^2 y la protección frente a sobreintensidades se realiza mediante un PIA de 10 A de calibre que puede situarse aguas arriba del interruptor diferencial si el circuito funciona con MBTS. En este caso, en el circuito se debe instalar una fuente de alimentación que cumpla con las prescripciones indicadas en la ITC-BT-36.

12.6.3 Interruptor de control de potencia (ICP)

El interruptor de control de potencia es un interruptor magnetotérmico que actúa cuando el consumo de la instalación receptora supera la potencia contratada ya que el término de potencia o término fijo de la factura eléctrica está ligado a este valor. Su colocación es potestativa de la empresa eléctrica suministradora y está precintado para evitar manipulaciones por parte de los usuarios. No obstante, en la actualidad es un elemento que ha quedado obsoleto especialmente en las viviendas por diferentes motivos:

- Ha cambiado el sistema tarifario para los consumidores en los que aparecen dos novedades importantes. La primera es que los valores de potencia contratada no se corresponden a taras del ICP, sino que se pueden contratar valores en intervalos de 0,1 kW de diferencia, siempre que no se superen los 15 kW. Y la segunda que se va a permitir contratar dos valores de potencia diferenciados para periodos horarios distintos y dar así una mayor flexibilidad en la elección de los usuarios.
- Se han reemplazado la mayoría de los antiguos contadores de inducción por los modernos contadores electrónicos que ya incorporan la función de control de potencia.

No obstante, debido a que aun figuran en muchos de los cuadros eléctricos de las viviendas ya sea porque no se han hecho modificaciones ni en la instalación ni en la contratación de suministro eléctrico o ya sea porque aun habiendo cambiado la potencia contratada a un valor menor no ha sido necesario intervenir sobre este elemento, todavía se encuentran de manera mayoritaria en los cuadros de las viviendas. Por ello, en la Tabla 12.12 aparecen los calibres y las correspondientes potencias de los ICP.

Tabla 12.12. Calibres de los ICP normalizados

MONOFÁSICO Tensión 230 V		TRIFÁSICO Tensión 400/230 V	
Intensidad ICP (A)	Potencia nominal (W)	Intensidad ICP (A)	Potencia nominal (W)
1,5	345	1,5	1.039
3	690	3	2.078
3,5	805	3,5	2.425
5	1.150	5	3.464
7,5	1.725	7,5	5.196
10	2.300	10	6.928
15	3.450	15	10.392
20	4.600	20	13.856
25	5.750	25	17.320
30	6.900	30	20.784
35	8.050	35	24.248
40	9.200	40	27.712
45	10.350	45	31.176
50	11.500	50	34.640
63	14.490	63	43.646

12.6.4 Interruptor general automático (IGA)

El calibre del Interruptor General Automático depende de la potencia prevista para la vivienda. En la Tabla 12.13 se muestran los calibres normalizados y las potencias correspondientes. Es labor del proyectista estimar la potencia adecuada para la vivienda a partir del número de circuitos, de las cargas previstas y de la potencia por toma y factores de simultaneidad indicados en la Tabla 12.6.

Tabla 12.13. Calibre del IGA según potencia prevista

Nivel de electrificación	Suministro monofásico	
	Potencia prevista (W)	Calibre IGA (A)
Básico	5.750	25
	7.360	32
Elevado	9.200	40
	11.500	50
	14.490	63

Una vez determinado el calibre del IGA se debe verificar que cumple las condiciones generales de protección de los magnetotérmicos estudiadas en el capítulo 5.

12.6.5 Interruptor diferencial (ID)

La instalación de los interruptores diferenciales en viviendas ha de cumplir las siguientes especificaciones:

- La sensibilidad de los diferenciales terminales ha de ser de 30 mA. Se pueden instalar diferenciales de menor sensibilidad aguas arriba de los anteriores procurando que exista selectividad entre ellos. Esta condición se puede cumplir colocando el diferencial de cabecera de 300 mA y tipo selectivo mientras que los diferenciales terminales sean de 30 mA e instantáneos.
- Se debe disponer un diferencial por cada 5 circuitos como mínimo. El desdoble del circuito C4 no implica la instalación de un diferencial adicional. Contrariamente, el desdoblamiento de los circuitos C1, C2 o C5 debe tenerse en cuenta a la hora de determinar el número de interruptores diferenciales necesarios.
- Todo diferencial debe estar protegido frente a sobreintensidades por un magnetotérmico. El IGA puede realizar tal función aunque, por razones económicas, puede ser conveniente situar magnetotérmicos específicos aguas arriba de cada diferencial reduciendo así su calibre.

Estas condiciones configuran unos esquemas de distribución de protección diferencial típicos en viviendas tal como se muestra en la Tabla 12.14.

Tabla 12.14. Esquemas típicos de distribución de protección diferencial en viviendas

Instalación	Esquema protección diferencial
Electrificación básica con 5 circuitos (el desdoble del C4 no supone la necesidad de un ID adicional).	Un ID con sensibilidad 30 mA instantáneo. Magnetotérmico de protección IGA.
Electrificación elevada con más de 5 circuitos y DGMP y DIMP agrupados en el mismo cuadro.	Varios ID en paralelo con sensibilidad 30 mA instantáneos. Magnetotérmico de protección IGA o posibilidad de situar magnetotérmicos específicos.
Electrificación elevada con más de 5 circuitos y DGMP y DIMP en cuadros diferentes.	Varios ID en paralelo con sensibilidad 30 mA instantáneos y un ID en cabecera con sensibilidad 300 mA selectivo. Magnetotérmico de protección IGA para todos o posibilidad de situar magnetotérmicos específicos en los ID con sensibilidad 30 mA.

12.6.6 Pequeños interruptores automáticos (PIA)

El calibre de los interruptores magnetotérmicos que protegen cada uno de los circuitos de la instalación viene definido en la Tabla 12.6. Puesto que en la misma tabla se especifican las secciones mínimas de cada circuito, no se hace necesario comprobar las condiciones de protección (a) y (b) establecidas en el capítulo 5.

Por otra parte, y como es la práctica habitual, si los magnetotérmicos que protegen cada circuito se encuentran en el mismo cuadro que el IGA, la corriente de cortocircuito máxima para los primeros será la misma que para el IGA por lo que pueden tener el mismo poder de corte que este.

Por último, se debe comprobar la condición (d) que se suele cumplir en la práctica considerando los magnetotérmicos habituales del mercado.

Si la sección de los conductores se aumentara respecto a las indicadas en la Tabla 12.6, debido al criterio de caída de tensión o a un cambio en las condiciones de instalación, las condiciones de protección se cumplirán por un margen mayor.

12.7 Locales con bañera o ducha

Las condiciones particulares de seguridad que deben cumplir aquellos locales que contengan una bañera o ducha debido al mayor riesgo de electrocución de las personas hacen que el REBT dedique una instrucción completa a definir las instalaciones eléctricas en este tipo de locales.

La instrucción ITC-BT-27 establece, como consecuencia, las condiciones que deben cumplir las instalaciones de las estancias de viviendas, locales comerciales, oficinas o cualquier otro local destinado a fines análogos que contengan una bañera o ducha.

Esta instrucción define cuatro volúmenes de protección (volúmenes 0, 1, 2 y 3) con el objeto de especificar los materiales y receptores eléctricos que pueden ser instalados en cada volumen o espacio. El volumen 0 es el que comprende el interior de la bañera o ducha mientras que el volumen 3 es el más alejado de estas. Las siguientes figuras (Figuras 12.6 a 12.12) extraídas del REBT representan dichos espacios para diferentes casos.

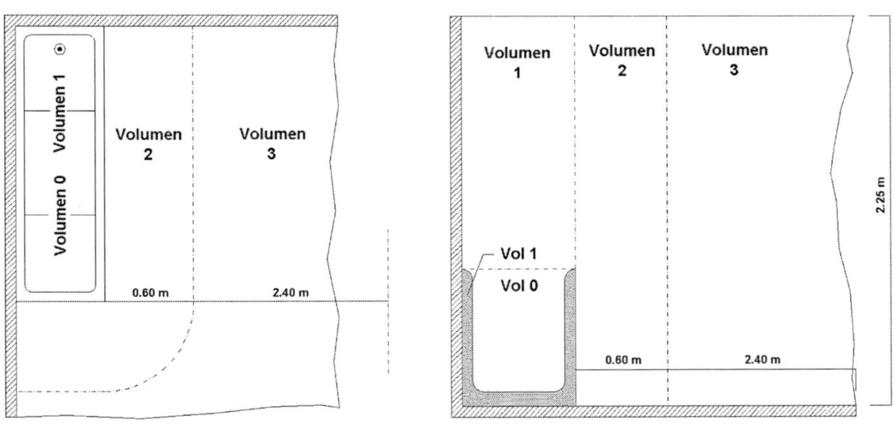

Figura 12.6. Bañera

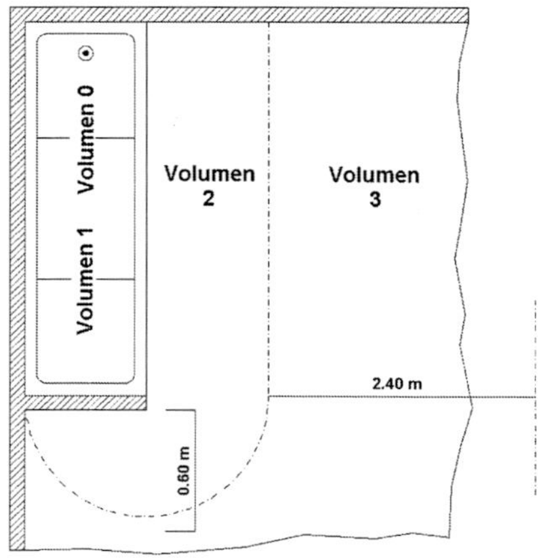

***Figura* 12.7.** *Bañera con pared fija*

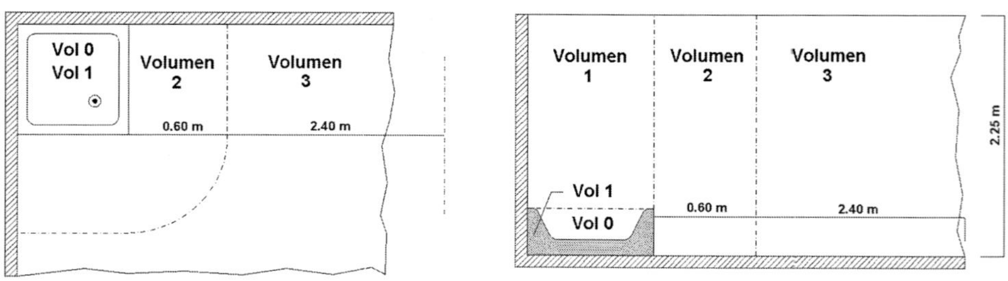

***Figura* 12.8.** *Ducha*

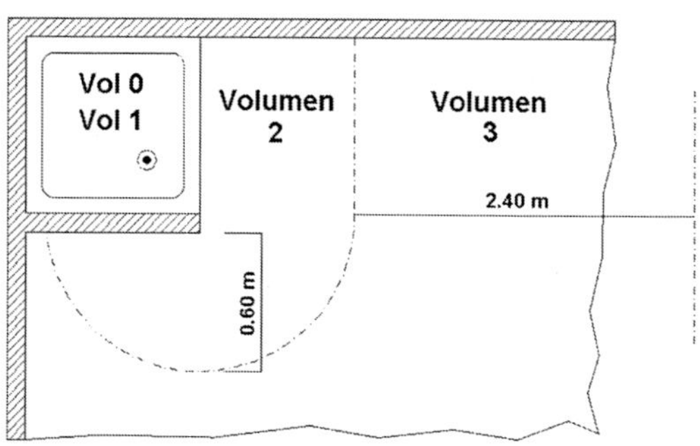

***Figura* 12.9.** *Ducha con pared fija*

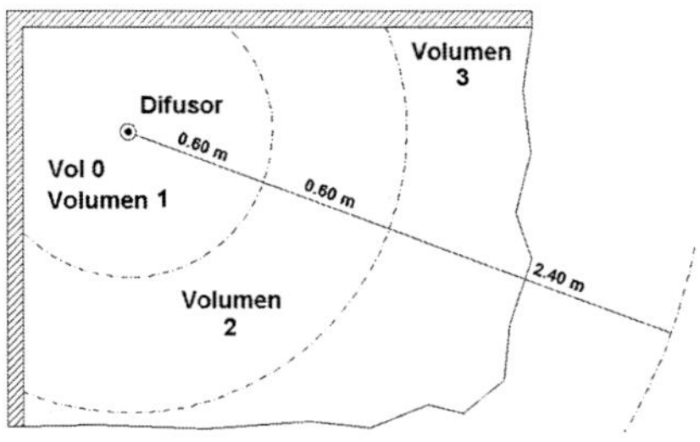

Figura 12.10. *Ducha sin plato*

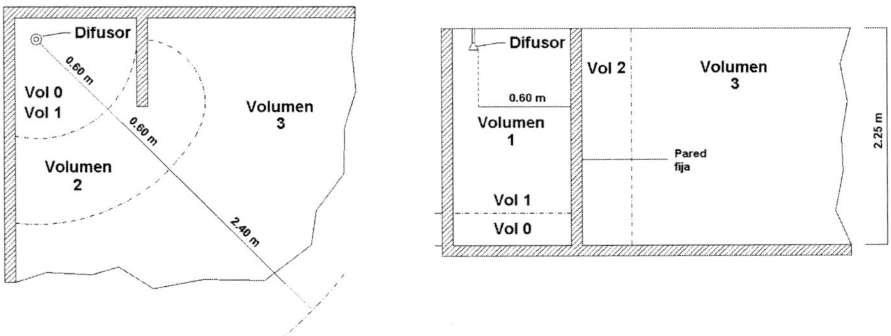

Figura 12.11. *Ducha sin plato pero con pared fija. Difusor fijo*

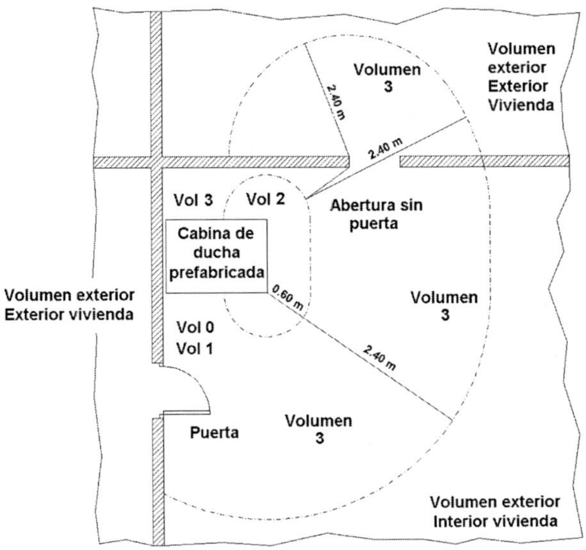

Figura 12.12. *Cabina de ducha prefabricada*

Los materiales eléctricos que pueden instalarse en cada uno de los volúmenes junto con sus características vienen definidos en la citada instrucción ITC-BT-27 y se resumen en la Tabla 12.15.

Tabla 12.15. *Situación de materiales eléctricos en un local con baño o ducha*

Volumen	Mecanismos y aparatos fijos	Grado de protección ip
0	No permite mecanismos y solo aparatos específicos a este volumen.	IPX7
1	Interruptores y aparatos fijos a MBTS de 12 V de CA, si la fuente de alimentación está fuera de los volúmenes 0, 1 y 2. Calentadores, bombas ducha, equipos bañera hidromasaje si están protegidos por ID con sensibilidad ≤ 30 mA.	IPX4. IPX2 por encima del difusor fijo. IPX5 en bañera de hidromasaje y en baño público donde se puedan generar chorros de agua en su limpieza.
2	Interruptores MBTS si la fuente de alimentación está fuera de los volúmenes 0, 1 y 2 y bloques de alimentación de afeitadoras con IPX1. Los aparatos del volumen 1 más luminarias, ventiladores, calefactores y unidades móviles para bañera de hidromasaje si están protegidos por ID con sensibilidad ≤ 30 mA.	
3	Bases de alimentación y aparatos protegidos por MBTS o transformadores de aislamiento o ID con sensibilidad ≤ 30 mA.	IPX5 en baño público donde se puedan generar chorros de agua en su limpieza.

Adicionalmente, la instrucción establece dos condiciones de protección específicas a aplicar en dichos locales:

1. Debe existir una conexión equipotencial local que una mediante un conductor de protección los siguientes elementos:

- las partes conductoras accesibles de los equipos de clase I en los volúmenes 1, 2 y 3, incluidas las tomas de corriente.
- las canalizaciones metálicas de suministro y desagüe (agua y gas) y de aire acondicionado o calefacción.

- las partes metálicas accesibles de la estructura del edificio.
- otras partes conductoras externas susceptibles de transferir tensiones. Por ejemplo, bañeras y duchas no aisladas de la estructura del edificio.

2. Cuando se utilice MBTS, cualquiera que sea su tensión asignada, la protección contra contactos indirectos debe estar proporcionada por:

- barreras o envolventes con un grado de protección IPX2 o IPXXB según UNE 20.324.
- un aislamiento capaz de soportar una tensión de ensayo de 500 V en valor eficaz en alterna durante 1 minuto.

13 Servicios generales

13.1 Servicios generales

En un edificio de viviendas existen una serie de consumos eléctricos que son comunes a todos sus residentes. Estos son los llamados servicios generales o servicios comunes que según el REBT (ITC-BT-10) incluyen:

- Ascensores y aparatos elevadores.
- Centrales de calor y frío.
- Grupos de presión.
- Alumbrado de portal, caja de escalera y espacios comunes.

Para prever la carga correspondiente a los servicios generales, el REBT establece que se ha de considerar la potencia prevista de los equipos receptores instalados y un factor de simultaneidad unidad (ITC-BT-10). No establece, sin embargo, más condiciones relativas al número de circuitos o características de las líneas por lo que para su dimensionado se deberán aplicar los criterios generales de cálculo de líneas eléctricas. Como es lógico, cada edificio particular dispondrá de una serie de consumos específicos por lo que es el proyectista el responsable de definir el número de circuitos y las protecciones necesarias. Sin embargo, estos consumos se encuentran en la práctica bastante estandarizados por lo que se puede establecer, tal como se indica en el punto 13.3, un esquema unifilar general de los servicios generales que puede representar a la mayor parte de los edificios de viviendas.

13.2 Contadores y cuadro general

Los contadores trifásicos necesarios para la medida del consumo de energía de los servicios generales se sitúan en la centralización de contadores. Como ejemplo se muestra en la Figura 13.1 el elemento que alberga dichos contadores colocado sobre el Interruptor General de Maniobra.

Figura 13.1. Módulo de medida de los servicios generales

Tal como establece la ITC-BT-16, el local destinado a la centralización de contadores podrá albergar el cuadro general de mando y protección de los servicios comunes del edificio.

El cuadro general de los servicios generales contendrá los dispositivos de protección de los diferentes circuitos que alimentan a dichos servicios. La selección de los dispositivos de protección (básicamente interruptores diferenciales y magnetotérmicos) se realizará aplicando los criterios generales de protección de líneas eléctricas.

13.3 Esquema unifilar

Como ejemplo de esquema unifilar de la instalación de los servicios generales de un edificio se muestra en la Figura 13.2 un esquema genérico que puede servir de base para cualquier diseño.

Como se aprecia en dicha figura, para este esquema ejemplo se han definido las siguientes líneas:

- Línea ascensor. En este caso la línea se divide en dos, una para alimentar al motor directamente y otra que alimenta a la sala de máquinas con tres circuitos diferenciados (cuadro de mando, alumbrado y tomas de corriente). En caso de existir varios ascensores, es práctica común que cada uno se alimente con una línea independiente.
- Línea bomba. Se utiliza para alimentar la bomba o grupo de presión del edificio.
- Línea alumbrado. En este caso, la línea general de alumbrado de las zonas comunes se ha divido en cinco líneas que se utilizan respectivamente para el alumbrado del portal y las zonas y cuartos anexos, para las lámparas que iluminan los pisos pares, para las lámparas que iluminan los pisos impares, para la alimentación del portero automático y para el alumbrado de emergencia.
- Línea RITS. Alimenta al recinto de instalaciones de telecomunicación superior (radiodifusión y televisión).
- Línea RITI. Alimenta al recinto de instalaciones de telecomunicación inferior.

En función del número y tipo de los servicios generales que tenga un edificio podrán definirse otras líneas diferentes a las anteriores como, por ejemplo, línea de alumbrado de una zona de jardín, línea que alimenta al equipamiento de una piscina, líneas para trasteros, etc.

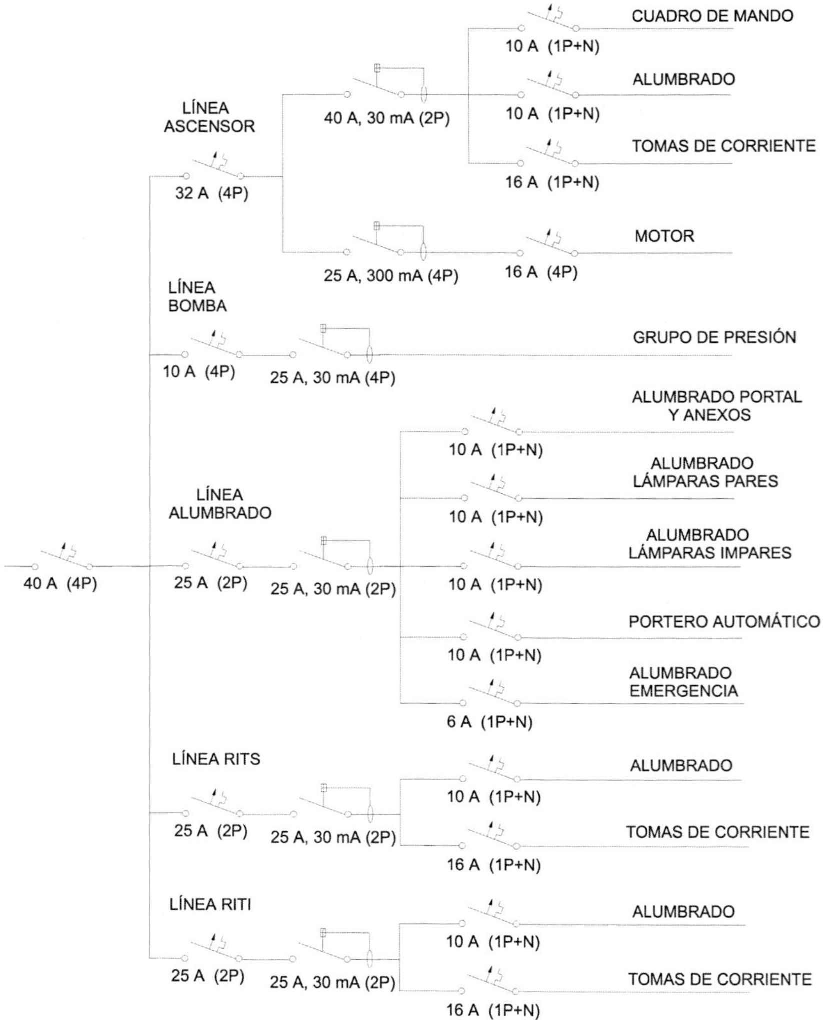

Figura 13.2. *Ejemplo de esquema unifilar de los servicios generales*

13.4 Cálculo de líneas y selección de dispositivos de protección

Estos cálculos no difieren de los ya explicados en capítulos anteriores, salvo que algunos de los receptores incluidos en los servicios generales, como ya se ha visto en el apartado 4.2.1, requieren un tratamiento especial a la hora de diseñar los conductores que los alimentan.

Se indican a continuación, y a modo de ejemplo, los cálculos necesarios para determinar la sección y los correspondientes dispositivos de protección de la línea del motor del ascensor del esquema mostrado en la Figura 13.2.

Ejemplo 13.1

Cálculo de la línea del motor del ascensor.

Datos de partida:

- $P_M = 4{,}5\ kW$, $\cos\varphi = 0{,}8$.
- Método instalación: B1 (conductores unipolares bajo tubo empotrado en obra).
- Material conductor: cobre.
- Material aislante: XLPE.
- Longitud línea: 20 m.

Solución:

1. Cálculo de sección por calentamiento (intensidad máxima admisible).

Al tratarse de un motor que acciona un ascensor, la ITC-BT-47 establece que debe considerarse 1,3 veces el valor de la intensidad a plena carga del motor. Considerando que la línea es trifásica tenemos que:

$$I_b = \frac{1{,}3 \cdot P_M}{\sqrt{3} \cdot V_N \cdot \cos\varphi} = \frac{1{,}3 \times 4500}{\sqrt{3} \times 400 \times 0{,}8} = 10{,}55\ A$$

Utilizando la Tabla 4.22 de intensidades admisibles intersectamos la fila correspondiente a B1 con la celda correspondiente a 3XLPE (3 conductores unipolares de polietileno reticulado) que nos indica que debemos utilizar la Columna 8b. En dicha columna buscamos la sección cuya intensidad máxima admisible sea la inmediata superior a la intensidad de diseño. Para nuestro caso:

$$S = 1{,}5\ mm^2 \quad \rightarrow \quad I_Z = 17{,}5\ A$$

2. Comprobación de la sección por criterio de caída de tensión.

Al tratarse de una línea de fuerza la máxima caída de tensión permitida es del 5 %. Calculamos en primer lugar la resistencia de una de las fases:

$$R = \rho\frac{l}{S} = 0{,}021 \times \frac{20}{1{,}5} = 0{,}28\ \Omega$$

La caída de tensión de la línea es:

$$\Delta V = \sqrt{3}RI\cos\varphi = \frac{P_M R}{V_N} = \frac{4500 \times 0{,}28}{400} = 3{,}15\ V$$

que, en valor porcentual, se calcula como:

$$\Delta V(\%) = \frac{3{,}15}{400} \times 100 = 0{,}787\ \%$$

que, como se observa, es inferior al 5 % por lo que se considera que la sección está correctamente calculada.

3. Selección de las protecciones de la línea.

Se determina en primer lugar el interruptor magnetotérmico que protege la línea. Para ello se aplican las condiciones de protección establecidas en el capítulo 5. La primera condición permite realizar la selección del calibre del magnetotérmico:

(a) $I_b \leq I_n \leq I_z \quad \rightarrow \quad 10{,}55 \leq I_n \leq 17{,}5 \quad \rightarrow \quad I_n = 16\ A$

Como ya se ha visto en el capítulo 5, para el caso de los magnetotérmicos no es necesario comprobar la condición (b) ya que siempre se cumple si se cumple la (a). Las correcta protección de la línea frente a cortocircuitos se comprueba aplicando las condiciones (c) y (d) para lo que se requieren datos adicionales de la instalación eléctrica y del magnetotérmico seleccionado tal como se ha indicado en los ejercicios del capítulo 5.

Por lo que respecta a la protección diferencial se ha elegido un interruptor diferencial de cuatro polos, 300 mA de sensibilidad (al tratarse de un motor) y 25 A de intensidad nominal.

14 Instalación de la puesta a tierra

14.1 Finalidad de la puesta a tierra

La instrucción ITC-BT-18 establece la finalidad de las instalaciones de puesta a tierra en los siguientes términos:

> *Las puestas a tierra se establecen principalmente con objeto de limitar la tensión que, con respecto a tierra, puedan presentar en un momento dado las masas metálicas, asegurar la actuación de las protecciones y eliminar o disminuir el riesgo que supone una avería en los materiales eléctricos utilizados.*

Por otra parte, indica en qué consiste la puesta a tierra:

> *La puesta o conexión a tierra es la unión eléctrica directa, sin fusibles ni protección alguna, de una parte del circuito eléctrico o de una parte conductora no perteneciente al mismo mediante una toma de tierra con un electrodo o grupos de electrodos enterrados en el suelo.*
>
> *Mediante la instalación de puesta a tierra se deberá conseguir que en el conjunto de instalaciones, edificios y superficie próxima del terreno no aparezcan diferencias de potencial peligrosas y que, al mismo tiempo, permita el paso a tierra de las corrientes de defecto o las de descarga de origen atmosférico.*

La Figura 14.1 muestra en detalle el funcionamiento de la puesta a tierra en el caso de una instalación eléctrica con esquema TT que supone el tipo de instalación mayormente utilizado en la práctica. Según este esquema, el neutro del secundario del transformador se conecta a una puesta a tierra y las masas de la instalación de baja tensión se conectan a otra puesta a tierra diferente.

Cuando ocurre un fallo de aislamiento (la masa de un equipo eléctrico entra en contacto por avería con un conductor activo), se producen los siguientes hechos:

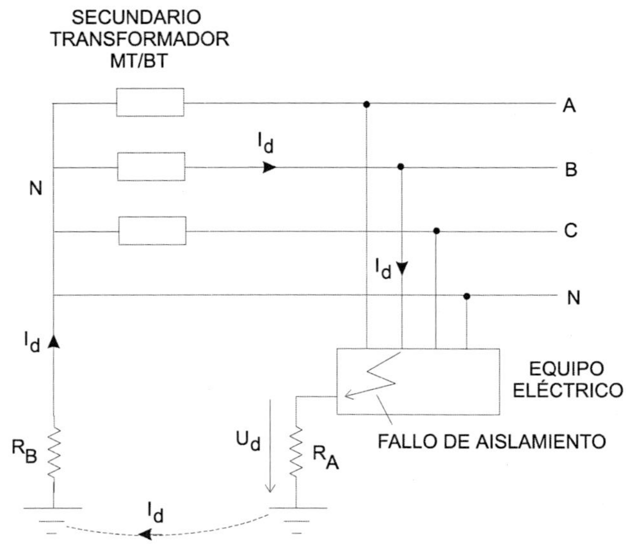

Figura 14.1. *Funcionamiento de la puesta a tierra en un esquema TT*

- Circula una corriente de defecto que se cierra a través de tierra tal como se muestra en la Figura 14.1. Si se desprecian las impedancias de los cables y se tienen únicamente en cuenta las resistencias de las dos puestas a tierra existentes (neutro del transformador y masas de baja tensión), la intensidad de defecto se puede calcular mediante la expresión [14.1]:

$$I_d = \frac{V_F}{R_A + R_B} \qquad [14.1]$$

siendo:

I_d la intensidad de defecto que se cierra a través de tierra;

R_A la resistencia de puesta a tierra de las masas de baja tensión;

R_B la resistencia de puesta a tierra del neutro del transformador;

V_F la tensión nominal fase-neutro de la instalación (230 V).

- Las masas de los equipos de la instalación quedan sometidas a una tensión (tensión de contacto) que se determina aplicando la expresión [14.2]:

$$U_d = R_A I_d = V_F \frac{R_A}{R_A + R_B} \quad [14.2]$$

Ud tensión de defecto, en voltios (V).

Uno de los objetivos de la puesta a tierra es precisamente limitar el valor de U_d de forma que sea inferior a una tensión límite convencional que el REBT establece en 50 V (o 24 V en locales especiales) y que garantiza la seguridad de la instalación frente a contactos indirectos. Sin embargo, los valores típicos de R_A y R_B no permiten asegurar el cumplimiento de dicha condición según la expresión [14.2]. Por ejemplo, considerando un valor máximo típico de 37 Ω para ambas resistencias, el valor de la tensión de contacto sería la mitad de V_F, es decir, 115 V que es un valor muy superior a los 50 V que establece el reglamento.

Por el motivo anterior, las instalaciones con esquema TT se protegen frente a contactos indirectos mediante la utilización de interruptores diferenciales que limitan la máxima corriente de defecto que puede circular por tierra. En este caso, la intensidad de defecto máxima coincide con la sensibilidad del diferencial $I_{\Delta N}$ ya que el diferencial actúa cuando la corriente de defecto supera dicho valor. La tensión de contacto máxima viene dada por la expresión [14.3] que, en la práctica y considerando los valores de sensibilidad de los diferenciales utilizados, permite asegurar la protección frente a contactos indirectos.:

$$U_d = R_A I_{\Delta n} \quad [14.3]$$

siendo:

U_d la tensión de contacto a la que se ven sometidas las masas de la instalación;

R_A la resistencia de puesta a tierra de las masas de baja tensión;

$I_{\Delta N}$ la sensibilidad del diferencial utilizado en la instalación.

En definitiva, la existencia de la instalación de puesta a tierra permite la detección de las corrientes de defecto producidas por fallos de aislamiento gracias a la utilización de interruptores diferenciales. Al mismo tiempo se limita la tensión de contacto de las masas de los equipos eléctricos a valores no peligrosos. Adicionalmente, la instalación de puesta a tierra permite la descarga a tierra de corrientes de origen atmosférico.

14.2 Puesta a tierra en edificios de viviendas

La instrucción ITC-BT-26 establece la forma en que se debe realizar la instalación de puesta a tierra en un edificio de viviendas:

> *Instalando en el fondo de las zanjas de cimentación de los edificios, y antes de empezar esta, un cable rígido de cobre desnudo de una sección mínima según se indica en la ITC-BT-18, formando un anillo cerrado que interese a todo el perímetro del edificio. A este anillo deberán conectarse electrodos verticalmente hincados en el terreno cuando se prevea la necesidad de disminuir la resistencia de tierra que pueda presentar el conductor en anillo. Cuando se trate de construcciones que comprendan varios edificios próximos, se procurará unir entre sí los anillos que forma la toma de tierra de cada uno de ellos, con objeto de formar una malla de la mayor extensión posible.*
>
> *En rehabilitación o reforma de edificios existentes, la toma de tierra se podrá realizar también situando en patios de luces o en jardines particulares del edificio, uno o varios electrodos de características adecuadas.*
>
> *Al conductor en anillo, o bien a los electrodos, se conectarán, en su caso, la estructura metálica del edificio o, cuando la cimentación del mismo se haga con zapatas de hormigón armado, un cierto número de hierros de los considerados principales y como mínimo uno por zapata.*

La Figura 14.2 muestra un esquema con la disposición típica de la instalación de puesta a tierra de un edificio de viviendas con las características descritas.

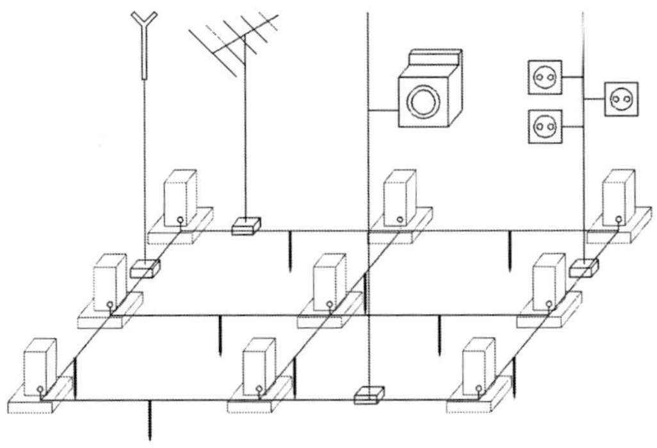

Figura 14.2. Instalación de puesta a tierra de un edificio de viviendas

Además de la estructura comentada, la instalación de puesta a tierra deberá cumplir los siguientes aspectos:

- Según la Guía Técnica de Aplicación de la ITC-BT-26, los conductores de cobre desnudos utilizados como electrodos serán de clase 2 (conductor formado por varios alambres rígidos cableados entre sí) y tendrán una sección mínima de 35 mm^2.
- La profundidad mínima de enterramiento del conductor recomendada es de 0,8 m según la misma guía aunque el valor mínimo establecido por el reglamento es 0,5 m según ITC-BT-18.
- En el caso de utilización de picas adicionales, estas deberán estar separadas una distancia no inferior a dos veces su longitud.
- Las conexiones entre los electrodos y entre estos y otros elementos (como armaduras de las zapatas) se realizarán mediante soldadura aluminotérmica o autógena.
- A la instalación de puesta a tierra deberán conectarse las partes metálicas de los depósitos de gasóleo, de las instalaciones de calefacción general, de las instalaciones de agua, de las instalaciones de gas canalizado y de las antenas de radio y televisión. Se conectará también toda masa metálica importante existente en la zona de la instalación y las masas metálicas accesibles de los aparatos receptores salvo que su clase de aislamiento no lo exija.

La Figura 14.3 muestra un detalle de la realización de la instalación de una puesta a tierra en un edificio de viviendas.

Figura 14.3. Conexión del electrodo enterrado (cable y pica) con la armadura del edificio

14.3 Puntos de puesta a tierra

En toda instalación de puesta a tierra debe existir al menos un punto o borne de puesta a tierra que permita realizar la conexión de los electrodos con los conductores de tierra y conductores de protección que, en última instancia, se conectan con las masas metálicas de los aparatos eléctricos.

Para edificios de viviendas, la instrucción ITC-BT-26 establece los siguientes puntos de puesta a tierra:

a. En el caso de rehabilitación o reforma de edificios ya existentes, el punto de puesta a tierra puede situarse en los patios de luces destinados a cocinas y cuartos de aseo.

b. En el local o lugar de la centralización de contadores, si la hubiere (Figura 14.4).

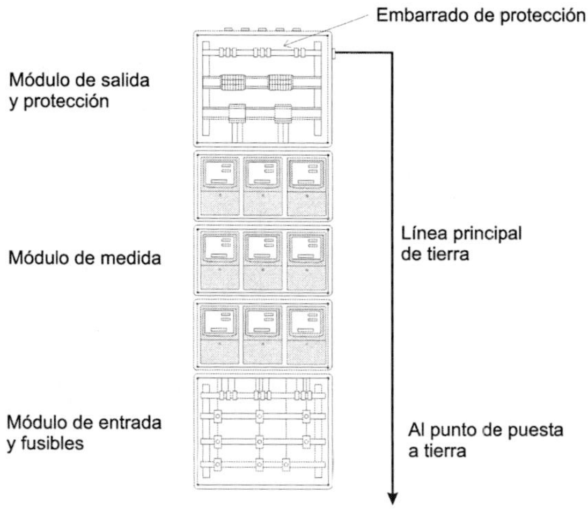

Figura 14.4. *Conexión de la centralización de contadores al punto de puesta a tierra*

c. En la base de las estructuras metálicas de los ascensores y montacargas, si los hubiere.

d. En el punto de ubicación de la caja general de protección.

e. En cualquier local donde se prevea la instalación de elementos destinados a servicios generales o especiales y que por su clase de aislamiento o condiciones de instalación deban ponerse a tierra.

De los puntos citados, el considerado principal de la instalación es el situado junto a la centralización de contadores ya que de esta salen las derivaciones de la línea principal de tierra que acaban en el origen de cada una de las instalaciones interiores. Por otro lado, el punto situado junto a la CGP tiene como objeto el poder ser utilizado para realizar mediciones o para el mantenimiento o reparación de la red de distribución.

En ocasiones, la compañía eléctrica de distribución exige la conexión a tierra en la CGP del neutro de la instalación. En la Figura 14.5 se puede apreciar cómo de la posición del neutro en la CGP (izquierda del cuadro) sale un cable de menor sección que los conductores activos y que se introduce en un tubo situado en la base de la hornacina. Aunque no se aprecia en la figura, este conductor está conectado a una pica que se ha clavado en el terreno justo en la entrada de la cometida. Esta conexión a tierra se suele denominar «puesta a tierra de apoyo al neutro» y tiene como finalidad ofrecer un camino alternativo de la corriente en el caso de que se produzca la rotura del conductor neutro en la línea de distribución. De esta forma, se evita la aparición de sobretensiones de carácter permanente en las instalaciones de usuario. Debe recalcarse que esta puesta a tierra no está recogida en el reglamento y es, por tanto, diferente a la puesta a tierra del edificio.

Figura 14.5. Puesta a tierra de apoyo al neutro

14.4 Líneas principales de tierra. Derivaciones

La línea principal de tierra está formada por el conductor de protección que une el embarrado de protección de la centralización de contadores con el borne de puesta a tierra. Cuando existen varias centralizaciones de contadores en el edificio, la línea principal de tierra discurre por la misma canalización que la LGA hasta el embarrado de protección de cada centralización.

Las derivaciones de la línea principal de tierra están constituidas por los conductores de protección que discurren desde el embarrado de protección de la centralización de contadores hasta el origen de cada instalación interior. Estos conductores se sitúan en la misma canalización que las derivaciones individuales.

Para el cálculo de su sección, tanto las líneas principales de tierra como sus derivaciones se consideran conductores de protección por lo que se aplica la Tabla 14.1 incluida en la instrucción ITC-BT-19.

Tabla 14.1. Sección de los conductores de protección

Sección de los conductores de fase S (mm^2)	Sección de los conductores de protección S_p (mm^2)
$S \leq 16$	$S_p = S$
$16 < S \leq 35$	$S_p = 16$
$S > 35$	$S_p = S/2$

En cualquier caso, la sección mínima de la línea principal de tierra será de 16 mm^2.

14.5 Cálculo de la puesta a tierra

Objetivo

El objetivo principal del procedimiento de cálculo es la determinación de la resistencia máxima que debe tener la instalación de puesta a tierra del edificio con la finalidad de asegurar una correcta protección frente a contactos indirectos. Dicho valor a alcanzar depende de la sensibilidad de los diferenciales utilizados en la instalación ya que se debe cumplir la condición 14.4:

$$R_A I_{\Delta n} < U_L \quad [14.4]$$

siendo:

- R_A la resistencia de puesta a tierra;
- $I_{\Delta n}$ la sensibilidad del diferencial (de mayor valor de $I_{\Delta n}$) utilizado en la instalación;
- U_L la tensión de contacto límite convencional que es igual a 50 V en locales secos y 24 V en locales especiales.

Considerando la sensibilidad de los diferenciales más utilizados en la práctica, se puede determinar el valor máximo de la resistencia de puesta a tierra tal como se muestra en la Tabla 14.2.

Tabla 14.2. Resistencia de tierra máxima (Ω) en función de la sensibilidad del diferencial

	$I_{\Delta N}$ del diferencial (A)				
	0,01	0,03	0,3	0,5	0,65
Local especial	2400	800	80	48	37
Local seco	5000	1666	166	100	77

La Tabla muestra que, en el caso de que la instalación esté protegida mediante interruptores diferenciales de 30 mA, lo que supone la situación normal en edificios de viviendas, es suficiente con disponer una instalación de puesta a tierra de resistencia inferior a 800 Ω. En la práctica este valor es demasiado elevado ya que con el esquema de puesta a tierra de un edificio de viviendas comentado en el principio del capítulo, se pueden conseguir fácilmente valores mucho más reducidos. Es habitual tomar como referencia para la puesta a tierra de un edificio el valor de 37 Ω que garantiza la protección frente a contactos indirectos en el caso de disponer de diferenciales de sensibilidad igual o inferior a 650 mA.

Resistencia de los electrodos de tierra

Como establece el REBT, la instalación de puesta a tierra de un edificio se realiza utilizando dos tipos de electrodos: cable desnudo de cobre enterrado y picas. El primero de ellos siempre estará presente mientras que el segundo se empleará en el caso de que el primero sea insuficiente para lograr el valor de resistencia a tierra deseado.

En el caso del conductor desnudo enterrado horizontalmente, la resistencia que ofrece al paso de la corriente se calcula mediante la expresión [14.5].

$$R = 2\frac{\rho}{L} \qquad [14.5]$$

siendo:

R la resistencia de la puesta a tierra del electrodo en Ω.

ρ la resistividad del terreno en Ωm.

L la longitud del conductor horizontal enterrado.

Mientras que en el caso de una pica (dispuesta verticalmente) la expresión equivalente es la [14.6]:

$$R = \frac{\rho}{L} \quad [14.6]$$

Cuando se conectan varias picas en paralelo (véase Figura 14.6), el valor de la resistencia resultante se puede determinar a partir de la expresión [14.7]:

$$R = k\frac{R_e}{n} \quad [14.7]$$

siendo:

R la resistencia de la puesta a tierra del conjunto en Ω.

R_e la resistencia de una pica.

n el número de picas en paralelo.

k un coeficiente corrector que depende del cociente entre la separación de las picas D y su longitud L. El valor de k se indica en la Tabla 14.3.

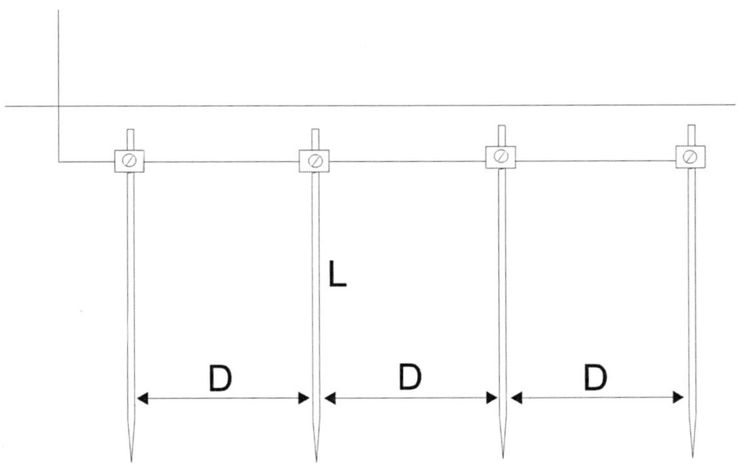

Figura 14.6. *Disposición de varias picas en paralelo*

Tabla 14.3. Coeficiente corrector k en función del número de picas y su disposición

Número y disposición de las picas	Relación D/L						
	1	1,5	2	2,5	3	3,5	4
2 en línea	1,17	1,12	1,09	1,07	1,06	1,05	1,05
3 en línea	1,26	1,18	1,14	1,11	1,09	1,08	1,07
3 en triángulo	1,34	1,23	1,18	1,15	1,12	1,1	1,09
4 en línea	1,43	1,29	1,23	1,18	1,15	1,13	1,12
4 en cuadrado	1,46	1,32	1,25	1,2	1,17	1,14	1,13

En el caso de que se combinen electrodos horizontales con picas, la resistencia de puesta a tierra resultante se calculará considerando una asociación eléctrica en paralelo.

Resistividad del terreno

El cálculo de la resistencia de la puesta a tierra exige el conocimiento del valor de la resistividad del terreno ρ. Para su determinación existen dos alternativas:

1. Medir la resistividad del terreno aplicando algún método conocido como el método de los cuatro electrodos.
2. Estimar su valor a partir de las tablas indicadas en la ITC-BT-18 y que se reproducen a continuación como Tablas 14.4 y 14.5.

Tabla 14.4. *Valores orientativos de la resistividad en función del terreno*

Naturaleza terreno	Resistividad (Ωm)
Terrenos pantanosos	de algunas unidades a 30
Limo	20 a 100
Humus	10 a 150
Turba húmeda	5 a 100
Arcilla plástica	50
Margas y arcillas compactas	100 a 200
Margas del jurásico	30 a 40
Arena arcillosa	50 a 500
Arena silícea	200 a 3000
Suelo pedregoso cubierto de césped	300 a 500
Suelo pedregoso desnudo	1500 a 3000
Calizas blandas	100 a 300
Calizas compactas	1000 a 5000
Calizas agrietadas	500 a 1000
Pizarras	50 a 300
Roca de mica y cuarzo	800
Granitos y gres procedentes de alteración	1500 a 10000
Granito y gres muy alterado	100 a 600

Tabla 14.5. Valores medios aproximados de la resistividad en función del terreno

Naturaleza terreno	Resistividad (Ωm)
Terrenos cultivables y fértiles, terraplenes compactos y húmedos	50
Terraplenes cultivables poco fértiles y otros terraplenes	500
Suelos pedregosos desnudos, arenas secas permeables	3000

Obviamente, la utilización de las tablas anteriores puede conducir a errores importantes por lo que siempre es preferible la opción de realizar la medida directa de la resistividad del terreno.

Procedimiento de cálculo

El procedimiento de cálculo consiste en determinar la longitud de conductor enterrado y, si es necesario, el número de picas a instalar para alcanzar la resistencia de puesta a tierra requerida. Como ya se ha comentado anteriormente, se puede tomar como referencia para un edificio de viviendas el valor de 37 Ω. El procedimiento de cálculo se muestra en los dos ejemplos siguientes:

Ejemplo 14.1

Determinar la longitud de conductor horizontal enterrado necesario para conseguir una resistencia de puesta a tierra de 37 Ω en un terreno con suelo pedregoso cuya resistividad es de 300 Ωm.

Solución:

Para el caso de un conductor enterrado horizontalmente, la expresión [14.5] de la resistencia de puesta a tierra es:

$$R = 2\frac{\rho}{L}$$

de donde se puede despejar el valor de longitud necesario:

$$L = \frac{2\rho}{R} = \frac{2 \times 300}{37} = 16{,}2\ m$$

Ejemplo 14.2

Determinar el sistema de puesta a tierra de un edificio destinado principalmente a viviendas cuyo perímetro de cimentación es de 125 m en un terreno de grava y arena silícea de resistividad 3000 Ωm. Se exige un valor de puesta a tierra inferior a 37 Ω.

Solución:

Mediante el conductor de cobre enterrado en las zanjas de cimentación, obtenemos un valor de la resistencia de puesta a tierra igual a:

$$R_E = \frac{2\rho}{L} = \frac{2 \times 3000}{125} = 48\ \Omega$$

Puesto que el valor anterior es superior al de 37 Ω exigido, se deberán colocar las picas necesarias hasta alcanzar el valor deseado. Considerando que las picas están conectadas en paralelo con el conductor enterrado, puede obtenerse el valor de la resistencia del conjunto de picas (R_p) a partir de la siguiente expresión (equivalente de dos resistencias en paralelo):

$$R = \frac{R_E \cdot R_P}{R_E + R_P} = 37\ \Omega \quad \rightarrow \quad R_P = 161{,}45\ \Omega$$

Considerando que las picas son de 2 metros y que están lo suficientemente separadas entre sí ($k = 1$) se puede determinar el número de picas necesario. La resistencia de una pica será:

$$R_{1p} = \frac{\rho}{L} = \frac{3000}{2} = 1500\ \Omega$$

por lo que:

$$R_p = \frac{R_{1p}}{n} \quad \rightarrow \quad n = \frac{1500}{161{,}45} = 9{,}29$$

Es decir, necesitaríamos 10 picas para alcanzar el valor deseado de la resistencia de puesta a tierra.

Por tanto, el sistema de puesta a tierra del edificio estaría compuesto por un conductor horizontal enterrado de 125 m de longitud y 10 picas de 2 m conectadas al conductor anterior y distribuidas a lo largo de su longitud.

La Guía Técnica de Aplicación de la instrucción ITC-BT-26 ofrece una tabla (extraída de la NTE-IEP) que permite realizar, de forma equivalente al procedimiento mostrado en el ejemplo 14.2, el diseño de la instalación de puesta a tierra. Dicha tabla (Tabla 14.6) está concebida para obtener valores de resistencia de puesta a tierra que no sobrepasen los 37 Ω en edificios sin pararrayos y el valor de 15 Ω en edificios que dispongan de pararrayos. Para ello utiliza como datos el tipo de terreno y el perímetro de la cimentación del edificio. Las picas consideradas tienen una longitud de 2 m, un diámetro de 14 mm y están recubiertas de cobre electrolítico.

Tabla 14.6. *Tabla de cálculo rápido del sistema de puesta a tierra*

NATURALEZA DEL TERRENO								
Terrenos orgánicos, arcillas y margas		Arenas arcillosas y graveras Rocas sedimentarias		Calizas agrietadas y rocas eruptivas		Grava y arena silícea		Número de picas
Sin pararrayos	Con pararrayos	Sin pararrayos	Con pararrayos	Sin pararrayos	Con pararrayos	Sin pararrayos	Con pararrayos	
25	34	28	67	54	134	162	400	0
	30	25	63	50	130	158	396	1
	26		59	46	126	154	392	2
			55	42	122	150	388	3
			51	38	118	146	384	4
			47	34	114	142	380	5
			43	30	110	138	376	6
			39		106	134	372	7
			35		105	130	368	8

NATURALEZA DEL TERRENO								
Terrenos orgánicos, arcillas y margas		Arenas arcillosas y graveras Rocas sedimentarias		Calizas agrietadas y rocas eruptivas		Grava y arena silícea		Número de picas
Sin pararrayos	Con pararrayos	Sin pararrayos	Con pararrayos	Sin pararrayos	Con pararrayos	Sin pararrayos	Con pararrayos	
					98	126	364	9
					94	122	360	10
					90	118	356	11
					86	114	352	12
					82	110	348	13
					78	106	344	14
					74	102	340	15
					70	98	336	16
						90	328	18
						82	320	20
							312	22
							304	24
							296	26
							288	28
							280	30
							272	32
							264	34
							256	36
							248	38
							240	40
							232	42
							224	44
							216	46
							208	48
							200	50

Para determinar la configuración de la toma de tierra del edificio se recorre de abajo arriba la columna correspondiente al tipo de terreno y características de la instalación hasta encontrar el número que coincida con la longitud en planta de la conducción enterrada en metros, siendo el número de picas necesarias el valor que aparece en la columna de la derecha de esa misma fila.

Ejemplo 14.3

Determinar el sistema de puesta a tierra de un edificio destinado principalmente a viviendas sin instalación de pararrayos cuyo perímetro de cimentación es de 125 m en un terreno de grava y arena silícea de forma que la resistencia de tierra sea suficiente para emplear interruptores diferenciales de 650 mA de sensibilidad.

Solución:

La resistencia de puesta a tierra necesaria se define a partir del valor de la sensibilidad del diferencial de la siguiente forma:

$$R < \frac{U_L}{I_\Delta} = \frac{24}{0{,}65} = 36{,}92\ \Omega$$

Dado que el valor requerido es prácticamente igual a 37 Ω se puede utilizar la Tabla 14.6.

Entrando por la columna 7 (grava y arena silícea, edificio sin pararrayos), se busca el valor de 125 m o inmediato inferior y se mira en la columna de la derecha el número de picas necesario que en este caso es de 10. Por tanto, el sistema de puesta a tierra está constituido por un conductor enterrado de 125 m de longitud al que se le conectan 10 picas de 2 m de longitud.

14.6 Puesta a tierra en edificios con centro de transformación

En el caso de que un edificio de viviendas contenga un centro de transformación hay que tener en cuenta que en el propio edificio y en sus inmediaciones deben existir tres instalaciones de puesta a tierra tal como se muestra en la Figura 14.7:

- Puesta a tierra de las masas de baja tensión (puesta a tierra del edificio).
- Puesta a tierra de las masas del centro de transformación.
- Puesta a tierra del neutro del transformador.

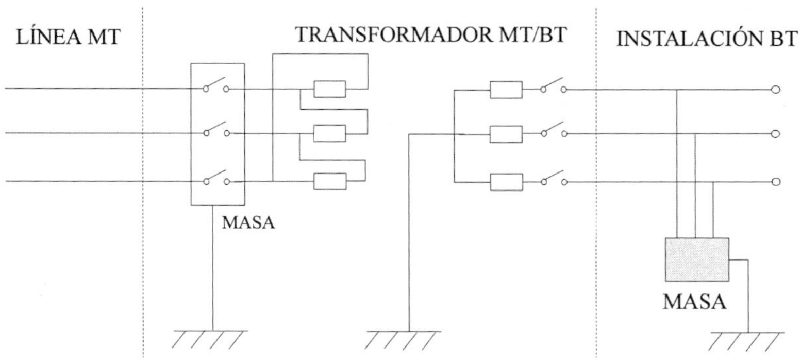

Figura 14.7. *Instalaciones de puesta a tierra en una instalación de baja tensión y su centro de transformación*

Estas puestas a tierra deben ser, como norma general, distintas (electrodos distintos y sin conexión eléctrica entre ellos) e independientes (el funcionamiento de cualquiera de ellas no debe afectar a las otras). Debe tenerse en cuenta que un fallo de aislamiento en el centro de transformación puede provocar la aparición de tensiones de defecto muy elevadas que podrían transferirse, si no se realiza el diseño adecuadamente, a la instalación de baja tensión y a las masas de baja tensión. Sin embargo, bajo ciertas condiciones las masas del CT y el neutro del transformador pueden utilizar la misma puesta a tierra.

Configuración de la instalación de puesta a tierra de las masas del centro de transformación

Según el *Reglamento sobre condiciones técnicas y garantías de seguridad en centrales eléctricas subestaciones y centros de transformación* (usualmente conocido como Reglamento de Alta Tensión - RAT), la instalación de puesta a tierra en instalaciones eléctricas de alta tensión, entre las que se incluyen los centros de transformación, se compone de líneas de tierra y electrodos.

Las líneas de tierra están constituidas por los conductores que unen los electrodos con los elementos que deben conectarse a tierra. Con carácter general se recomienda que sean conductores desnudos instalados al exterior de forma visible. En ningún caso se admitirán secciones inferiores a 25 mm^2 para el cobre y 50 mm^2 para el acero.

La configuración típica del sistema de electrodos que se adopta en un centro de transformación es la de un anillo rectangular de cable de cobre instalado en la zanja perimetral de cimentación del CT con la adición de picas en los vértices y en los puntos medios de los lados si es necesario (Figura 14.8). En los casos en los que no es posible utilizar un electrodo rectangular (por ejemplo cuando el subsuelo del CT está ocupado o en edificios de viviendas) se suele utilizar un electrodo longitudinal con picas en hilera instalado en el exterior del CT (Figura 14.9).

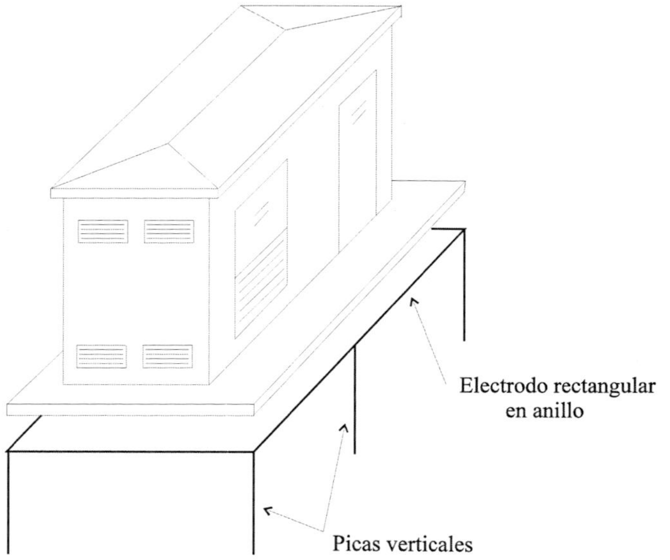

Figura 14.8. Puesta a tierra mediante anillo rectangular con picas adicionales

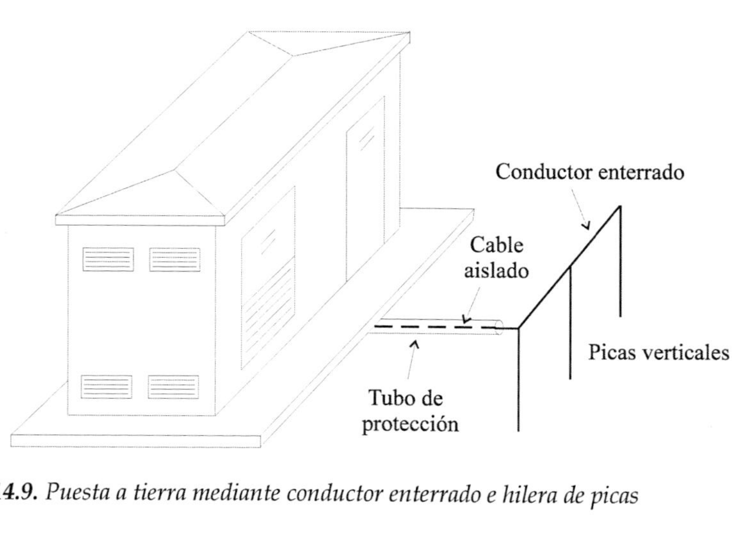

Figura 14.9. Puesta a tierra mediante conductor enterrado e hilera de picas

Como complemento de seguridad a la puesta a tierra de las masas del CT, es habitual que por debajo del suelo del mismo se coloque una malla metálica de retícula 30x30 cm como máximo y que se conecta a la puesta a tierra de las masas. De esta forma, el suelo del CT se convierte en una superficie equipotencial por lo que las tensiones de paso y de contacto en su interior son nulas y no es necesario comprobarlas. Esta disposición viene definida en la «Recomendación UNESA».

Configuración de la instalación de puesta a tierra del neutro del transformador

El electrodo de puesta a tierra del neutro del transformador se situará, como norma general, a cierta distancia del electrodo de la puesta a tierra de las masas del CT. Con esta separación se evita que los elevados potenciales que aparecen en el terreno próximo al CT, durante un defecto en media tensión, puedan transferirse a la instalación de baja tensión a través del neutro.

En la figura 14.10 se muestra la disposición característica del sistema de puesta a tierra del neutro del transformador que consta básicamente de:

- El electrodo.
- Un conductor (línea de enlace con tierra) que conecta el neutro con el electrodo.

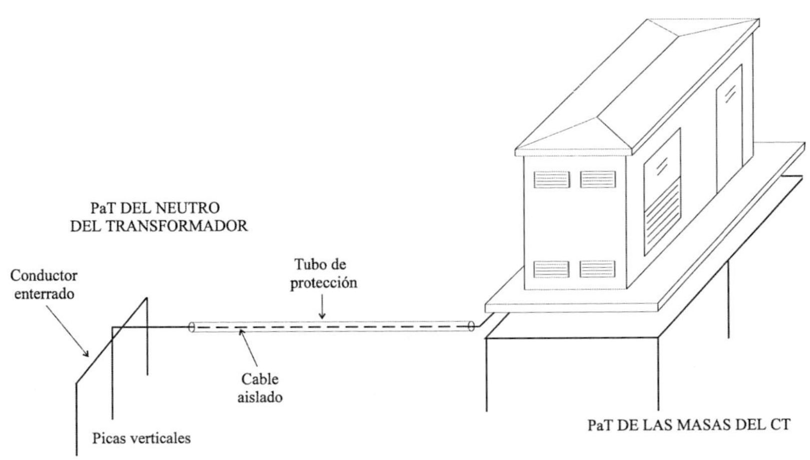

Figura 14.10. *Sistema de puesta a tierra del neutro del transformador*

Por lo que se refiere al conductor de conexión entre el neutro y el electrodo, se utiliza cable aislado de 0,6/1 kV con el objeto de evitar que los potenciales originados por defectos en media tensión se transfieran a la toma de tierra del neutro a través de este conductor. Además, el conductor debe estar protegido por un tubo de PVC con grado de protección 7, como mínimo, frente a daños mecánicos.

En cuanto al electrodo, el más utilizado para esta puesta a tierra es una hilera de picas. Usualmente, se prescribe un valor máximo de 37 Ω para la resistencia de puesta a tierra del neutro.

Separación entre la puesta a tierra de las masas del CT y la puesta a tierra del neutro del transformador

Para el correcto funcionamiento de una instalación eléctrica es necesario asegurarse de que sus elementos y componentes tienen una elevada rigidez dieléctrica, es decir, son capaces de soportar tensiones elevadas entre sus partes activas y masa sin que se produzca el daño de su aislamiento. Por esta razón, el REBT, en la instrucción ITC-BT-19, considera que una instalación eléctrica de baja tensión debe ser capaz de soportar durante un minuto una tensión como mínimo de 1500 V entre cada uno de los conductores (incluyendo el neutro) y tierra y entre los conductores entre sí. Por este motivo, la recomendación UNESA limita la tensión transferida al electrodo de neutro desde la puesta a tierra de MT a 1000 V. Puede determinarse la distancia mínima de separación entre las dos puestas a tierra utilizando la expresión [14.8]:

$$D \geq \frac{\rho I_d}{2000\pi} \quad [14.8]$$

en la que:

D distancia de separación en metros.

I_d intensidad de defecto en la red MT.

ρ resistividad del terreno en ohmios por metro.

Si la máxima tensión de defecto a tierra en la puesta a tierra de las masas del CT es menor de 1000 V se pueden conectar los sistemas de puesta a tierra del neutro del transformador y de las masas de media tensión.

Separación entre la puesta a tierra de las masas del CT y la puesta a tierra de las masas de BT

Según la ITC-BT-18 se considera que dos tomas de tierra son independientes cuando una de las tomas de tierra no alcance, respecto a un punto de potencial cero, una tensión superior a 50 V cuando por la otra circula la máxima corriente de defecto a tierra prevista.

La necesidad de separar estas dos puestas a tierra la establece la misma instrucción en el apartado 11, el cual se reproduce a continuación:

> *Se verificará que las masas puestas a tierra en una instalación de utilización, así como los conductores de protección asociados a estas masas o a los relés de protección de masa, no están unidas a la toma de tierra de las masas de un centro de transformación, para evitar que durante la evacuación de un defecto a tierra en el centro de transformación, las masas de la instalación de utilización puedan quedar sometidas a tensiones de contacto peligrosas. Si no se hace el control de independencia del punto 10, entre la puesta a tierra de las masas de las instalaciones de utilización respecto a la puesta a tierra de protección o masas del centro de transformación, se considerará que las tomas de tierra son eléctricamente independientes cuando se cumplen todas y cada una de las condiciones siguientes:*
>
> *a) No exista canalización metálica conductora (cubierta metálica de cable no aislada especialmente, canalización de agua, gas, etc.) que una la zona de tierra del centro de transformación con la zona en donde se encuentran los aparatos de utilización.*
>
> *b) La distancia entre las tomas de tierra del centro de transformación y las tomas de tierra u otros elementos conductores enterrados en los locales de utilización es al menos igual a 15 m para terrenos cuya resistividad no sea elevada (< 100 Ωm). Cuando el terreno sea muy mal conductor, la distancia se calculará aplicando la fórmula:*
>
> $$D = \frac{\rho I_d}{2\pi U}$$

siendo:

D distancia entre electrodos en metros.

ρ resistividad media del terreno en Ωm.

I_d *intensidad de defecto a tierra, en amperios, para el lado de alta tensión, que será facilitado por la empresa eléctrica.*

U 1200 V para sistemas de distribución TT, siempre que el tiempo de eliminación del defecto en la instalación de alta tensión sea menor o igual a 5 segundos y 250 V, en caso contrario.

c) El centro de transformación está situado en un recinto aislado de los locales de utilización o bien, si está contiguo a los locales de utilización o en el interior de los mismos, está establecido de tal manera que sus elementos metálicos no están unidos eléctricamente a los elementos metálicos constructivos de los locales de utilización.

La misma instrucción del reglamento establece la siguiente excepción a lo anterior:

> *Solo se podrán unir la puesta a tierra de la instalación de utilización (edificio) y la puesta a tierra de protección (masas) del centro de transformación, si el valor de la resistencia de puesta a tierra única es lo suficientemente baja para que se cumpla que en el caso de evacuar el máximo valor previsto de la corriente de defecto a tierra* (I_d) *en el centro de transformación, el valor de la tensión de defecto* ($V_d = I_d \times R_t$) *sea menor que la tensión de contacto máxima aplicada definida en el punto 1.1 de la MIE-RAT 13.*

Considerando las corrientes de defecto usuales en MT en la zona de Levante (500 A) y las características de los dispositivos de protección utilizados puede afirmarse que la condición anterior es de muy difícil aplicación en dicha zona.

Configuración típica de las instalaciones de puesta a tierra de un centro de transformación en un edificio de viviendas

La Figura 14.11 muestra la configuración típica de las instalaciones de puesta a tierra de un centro de transformación situado en un edificio de viviendas. Como se aprecia en la figura, la puesta a tierra de las masas del CT y la puesta a tierra del neutro se construyen, en general, como puestas a tierra independientes aunque, si se cumple la condición establecida anteriormente (máxima tensión de defecto a tierra en la puesta a tierra de las masas del CT menor de 1000 V) pueden constituir una única puesta a tierra. El número de picas de las instalaciones y la longitud de conductor enterrado dependen del valor de la resistencia de puesta a tierra requerido.

Usualmente, las dos instalaciones de puesta a tierra mencionadas se entierran a lo largo de la fachada del edificio, como se aprecia en la figura, y a una distancia que, en general, no permite cumplir con la condición de independencia entre la puesta a tierra del edificio y la puesta a tierra de las masas del CT. Debe tenerse en cuenta que alejar las puestas a tierra de la fachada del edificio a una distancia de 15 m conlleva problemas prácticos al tener que enterrarlas en la calzada de la calle o aproximarlas excesivamente a los edificios del otro lado de la calle pudiéndose incumplir entonces la condición de independencia con la puesta a tierra de estos últimos.

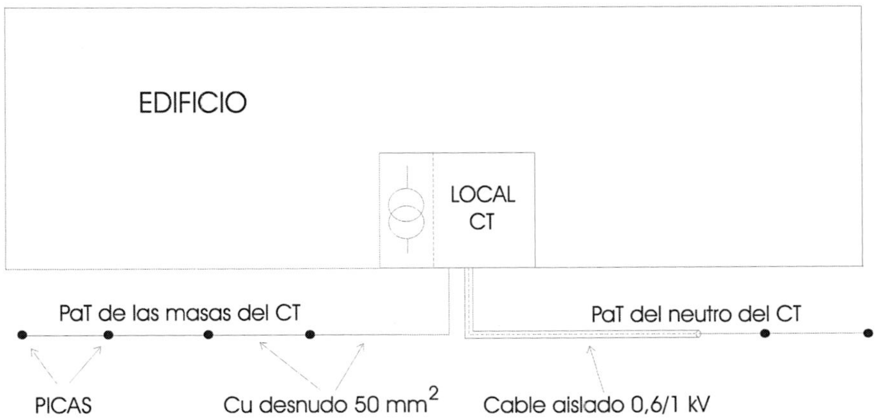

Figura 14.11. Configuración de la PaT de un CT en edificio de viviendas

Anexo I - Conceptos de seguridad contra incendios

A1. Introducción

Las instalaciones eléctricas son frecuentemente origen de incendios, razón por la que tanto los locales que albergan elementos eléctricos como los lugares por los que discurren concentraciones de cables deben reunir requisitos especiales que garanticen una cierta seguridad frente a este riesgo. En el 2002, año de publicación del actual Reglamento Electrotécnico de Baja Tensión, la normativa en vigor en materia de seguridad contra incendios era la NBE-CPI-96 (Norma Básica de la Edificación de Condiciones de Protección Contra Incendios). Por ello en el texto del REBT y sus instrucciones técnicas complementarias son frecuentes las alusiones a esta norma.

Posteriormente, en el año 2005, entró en vigor el *RD 312/2005 por el que se aprueba la clasificación de los productos de construcción y de los elementos constructivos en función de sus propiedades de reacción y de resistencia frente al fuego*, que introdujo variaciones notables respecto a la anterior clasificación. Años más tarde, en el año 2013 se sustituyó esta norma con la publicación del *Real Decreto 842/2013, de 31 de octubre, por el que se aprueba la clasificación de los productos de construcción y de los elementos constructivos en función de sus propiedades de reacción y de resistencia frente al fuego*, que transpuso el Reglamento Europeo de Productos de la construcción (PCR) a la regulación nacional, homogenizando la clasificación a nivel del continente. Además, en el año 2006 apareció el Código Técnico de la Edificación que reformó la normativa existente en construcción. Este incluye una separata de *Seguridad en Caso de Incendio* donde se reflejan las nuevas exigencias constructivas y deroga la NBE-CPI-96. Esto hace que las referencias que aparecen en el REBT en cuanto a exigencias de protección contra incendios hayan quedado obsoletas.

Este Anexo está concebido para actualizar al nuevo contexto normativo tanto los conceptos como los requisitos exigibles a ciertos elementos que albergan las instalaciones eléctricas y servir como documento de consulta. En el texto de este manual, las condiciones establecidas en el REBT de protección contra incendios han sido actualizadas a la nueva nomenclatura por lo que no coinciden con el texto del reglamento. Aquí es donde se encontrarán tanto la equivalencia entre ambas designaciones como la explicación del significado de la nueva terminología. Además se incluyen los requisitos para que ciertas partes de los edificios tengan una consideración especial, como es el caso de las escaleras, y las condiciones de tipo constructivo que deben reunir para garantizar la seguridad en caso de incendio.

A2. Clasificación de los materiales de la construcción en función de sus propiedades de reacción al fuego

En primer lugar cabe diferenciar entre dos conceptos diferentes: material y elementos constructivos. El primero es parte del segundo. Los materiales o productos se obtienen en fábricas y se emplean en la construcción para realizar los elementos constructivos. Ejemplos de materiales son los ladrillos, el cemento, el hormigón, los tableros para realizar puertas, etc., y de elementos constructivos las paredes, los pilares, las puertas ya colocadas, etc. Los criterios de clasificación de ambos son muy diferentes, por ello se analizan por separado.

A2.1 Clasificación de los productos de la construcción

Las referencias a tipos de materiales de la construcción que aparecen en el REBT utilizan la nomenclatura establecida en la UNE 23 727, que es la utilizada también en la CPI-96. Según ella, los materiales se designan con la letra «M» seguida de una cifra que va del 0 al 4, valor que indica la magnitud relativa con la que los materiales correspondientes pueden favorecer el desarrollo de un incendio. El significado de estas designaciones aparece en la Tabla AI.1.

Tabla AI.1. *Clasificación obsoleta de los productos de la construcción según su comportamiento ante el fuego*

Material	Reacción al fuego
M0	No combustible ante la acción térmica normalizada correspondiente.
M1	Combustible pero no inflamable. Su combustión no se mantiene cuando cesa la aportación de calor desde un foco exterior.
M2	Grado de inflamabilidad moderada.
M3	Grado de inflamabilidad media.
M4	Grado de inflamabilidad alta.

La normativa actual es el *Real Decreto 842/2013, de 31 de octubre, por el que se aprueba la clasificación de los productos de construcción y de los elementos constructivos en función de sus propiedades de reacción y de resistencia frente al fuego*. Con ella, los productos de la construcción se clasifican en:

Tabla AI.2. *Clasificación actual de los materiales de la construcción según su comportamiento ante el fuego*

Clasificación	Definición	Clasificaciones adicionales obligatorias en la mayoría de las clases	
		Opacidad de los humos "s" (smoke)	Caída de gotas o partículas inflamadas "d" (drop)
A1	No combustible. Sin contribución en grado máximo al fuego	No procede	
A2	No combustible. Sin contribución en grado menor al fuego		
B	Combustible, Contribución muy limitada al fuego	s1: baja	d0: nula
C	Combustible, Contribución limitada al fuego	s2: media	d1: media
D	Combustible, Contribución media al fuego	s3: alta	d2: alta
E	Combustible, Contribución alta al fuego		
F	Sin clasificar	No procede	

La nueva clasificación es más extensa y compleja, por lo que se estudia en detalle en este apartado. Previo al desarrollo se clarifican una serie de conceptos.

Conceptos relativos a la composición del producto

- **Producto homogéneo:** producto consistente en un solo material con una densidad y composición uniformes en todo el producto.
- **Producto heterogéneo:** producto que no satisface los requisitos de un componente homogéneo. Es un producto formado por uno o más componentes sustanciales y/o no sustanciales.
- **Componente sustancial:** material que constituye una parte importante de un producto heterogéneo. Se considera como tal una capa de una masa/unidad de superficie > 1,0 kg/m^2 o un espesor > 1,0 mm.

- **Componente no sustancial:** es un material que no constituye una parte importante de un producto heterogéneo. Se considera como tal una capa de una masa/unidad de superficie < 1,0 kg/m^2 o un espesor < 1,0 mm. Estos a su vez pueden ser:
  - **Internos:** cuando está cubierto por ambos lados por al menos un componente sustancial.
  - **Externos:** cuando no está cubierto por un lado por un componente sustancial.

Tabla AI.3 *Conceptos relativos a los parámetros objeto de ensayo*

Símbolo	Significado	Definición
ΔT	Incremento de temperatura (K)	
Δm	Pérdida de masa (%)	
t_f	Duración de la llama (s)	
PCS	Potencial Calorífico Superior (MJ/kg o MJ/m^2)	Energía térmica producida por la combustión de una unidad de masa o de superficie de una sustancia dada.
FIGRA	Índice de la velocidad de crecimiento del fuego utilizado a efectos de clasificación.	Valor máximo del cociente de la velocidad de desprendimiento de calor por una muestra y el instante que se ha iniciado.
THR_{600}	Emisión Total de Calor (MJ)	Es la cantidad de calor emitida que puede referirse a un tiempo determinado (normalmente 600 s).
LFS	Propagación Lateral de las Llamas	Es el máximo desplazamiento de una llama sostenida (aplicada en o sobre una superficie en un periodo mínimo de tiempo), medido mediante un ensayo normalizado.
SMOGRA	Tasa de producción del humo	Es el valor máximo del cociente de la velocidad de producción del humo por una muestra y el tiempo durante el cual se ha producido.
TSP_{600}	Producción Total de Humo	Es el valor medio de la producción de humo en un tiempo especificado (normalmente 600 s) obtenido mediante un número determinado de ensayos normalizados repetidos.
F_S	Propagación Vertical de la Llama	Es el punto más alto alcanzado por la punta de la llama, determinado mediante un ensayo normalizado.

Clase A1

Los productos clasificados como A1 no deben contribuir ni al crecimiento del fuego, ni al fuego totalmente desarrollado y no representa peligro en la producción de humo. Por ello se supone que son capaces de satisfacer automáticamente todos los requisitos de todas las clases inferiores.

Productos homogéneos

Los productos homogéneos se considerarán de Clase A1 cuando realizados dos ensayos normalizados **satisfagan a la vez** las siguientes condiciones:

EN-ISO-1716	PCS $\leq$ 2,0 MJ/kg
EN-ISO-1182	$\Delta T \leq 30$ °C
	$\Delta m \leq 50$ %
	$t_f = 0$ s

Productos heterogéneos

Los productos heterogéneos se considerarán de Clase A1 cuando verifique simultáneamente:

- **Sus componentes sustanciales:** las mismas condiciones que los materiales homogéneos.

EN-ISO-1716	PCS $\leq$ 2,0 MJ/kg
EN-ISO-1182	$\Delta T \leq 30$ °C
	$\Delta m \leq 50$ %
	$t_f = 0$ s

- **Sus componentes no sustanciales externos:** satisfacen simultáneamente.

EN-ISO-1716	PCS $\leq$ 2,0 MJ/m^2
EN-13823	$FIGRA_{0,2MJ} \leq 20$ W/s
	LFS < borde de muestra
	$THR_{600s} \leq 4,0$ MJ

O bien satisfacen:

EN-ISO-1716	PCS $\leq$ 2,0 MJ/kg

- **Sus componentes no sustanciales internos:**

EN-ISO-1716	PCS ≤ 1,4 MJ/m^2

- **El producto como un todo:**

EN-ISO-1716	PCS ≤ 2,0 MJ/kg

Clase A2

Productos homogéneos

Los productos homogéneos se considerarán de Clase A2 cuando realizados dos ensayos normalizados **en al menos uno de ellos** se obtengan los siguientes resultados:

EN-ISO-1716	PCS ≤ 3,0 MJ/kg
EN-ISO-1182	$\Delta T \leq 50$ °C
	$\Delta m \leq 50$ %
	$t_f \leq 20$ s

Productos heterogéneos

Los productos heterogéneos se considerarán de Clase A2 cuando verifiquen simultáneamente:

- **Sus componentes sustanciales:** las mismas condiciones que los materiales homogéneos.

EN-ISO-1716	PCS ≤ 3,0 MJ/kg
EN-ISO-1182	$\Delta T \leq 50$ °C
	$\Delta m \leq 50$ %
	$t_f \leq 20$ s

- **Sus componentes no sustanciales externos:**

EN-ISO-1716	PCS ≤ 4,0 MJ/m^2

- **Sus componentes no sustanciales internos:**

EN-ISO-1716	PCS $\leq$ 4,0 MJ/m^2

- **El producto como un todo:**

EN-ISO-1716	PCS $\leq$ 3,0 MJ/kg

Obligatoriamente la designación del producto irá acompañada de la clasificación correspondiente a la producción de humo y de gotas inflamadas.

EN-13823	$FIGRA_{0,2MJ} \leq 120$ W/s LFS < borde de muestra $THR_{600s} \leq 7,5$ MJ

Clase B

Son productos capaces de resistir el ataque de una llama pequeña sin que se produzca una propagación sustancial de la llama, cuando esta actúa durante 60 segundos. Además son capaces de resistir un ataque térmico por un único objeto ardiendo con un retraso suficiente y un desprendimiento de calor limitado (120 W/s).

El producto satisfará simultáneamente las siguientes condiciones:

EN-ISO-11925-2	Bajo condiciones de ataque con llama superficial y, cuando sea necesario, ataque por la llama del borde (los productos pueden estar expuestos por el borde), con un tiempo de exposición de 30 s, no se producirá una propagación de la llama superior a 150 mm verticalmente a partir del punto de aplicación de la llama de ensayo dentro de un periodo de 60 s a contar desde el instante de la aplicación. $F_S < 150$ mm en 60 s
EN-13823	$FIGRA_{0,2MJ} \leq 120$ W/s LFS < borde de muestra $THR_{600s} \leq 7,5$ MJ

Obligatoriamente la designación del producto irá acompañada de la designación correspondiente a la producción de humo y de gotas inflamadas.

Clase C

Son productos capaces de resistir el ataque de una llama pequeña sin que se produzca una propagación sustancial de la llama, cuando esta actúa durante 60 segundos. Además son capaces de resistir un ataque térmico por un único objeto ardiendo con un retraso suficiente y un desprendimiento de calor limitado (250 W/s).

El producto satisfará simultáneamente las siguientes condiciones:

EN-ISO-11925-2	Bajo condiciones de ataque con llama superficial y, cuando sea necesario, ataque por la llama del borde (los productos pueden estar expuestos por el borde), con un tiempo de exposición de 30 s, no se producirá una propagación de la llama superior a 150 mm verticalmente a partir del punto de aplicación de la llama de ensayo dentro de un periodo de 60 s a contar desde el instante de la aplicación.
EN-13823	$FIGRA_{0,4MJ} \leq 250$ W/s LFS < borde de muestra $THR_{600s} \leq 15$ MJ

Obligatoriamente la designación del producto irá acompañada de la designación correspondiente a la producción de humo y de gotas inflamadas.

Clase D

Son productos capaces de resistir el ataque de una llama pequeña sin que se produzca una propagación sustancial de la llama, cuando esta actúa durante 60 segundos. Además son capaces de resistir un ataque térmico por un único objeto ardiendo con un retraso suficiente y un desprendimiento de calor limitado (750 W/s).

El producto satisfará simultáneamente las siguientes condiciones:

EN-ISO-11925-2	Bajo condiciones de ataque con llama superficial y, cuando sea necesario, ataque por la llama del borde (los productos pueden estar expuestos por el borde), con un tiempo de exposición de 30 s, no se producirá una propagación de la llama superior a 150 mm verticalmente a partir del punto de aplicación de la llama de ensayo dentro de un periodo de 60 s a contar desde el instante de la aplicación. $F_S < 150$ mm en 60 s
EN-13823	$FIGRA_{0,4MJ} \leq 750$ W/s

Obligatoriamente la designación del producto irá acompañada de la designación correspondiente a la producción de humo y de gotas inflamadas.

Clase E

Son productos capaces de resistir el ataque de una llama pequeña sin que se produzca una propagación sustancial de la llama, cuando esta actúa durante 20 segundos.

El producto satisfará simultáneamente las siguientes condiciones:

EN-ISO-11925-2	Bajo condiciones de ataque con llama superficial y, cuando sea necesario, ataque por la llama del borde (los productos pueden estar expuestos por el borde), con un tiempo de exposición de 15 s, no se producirá una propagación de la llama superior a 150 mm verticalmente a partir del punto de aplicación de la llama de ensayo dentro de un periodo de 20 s a contar desde el instante de la aplicación. $F_S < 150$ mm en 20 s

Obligatoriamente la designación del producto irá acompañada de la designación correspondiente a la caída de gotas y/o partículas inflamadas.

Clase F

No existen criterios de comportamiento.

A2.1.1 Clasificaciones adicionales s1, s2, s3 para producción de humo

Los productos A2, B, C, D obtendrán la clasificación adicional de s1, s2 o s3 en relación con la producción de humo. Esta consistirá en:

s1

Satisfará el siguiente criterio:

EN-ISO-13823	SMOGRA ≤ 30 m²/s² $TSP_{600s} \leq 50$ m²

s2

Satisfará el siguiente criterio:

EN-ISO-13823	SMOGRA ≤ 180 m²/s² $TSP_{600s} \leq 200$ m²

s3

Son productos para los que no se declara ningún comportamiento o que no cumplen los criterios s1 y s2.

A2.1.2 Clasificaciones adicionales d0, d1, d2 para gotas/partículas en llamas

Los productos A2, B, C, D obtendrán la clasificación adicional de d0, d1 o d2 en relación con la producción de gotas y/o partículas en llamas. Esta consistirá en:

d0

Cuando no se producen gotas/partículas en llamas dentro de un periodo de 600 s cuando se ensayen de forma normalizada.

d1

Cuando no se producen gotas/partículas en llamas con una persistencia inferior a 10 s dentro de un periodo de 600 s cuando se ensayen de forma normalizada.

d2

Cuando se da alguna de las siguientes circunstancias:

- No se declara ningún comportamiento del material.
- No cumple los criterios de clasificación d0 y d1.
- Inflama el papel en el ensayo de inflamabilidad.

En el caso de **productos clasificados E**, existen dos posibilidades:

- **Clasificación d2:** cuando realizando el ensayo normalizado se produce la inflamación del papel de filtro.
- **Ninguna indicación:** no se produce la inflamación del papel de filtro.

A2.2 Criterios de Clasificación para revestimientos de suelos

A2.2.1 Clasificaciones según la reacción al fuego

De acuerdo con el *Real Decreto 842/2013, de 31 de octubre, por el que se aprueba la clasificación de los productos de construcción y de los elementos constructivos en función de sus propiedades de reacción y de resistencia frente al fuego*, se establece la siguiente clasificación:

Clase $A1_{fl}$

Los productos clasificados como $A1_{fl}$ no deben contribuir ni al crecimiento del fuego, ni al fuego totalmente desarrollado y no representa peligro en la producción de humo. Por ello se supone que son capaces de satisfacer automáticamente todos los requisitos de todas las clases inferiores.

Productos homogéneos

Los productos homogéneos se considerarán de Clase $A1_{fl}$ cuando realizados dos ensayos normalizados **satisfagan a la vez** las siguientes condiciones:

EN-ISO-1716	PCS ≤ 2,0 MJ/kg
EN-ISO-1182	$\Delta T \leq 30°$ C
	$\Delta m \leq 50$ %
	$t_f = 0$ s

Productos heterogéneos

Los productos heterogéneos se considerarán de Clase $A1_{fl}$ cuando verifiquen simultáneamente:

- **Sus componentes sustanciales:** las mismas condiciones que los materiales homogéneos.

EN-ISO-1716	PCS ≤ 2,0 MJ/kg
EN-ISO-1182	$\Delta T \leq 30$ °C
	$\Delta m \leq 50$ %
	$t_f = 0$ s

- **Sus componentes no sustanciales externos:**

EN-ISO-1716	PCS $\leq$ 2,0 MJ/m^2

- **Sus componentes no sustanciales internos:**

EN-ISO-1716	PCS $\leq$ 1,4 MJ/m^2

- **El producto como un todo:**

EN-ISO-1716	PCS $\leq$ 2,0 MJ/kg

Clase A2$_{fl}$

A todos los productos de este tipo, tanto homogéneos como heterogéneos, se les aplicará el criterio siguiente:

EN-ISO-9239-1	Flujo de calor crítico $\geq$ 8,0 kW/m^2

- **Productos homogéneos**.

  Los productos homogéneos se considerarán de Clase A2$_{fl}$ cuando realizados dos ensayos normalizados **en al menos uno de ellos** se obtengan los siguientes resultados:

EN-ISO-1716	PCS $\leq$ 3,0 MJ/kg
EN-ISO-1182	$\Delta T \leq 50$ °C
	$\Delta m \leq 50$ %
	$t_f \leq 20$ s

- **Productos heterogéneos**.

  Los productos heterogéneos se considerarán de Clase A2$_{fl}$ cuando verifiquen simultáneamente:

· **Sus componentes sustanciales:** las mismas condiciones que los materiales homogéneos.

EN-ISO-1716	PCS ≤ 3,0 MJ/kg
EN-ISO-1182	$\Delta T \leq 50$ °C $\Delta m \leq 50$ % $t_f \leq 20$ s

· **Sus componentes no sustanciales externos:**

EN-ISO-1716	PCS ≤ 4,0 MJ/m²

· **Sus componentes no sustanciales internos:**

EN-ISO-1716	PCS ≤ 4 MJ/m²

· **El producto como un todo:**

EN-ISO-1716	PCS ≤ 3,0 MJ/kg

En cualquier caso, la designación irá acompañada del correspondiente símbolo que represente la producción de humo del producto.

Clase B_{fl}

Se considera que un suelo es de este tipo cuando cumple simultáneamente las siguientes condiciones:

EN-ISO-9239-1	Flujo de calor crítico ≥ 8,0 kW/m²
EN-ISO-11925-2	Bajo condiciones de ataque con llama superficial y, cuando sea necesario, ataque por la llama del borde (los productos pueden estar expuestos por el borde), con un tiempo de exposición de 15 s, no se producirá una propagación de la llama superior a 150 mm verticalmente a partir del punto de aplicación de la llama de ensayo dentro de un periodo de 20 s a contar desde el instante de la aplicación. F_S < 150 mm en 20 s

En cualquier caso, la designación irá acompañada del correspondiente símbolo que represente la producción de humo del producto.

Clase C_{fl}

Se considera que un suelo es de este tipo cuando cumple simultáneamente las siguientes condiciones:

EN-ISO-9239-1	Flujo de calor crítico ≥ 4,5 kW/m²
EN-ISO-11925-2	Bajo condiciones de ataque con llama superficial y, cuando sea necesario, ataque por la llama del borde (los productos pueden estar expuestos por el borde), con un tiempo de exposición de 15 s, no se producirá una propagación de la llama superior a 150 mm verticalmente a partir del punto de aplicación de la llama de ensayo dentro de un periodo de 20 s a contar desde el instante de la aplicación. F_S < 150 mm en 20 s

En cualquier caso, la designación irá acompañada del correspondiente símbolo que represente la producción de humo del producto.

Clase D_{fl}

Se considera que un suelo es de este tipo cuando cumple simultáneamente las siguientes condiciones:

EN-ISO-9239-1	Flujo de calor crítico ≥ 3,0 kW/m²
EN-ISO-11925-2	Bajo condiciones de ataque con llama superficial y, cuando sea necesario, ataque por la llama del borde (los productos pueden estar expuestos por el borde), con un tiempo de exposición de 15 s, no se producirá una propagación de la llama superior a 150 mm verticalmente a partir del punto de aplicación de la llama de ensayo dentro de un periodo de 20 s a contar desde el instante de la aplicación. F_S < 150 mm en 20 s

En cualquier caso, la designación irá acompañada del correspondiente símbolo que represente la producción de humo del producto.

Clase B_{fl}

Se considera que un suelo es de este tipo cuando cumple simultáneamente la siguiente condición:

EN-ISO-11925-2	Bajo condiciones de ataque con llama superficial y, cuando sea necesario, ataque por la llama del borde (los productos pueden estar expuestos por el borde), con un tiempo de exposición de 15 s, no se producirá una propagación de la llama superior a 150 mm verticalmente a partir del punto de aplicación de la llama de ensayo dentro de un periodo de 20 s a contar desde el instante de la aplicación. F_S < 150 mm en 20 s

Clase F_{fl}

Cuando no se han determinado las propiedades del suelo o no ha resultado clasificado en alguno de los grupos anteriores, el suelo recibirá la designación de F_{fl}.

A2.3 Criterio de clasificación para cables eléctricos

A partir del *Real Decreto 842/2013, de 31 de octubre, por el que se aprueba la clasificación de los productos de construcción y de los elementos constructivos en función de sus propiedades de reacción y de resistencia frente al fuego*, los cables eléctricos también tienen una clasificación coherente con la que se da a otros productos de la construcción. Esta es:

Clase $A1_{ca}$

Es un cable incombustible, que no reacciona frente al fuego, de materiales no usuales para este tipo de elementos. Los requisitos que debe cumplir para recibir esta clasificación son:

EN-ISO-1716	PCS ≤ 2,0 MJ/kg

Clase $B1_{ca}$

Son aquellos que contribuyen en muy poca medida al fuego por presentar muy baja reacción, sin apenas generación de calor y sin propagación de la llama (≤ 1,75 m). Cumplen que:

UNE-EN-60332-1-2	H ≤ 475 mm ± 5
Escenario 2 $FIPEC_{20}$	FS ≤ 1,75 m THR_{1200s} ≤ 10 MJ HRR_{max} ≤ 20 kW $FIGRA_{0,2MJ}$ ≤ 120 W/s

Este tipo de cables debe tener una clasificación adicional por producción de humo, de gotas inflamadas y acidez.

Clase $B2_{ca}$

Son materiales con muy baja contribución al fuego por su generación de calor muy baja y baja propagación de la llama (≤ 1,5 m). Los requisitos que deben verificar son:

UNE-EN-60332-1-2	H ≤ 475 mm ± 5
Escenario 2 $FIPEC_{20}$	FS ≤ 1,5 m THR_{1200s} ≤ 15 MJ HRR_{max} ≤ 30 kW $FIGRA_{0,2MJ}$ ≤ 150 W/s

Este tipo de cables debe tener una clasificación adicional por producción de humo, de gotas inflamadas y acidez.

Clase C_{ca}

Son materiales con baja contribución al fuego, reacción y generación de calor reducida. No son propagadores de la llama (≤ 2 m). Las exigencias concretas para estar en este grupo son:

UNE-EN-60332-1-2	$H \leq 475$ mm ± 5
Escenario 2 $FIPEC_{20}$	$FS \leq 2$ m $THR_{1200s} \leq 30$ MJ $HRR_{max} \leq 60$ kW $FIGRA_{0,2MJ} \leq 300$ W/s

Este tipo de cables debe tener una clasificación adicional por producción de humo, de gotas inflamadas y acidez.

Clase D_{ca}

Este cable se considera mejorado respecto a la clase siguiente. Es propagador del incendio sin llama y con emisión de calor mejorada. Los resultados de los ensayos deben ser:

UNE-EN-60332-1-2	$H \leq 475$ mm ± 5
Escenario 2 $FIPEC_{20}$	$THR_{1200s} \leq 70$ MJ $HRR_{max} \leq 400$ kW $FIGRA_{0,2MJ} \leq 1300$ W/s

Este tipo de cables debe tener una clasificación adicional por producción de humo, de gotas inflamadas y acidez.

Clase E_{ca}

Se trata de un cable con reacción al fuego básica y no propagador de la llama. Cumple que:

UNE-EN-60332-1-2	$H \leq 475$ mm ± 5

Este tipo de cables debe tener una clasificación adicional por producción de humo, de gotas inflamadas y acidez.

Clase F_{ca}

Su reacción frente al fuego no está determinada por no haberse sometido a los ensayos y, por tanto, no puede clasificarse en ninguno de los grupos anteriores.

A2.3.1 Clasificación adicional a1, a2 y a3 por acidez de los gases producidos en la combustión de los cables

Los cables combustibles, es decir, los B1ca, B2ca, Cca, Dca y Eca tienen una clasificación adicional específica de los cables además de la emisión de humo, producción de gotas y partículas inflamadas de otros elementos de la construcción. Se trata de la acidez, parámetro relacionado tanto como la toxicidad de los gases como por su capacidad de corroer equipos dotados de dispositivos electrónicos.

Las distintas clases posibles son:

a1

Satisfará el siguiente criterio:

UNE 50267-2-3	Conductividad < 2,5 µS/mm pH > 4,3

a2

Satisfará el siguiente criterio:

UNE 50267-2-3	Conductividad < 10 µS/mm pH > 4,3

a3

Son productos para los que no se declara ningún comportamiento o que no cumplen los criterios a1 y a2.

A2.3.2 Clasificación adicional s1a, s1b, s2 y s3 por los humos generados en la combustión de los cables

La clasificación de producción de humo de los cables es diferente respecto a la de otros elementos de la construcción. Aunque la designación es paralela, los requisitos son otros.

s1

Cumple las siguientes condiciones:

EN-50399	$TSP_{1200} \leq 50\ m^2$ $SPR_{max} \leq 0{,}25\ m^2/s$

Y se distinguen dos subclases dentro de este grupo:

s1a

UNE-EN-61034-2	Transmitancia ≥ 80 %

s1b

UNE-EN-61034-2	60 % ≤ Transmitancia ≤ 80 %

s2

Cumple las siguientes condiciones:

EN-50399	$TSP_{1200} \leq 400\ m^2$ $SPR_{max} \leq 1{,}5\ m^2/s$

s3

No es ni s1 ni s2.

A2.4 Tabla de Equivalencias entre la clasificación antigua y la actual

Clase exigida según norma UNE 23727:1990	Revestimientos de paredes o techos, aislamientos térmicos (no lineales) o acústicos y conductos	Productos lineales para aislamiento térmico en tuberías	Revestimiento de suelos
M0	A1 o A2-s1,d0	$A1_L$ o $A2_L$-s1,d0	$A1_{FL}$ o $A2_{FL}$-s1
M1	B-s3,d0	B_L-s3,d0	$A2_{FL}$-s2
M2	C-s3,d0	C_L-s3,d0	B_{FL}-s2
M3	D-s3,d0	D_L-s3,d0	C_{FL}-s2

A3 Clasificación de los elementos para la edificación en función del comportamiento frente al fuego

Los productos de la construcción y elementos para la edificación se clasifican en función de su comportamiento frente al fuego según la **UNE-EN 13501-2:2009** en función de si son capaces de superar determinados ensayos normalizados. Los que verifican estas pruebas reciben una designación normalizada representada por una letra o conjunto de letras que hacen referencia a la característica física que han demostrado poseer, seguida de un valor numérico que representa el tiempo expresado en minutos durante el cual mantienen esa característica.

Los periodos de clasificación en minutos son: 10, 15, 20, 30, 45, 60, 90, 120, 180, 240 o 360.

Las letras son: R, E, I, W, M, C, S, G y K, y sus significados se explican a continuación.

Capacidad portante R

Soporta durante un periodo de tiempo y sin pérdida de la estabilidad estructural, la exposición al fuego en una o más caras, bajo acciones mecánicas definidas.

- Elementos portantes sometidos a esfuerzos de flexión (suelos o cubiertas): deberán soportar una velocidad de deformación definida (tasa de flecha) y no superar un estado límite de deformación total (flecha total).
- Elementos sometidos a cargas axiales (pilares y muros): tendrán acotada la velocidad de deformación (velocidad de contracción) y se limitará la deformación real (contracción total).

Integridad E

Un elemento constructivo con función separadora de soportar la exposición al fuego en una cara sin que exista transmisión del fuego a la cara no expuesta debido al paso de las llamas o de gases calientes. Se trata de limitar la posibilidad de ignición de la cara no expuesta y/o elementos adyacentes. La integridad de un elemento se evalúa controlando los siguientes aspectos:

- La aparición de grietas de dimensiones superiores a las establecidas.
- La ignición de una almohadilla de algodón situada sobre la cara no expuesta.
- Llama mantenida en la cara no expuesta.

Cuando un material además de clasificarse por su integridad deba clasificarse por su aislamiento, el valor de la integridad se determinará por el primero que falle de los tres criterios. Si el elemento se clasifica E pero no I, el valor de la integridad será el tiempo que tarde en producirse el fallo o bien de la inflamación sostenida, o bien de las grietas.

El fallo de la capacidad portante se considera también un fallo de la integridad.

Aislamiento Térmico I

El aislamiento térmico es la aptitud de soportar la exposición al fuego en un solo lado sin que se produzca la transmisión del incendio desde el lado expuesto al no expuesto. El elemento también debe constituir una barrera para el calor suficiente para proteger a las personas próximas a él.

En general, un elemento separador recibirá la clasificación I cuando la elevación media de la temperatura de la cara no expuesta al fuego esté limitada a 140 °C por encima de la temperatura media inicial, con una elevación de la temperatura máxima en cualquier punto limitada a 180 °C por encima de la temperatura media inicial.

Existen dos niveles de clasificación del aislamiento térmico para el caso de puertas, ventanas y cierres y montajes de los sistemas de transporte:

- I_1: La elevación de la temperatura media en la cara no expuesta del elemento no supera 140 °C por encima de la temperatura media inicial, con una elevación de la temperatura máxima en cualquier punto limitada a 180 °C. No deben tenerse en cuenta puntos situados a menos de 25 mm del límite visible de la hoja. La elevación de la temperatura en cualquier punto del marco debe limitarse a 180 °C.

- I_2: La elevación de la temperatura media en la cara no expuesta del elemento no supera 140 °C por encima de la temperatura media inicial, con una elevación de la temperatura máxima en cualquier punto limitada a 180 °C. No deben tenerse en cuenta puntos situados a menos de 100 mm del límite visible de la hoja. La elevación de la temperatura en cualquier punto del marco medido al menos a 100 mm de la hoja, debe limitarse a 360 °C.
- Cuando un elemento no pueda clasificarse ni como I_1 ni como I_2 recibirá la clasificación I.

Radiación W

Es la aptitud del elemento constructivo de soportar la exposición al fuego en una sola cara disminuyendo la posibilidad de transmisión del fuego a la cara no expuesta mediante radiación de calor del elemento.

Acción mecánica M

Es la aptitud del elemento de soportar impactos y trata de prever el desmoronamiento del elemento debido al golpe recibido en la caída de otro elemento sobre él en caso de incendio.

Cierre automático C

Es la aptitud de una puerta o ventana para cerrarse completamente sobre su marco y enganchar cualquier dispositivo con pasador que pueda estar instalado, sin intervención humana, mediante la energía almacenada, o mediante la red de suministro de energía eléctrica respaldada por la energía almacenada en caso de fallo de energía eléctrica. De acuerdo con la Norma EN 14600, existen diferentes niveles de cierre automático que se designan de C0 a C5.

Estanqueidad ante el humo S

Es la capacidad de un elemento para reducir o eliminar el paso de los gases o del humo a través de él. Se distingue entre:

- S_a: estanquidad ante el humo a temperatura ambiente.
- S_m: estanqueidad tanto a temperatura ambiente como a 200 °C.

Resistencia al fuego de hollín G

Es una clasificación que pueden recibir las chimeneas y sus productos asociados y significa que son capaces de resistir este tipo de fuego, incluyendo aspectos de estanqueidad y aislamiento térmico.

Aptitud de protección ante el fuego K

Es la aptitud que tiene un revestimiento de pared o de techo para proporcionar protección frente a la ignición, carbonización y otros daños del material que se encuentre detrás del revestimiento, durante un periodo de tiempo especificado. Existen dos niveles: K_1 y K_2.

A4. Recintos Protegidos y Locales de riesgo especial según CTE

En la CPI-96 se hablaba de recinto protegido, terminología que ha cambiado en el Código Técnico de la Edificación, diferenciándose entre **Escalera Protegida, Escalera Especialmente protegida** y **Pasillo Protegido**. A continuación se resumen las condiciones que debe satisfacer cada uno de estos elementos, así como en qué condiciones reciben esta consideración.

A4.1 Escalera Protegida

Se trata de una escalera continua que, en caso de incendio, constituye un recinto suficientemente seguro donde los ocupantes pueden permanece un determinado tiempo. La consideración de protegida se exige en función de su altura y del tipo de uso que se da al edificio en la cual se ubica. La siguiente tabla expone en que casos adquiere esta condición:

<table>
<tr><th colspan="2">Uso previsto</th><th>No protegida</th><th>Protegida</th><th>Especialmente protegida</th></tr>
<tr><td colspan="2">Residencial Vivienda</td><td>h ≤ 14 m</td><td>h ≤ 28 m</td><td rowspan="7">Se admite en todo caso</td></tr>
<tr><td colspan="2">Administrativo, docente</td><td>h ≤ 14 m</td><td>h ≤ 28 m</td></tr>
<tr><td colspan="2">Comercial, Pública concurrencia</td><td>h ≤ 10 m</td><td>h ≤ 20 m</td></tr>
<tr><td colspan="2">Residencial Público</td><td>Baja más una</td><td>h ≤ 28 m</td></tr>
<tr><td rowspan="2">Hospitalario</td><td>Zonas hospitalización intensiva</td><td>No se admite</td><td>h ≤ 14 m</td></tr>
<tr><td>Otras zonas</td><td>h ≤ 10 m</td><td>h ≤ 20 m</td></tr>
<tr><td colspan="2">Aparcamiento</td><td>No se admite</td><td>No se admite</td></tr>
</table>

En el caso particular de **escaleras para evacuación ascendente** las condiciones para que se adquiera esta condición se resumen en la tabla siguiente:

<table>
<tr><th colspan="2">Uso previsto</th><th>No protegida</th><th>Protegida</th><th>Especialmente protegida</th></tr>
<tr><td colspan="2">Uso Aparcamiento</td><td>No se admite</td><td>No se admite</td><td rowspan="4">Se admite en todo caso</td></tr>
<tr><td rowspan="3">Otro uso</td><td>$h \leq 28$ m</td><td>Se admite en todo caso</td><td rowspan="3">Se admite en todo caso</td></tr>
<tr><td>$2{,}80 < h \leq 6$ m</td><td>$P \leq 100$ personas</td></tr>
<tr><td>$h > 6$ m</td><td>No se admite</td></tr>
</table>

donde:

h → altura de evacuación de la escalera.

P → número de personas a las que sirve el conjunto de plantas.

Además de las condiciones exigibles a toda escalera, en el caso de un Edificio de Viviendas, las escaleras protegidas deben cumplir:

- Se destina exclusivamente a la circulación y está compartimentada del resto del edificio mediante elementos separadores EI 120.
- Dispone como máximo de dos accesos desde cada planta con puertas EI_2 60-C5 y desde espacios de circulación comunes y sin ocupación propia.
- En la planta de salida del edificio la longitud del recorrido desde la puerta de salida del recinto de la escalera, o en su defecto desde el desembarco de la misma, hasta una salida de edificio no debe exceder de 15 m, excepto cuando dicho recorrido se realice por un sector de riesgo mínimo, en cuyo caso dicha longitud debe ser la que con carácter general se establece para cualquier origen de evacuación de dicho sector.
- El recinto cuenta con protección frente al humo mediante una de las siguientes opciones:
    - · Ventilación natural mediante ventanas o huecos de al menos 1 m^2 en cada planta.
    - · Ventilación mediante conductos exclusivos e independientes de entrada y de salida de aire que verifican:
        - La superficie de la sección útil total tanto en la entrada como en la salida del aire, es de 50 cm^2 por cada m^3 de recinto.

- Las rejillas tienen igual forma y superficie que el conducto en el que se acoplan.
- Las rejillas de entrada de aire se disponen a menos de 1 m del suelo y las de salida se colocan enfrentadas a las anteriores y a una altura mínima de 1,80 m.

· Sistema de presión diferencial conforme a EN 12101-6:2005.

Si además de todas estas condiciones dispone de un vestíbulo de independencia diferente en cada uno de sus accesos desde cada planta, la escalera tendrá la consideración de **Escalera Especialmente Protegida**.

A4.2 Pasillo Protegido

Es aquel que en caso de incendio resulta lo suficientemente seguro para que los ocupantes puedan permanecer en él durante un tiempo determinado. Se considerará como tal un pasillo que además de cumplir con las condiciones de seguridad exigibles a todo pasillo, reúne también condiciones de seguridad equivalentes a las de una escalera protegida. Esto es:

- Su trazado es continuo y permite la circulación por él hasta una escalera protegida o especialmente protegida, hasta un sector de riesgo mínimo o hasta un punto situado a 15 m como máximo de una salida del edificio.
- La ventilación garantiza la protección frente al humo mediante las siguientes opciones:

  · Ventilación natural mediante ventanas o huecos con superficie de ventilación como mínimo $0{,}2 \cdot L\ m^2$, siendo *L* la longitud del pasillo en *m*.

  · Ventilación mediante conductos exclusivos e independientes de entrada y salida de aire que cumplirán:

    - Las rejillas de entrada de aire se disponen a menos de 1 m del suelo en un paramento del pasillo.
    - Las rejillas de salida se colocan en el otro paramento a una altura mínima de 1,80 m del suelo y separadas 10 m de las rejillas de entrada.

A4.3 Locales de Riesgo Especial Bajo

El DB-SI considera que tanto los locales para albergar contadores como los de los centros de transformación, independientemente de sus dimensiones, deben considerarse como locales de riesgo especial bajo. Esto supone que deben reunir unas características constructivas específicas que garanticen la seguridad en caso de incendio. La siguiente tabla expone dichas características:

Característica	Condiciones mínimas
Resistencia al fuego de la estructura portante.	R 90
Resistencia al fuego de las paredes y techos que separan la zona del resto de edificio.	EI 90
Vestíbulo de independencia en cada comunicación de la zona.	No es necesario
Puertas de comunicación con el resto del edificio.	EI_2 45-C5
Máximo recorrido hasta una salida del local.	≤ 25 m
Reacción al fuego de los elementos constructivos de techos y paredes.	B-s1,d0
Reacción al fuego de los elementos constructivos de los suelos.	B_{fl}-s2

Anexo II - Infraestructura para la recarga de vehículos eléctricos

A2.1 Introducción

El desarrollo progresivo de los vehículos eléctricos ha provocado la necesidad de dotar a los edificios de viviendas y a las viviendas unifamiliares de la infraestructura necesaria para la recarga de las baterías de estos vehículos. Desde el punto de vista técnico, dicho proceso de recarga tiene dos condicionantes básicos: una necesidad de potencia elevada y que la recarga se lleve a cabo asegurando la protección del usuario.

La recarga de un vehículo eléctrico se puede realizar en cuatro modos de carga según la norma UNE-EN 61851-1 aunque por lo que atañe a viviendas unifamiliares y edificios de viviendas son de interés el Modo 2 y el Modo 3 cuyas características se indican a continuación:

- Modo 2: la carga se realiza en corriente alterna monofásica o trifásica utilizando tomas de corriente estándar de hasta 32 A.
- Modo 3: la carga se realiza utilizando un equipo específico de carga denominado Sistema de alimentación específico del vehículo eléctrico (SAVE). El SAVE implementa funciones de control del proceso de carga y de seguridad eléctrica. La carga se realiza en corriente alterna monofásica o trifásica de hasta 63 A.

Para definir las características de la infraestructura de recarga de vehículos eléctricos se publicó en el año 2014, el Real Decreto 1053/2014 por el que se aprueba una nueva Instrucción Técnica Complementaria del Reglamento electrotécnico para baja tensión ITC- BT-52 «Instalaciones con fines especiales. Infraestructura para la recarga de vehículos eléctricos». En esta ITC se definen las características que deben cumplir las instalaciones de baja tensión necesarias para la recarga de vehículos eléctricos.

A2.2 Esquemas de instalación en edificios de viviendas

La ITC-BT-52 establece una serie de esquemas de instalación para la recarga de vehículos eléctricos. Por lo que afecta a edificios de viviendas se consideran tres esquemas diferentes:

1. Esquema colectivo o troncal con un contador principal en el origen de la instalación.
2. Esquema individual con un contador común para la vivienda y la estación de recarga.
3. Esquema individual con un contador para cada estación de recarga.

El esquema colectivo o troncal supone que de la centralización de contadores salgan líneas exclusivas de recarga que sean comunes a varios puntos de recarga. Según cómo se ejecute el diseño o ampliación de la centralización de contadores y la disposición de los contadores primarios y secundarios se consideran tres tipos de esquema mostrados en las Figuras AII.1, AII.2 y AII.3.

El esquema 1a se utiliza cuando existen suficientes módulos de reserva en la centralización de contadores existente o es posible ampliarla. Si no existe espacio suficiente para los nuevos contadores se dispondrán una o varias centralizaciones adicionales en nuevos armarios o locales (esquema 1b). El esquema 1c se utiliza cuando cada una de las líneas de salida de la centralización alimenta a un único punto de recarga y el contador principal y los contadores secundarios se disponen en la propia centralización.

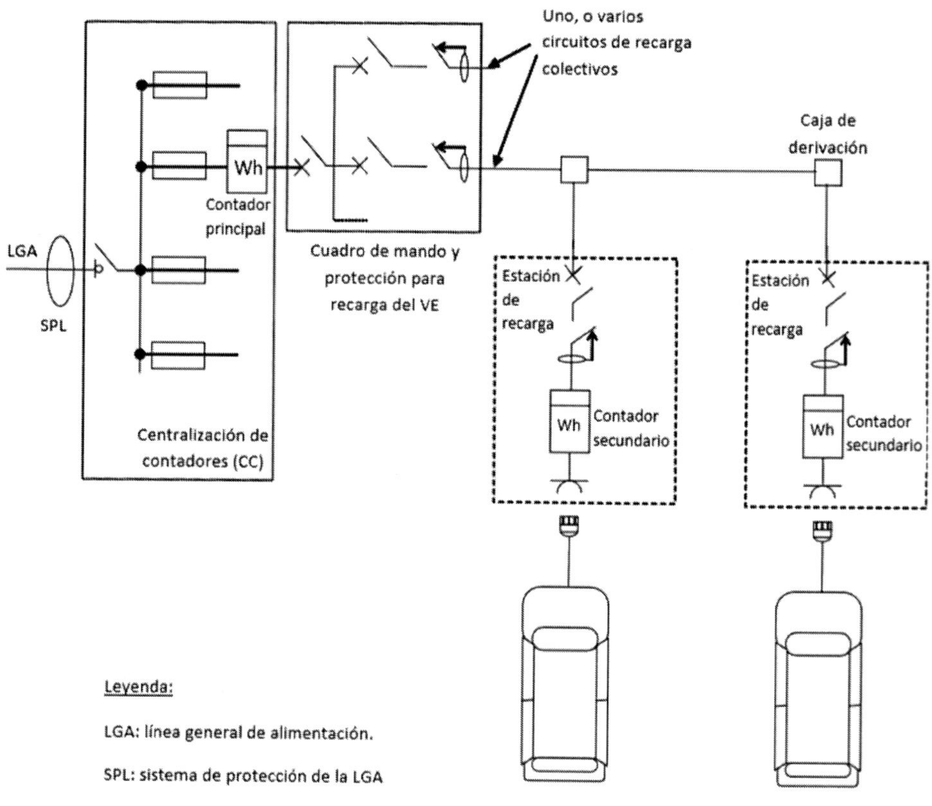

Figura AII.1. Esquema 1a: instalación colectiva troncal con contador principal en el origen de la instalación y contadores secundarios en las estaciones de recarga

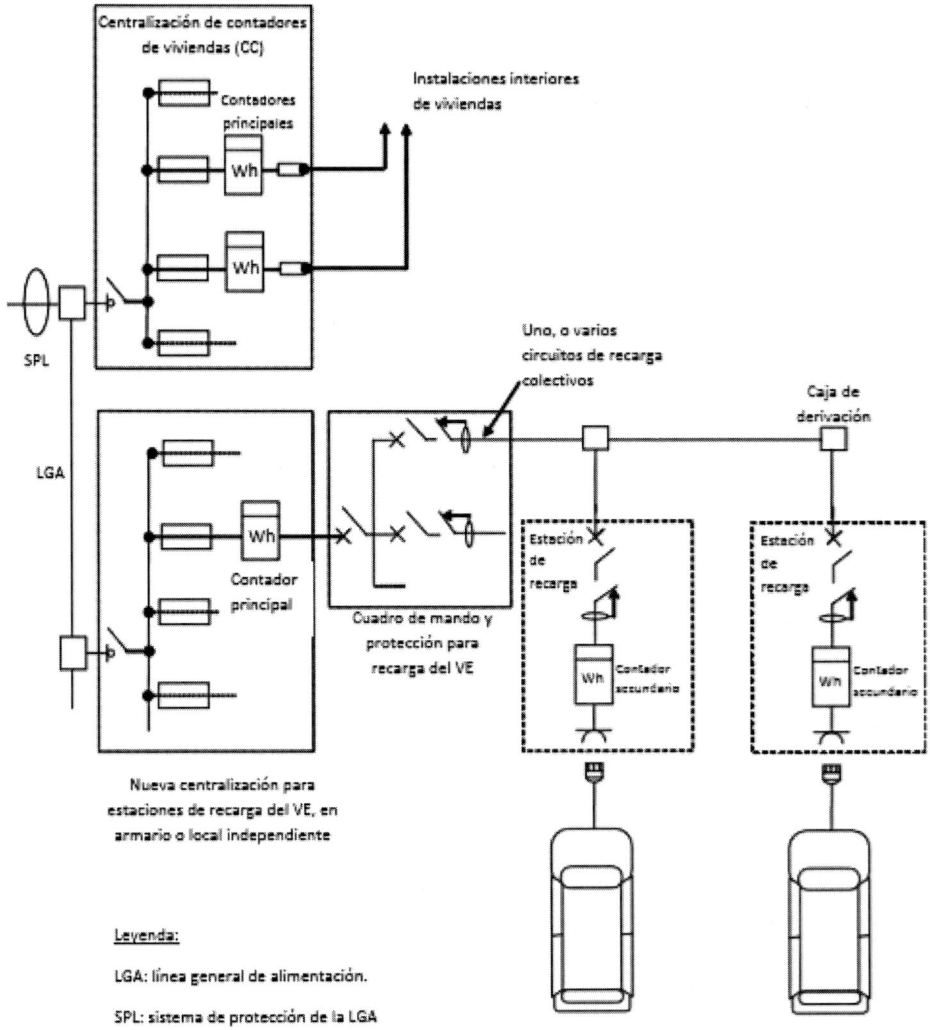

Figura AII.2. *Esquema 1b: instalación colectiva troncal con contador principal en origen de la instalación y contadores secundarios en las estaciones de recarga (con nueva centralización de contadores para recarga VEHÍCULO ELÉCTRICO)*

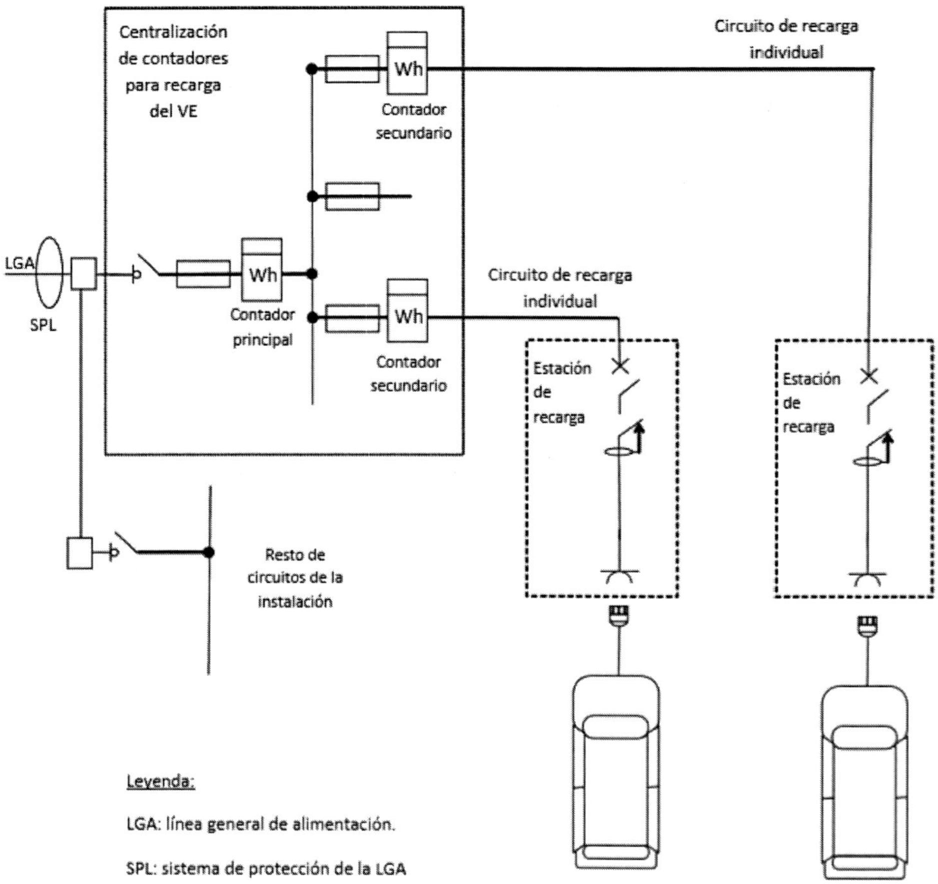

Figura AII.3. *Esquema 1c: instalación colectiva con un contador principal y contadores secundarios individuales para cada estación de recarga*

El esquema 2 (esquema individual con un contador común para la vivienda y la estación de recarga) se utiliza cuando se desea utilizar el contador principal de la vivienda para medir también el consumo correspondiente a la recarga sin distinguir consumos. En este caso se debe comprobar que el fusible de la centralización protege contra corrientes de cortocircuito tanto a la derivación individual como al circuito de recarga. El esquema 2 se representa en la Figura AII.4.

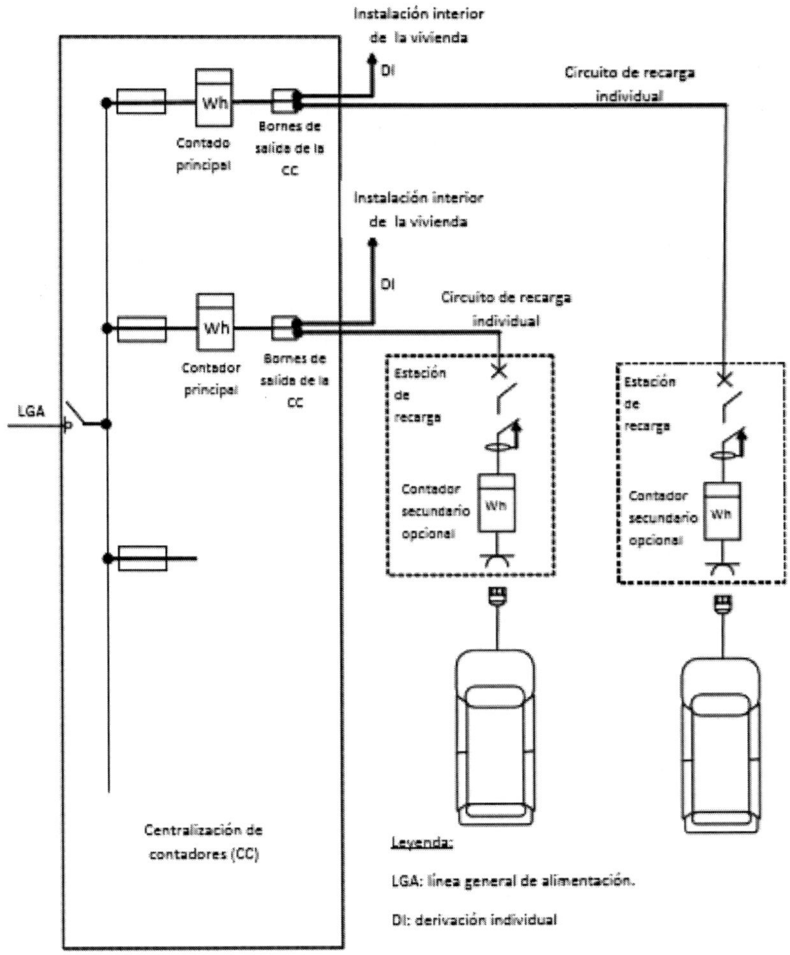

Figura AII.4. *Esquema 2: instalación individual con un contador principal común para la vivienda y para la estación de recarga*

El esquema 3 (esquema individual con un contador para cada estación de recarga) se utiliza cuando se desea independizar la medida del consumo correspondiente a la recarga de la medida correspondiente a la vivienda, por ejemplo, cuando no hay una correspondencia directa entre vivienda y plaza de aparcamiento. Se consideran dos tipos de esquema mostrados en las Figuras AII.5 y AII6 de forma que su elección depende de la disponibilidad de módulos de reserva en la centralización existente. En el esquema 3a se utilizan los módulos de reserva disponibles pero, si no existen suficientes módulos, se puede ampliar la centralización existente. En el caso de que lo anterior no sea suficiente se puede disponer de una o varias centralizaciones nuevas en armarios o locales según el esquema 3b.

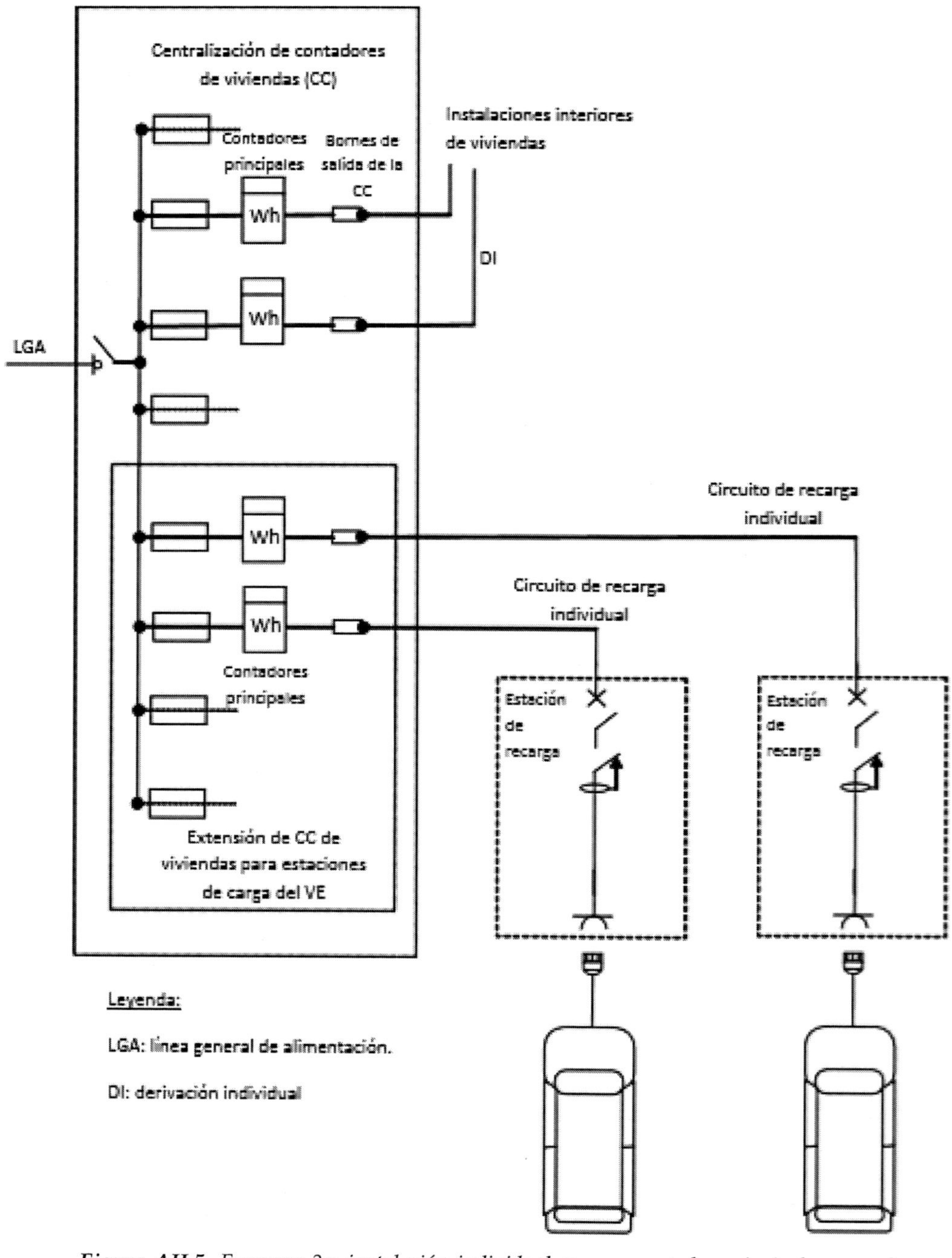

Figura AII.5. *Esquema 3a: instalación individual con un contador principal para cada estación de recarga (utilizando la centralización de contadores existente)*

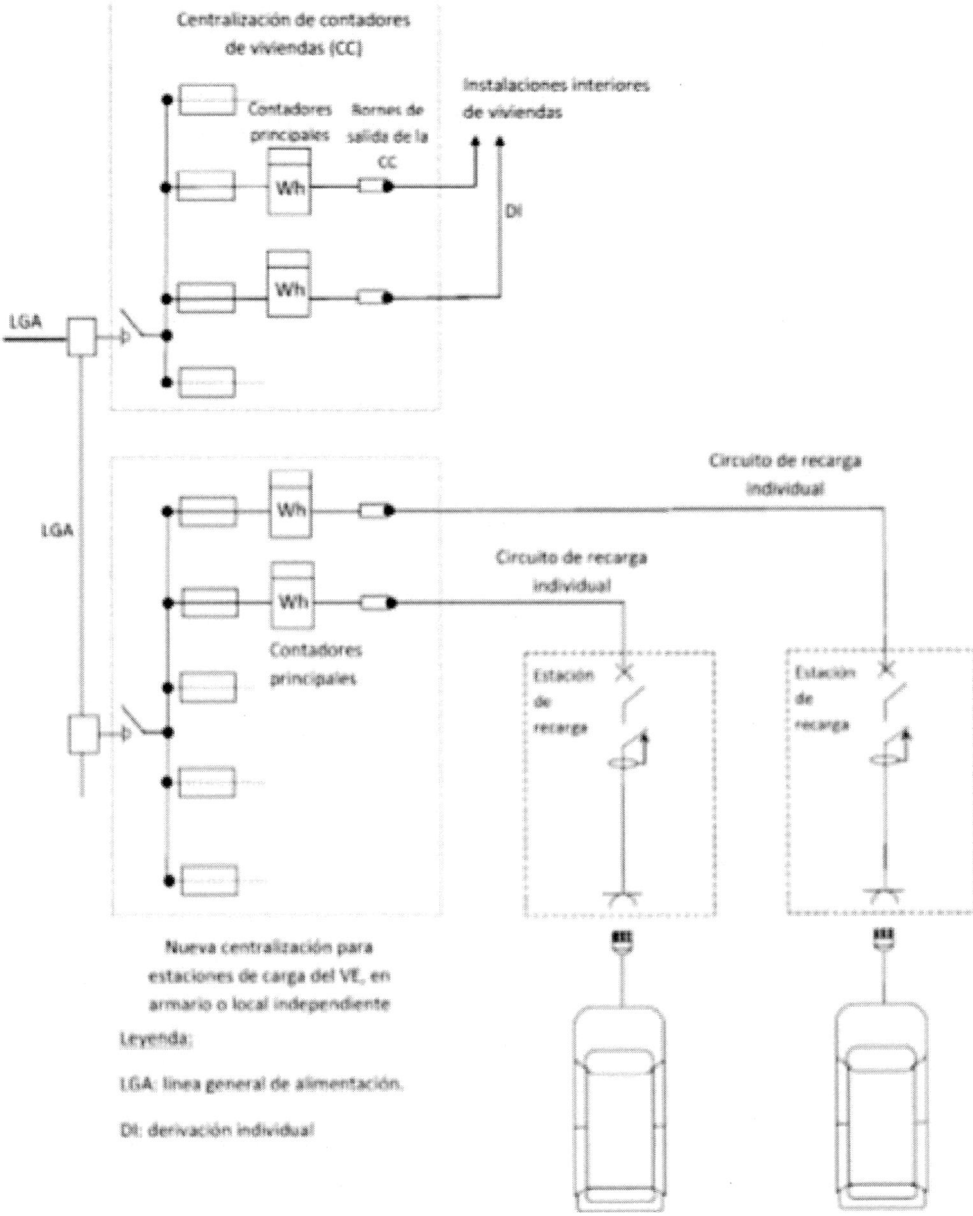

Figura AII.6. *Esquema 3b: instalación individual con un contador principal para cada estación de recarga (con una nueva centralización de contadores)*

De acuerdo a la ITC-BT-52 las instalaciones en edificios de nueva construcción han de dotarse de una preinstalación para la recarga de vehículos eléctricos, con el objeto de facilitar la utilización posterior de cualquiera de los posibles esquemas de instalación. Para ello han de preverse los siguientes elementos:

a) Instalación de sistemas de conducción de cables desde la centralización de contadores y por las vías principales del aparcamiento o estacionamiento con objeto de poder alimentar posteriormente las estaciones de recarga que se puedan ubicar en las plazas individuales del aparcamiento, mediante derivaciones del sistema de conducción de cables de longitud inferior a 20 m. Los sistemas de conducción de cables se dimensionarán de forma que permitan la alimentación de al menos el 15% de las plazas mediante cualquiera de los esquemas posibles de instalación.

b) La centralización de contadores se dimensionará de acuerdo al esquema eléctrico escogido para la recarga del vehículo eléctrico y según lo establecido en la ITC-BT-16. Se instalará como mínimo un módulo de reserva para ubicar un contador principal, y se reservará espacio para los dispositivos de protección contra sobreintensidades asociados al contador, bien sea con fusibles o con interruptor automático.

La ITC-BT-52 establece igualmente las condiciones generales que deben cumplir las instalaciones de recarga correspondientes a los esquemas 1,2 y 3 y que se resumen a continuación:

- Los circuitos de recarga colectivos discurrirán preferentemente por zonas comunes.
- Los contadores principales se ubicarán en el propio local o armario destinado a albergar la concentración de contadores o, en caso que no se disponga de espacio suficiente, se habilitará un nuevo local o armario al efecto.
- Cuando se instalen contadores secundarios, éstos se ubicarán en un armario, en una envolvente o dentro de un SAVE.
- Se admitirá que la línea general de alimentación tenga derivaciones de menor sección si se garantiza la protección de dichas derivaciones contra sobreintensidades. Para tal fin, en los esquemas 1b, 1c y 3b, se podrán incluir en la caja de derivación las protecciones necesarias con fusibles o interruptor automático.
- Cuando se instale un circuito de recarga colectivo que alimente a varias estaciones de recarga (según el esquema 1a o 1b), cada circuito partirá de un interruptor automático para su protección contra sobrecargas y cortocircuitos. Aguas arriba de cada inte-

rruptor automático y en el mismo cuadro se instalará un IGA (interruptor general automático) para la protección general de todos los circuitos de recarga.

- La caída de tensión máxima admisible en cualquier circuito desde su origen hasta el punto de recarga no será superior al 5 %. Los conductores utilizados serán generalmente de cobre y su sección no será inferior a 2,5 mm^2.
- El circuito que alimenta el punto de recarga debe ser un circuito dedicado y no debe usarse para alimentar ningún otro equipo eléctrico salvo los consumos auxiliares relacionados con el propio sistema de recarga, entre los que se puede incluir la iluminación de la estación de recarga.
- La instalación fija para la recarga del vehículo eléctrico deberá contar con las bases de toma de corriente que corresponda según el modo de carga y ubicación de la estación de recarga de forma que se evite la utilización de prolongadores o adaptadores por parte de los usuarios de los servicios de recarga.
- La protección de las instalaciones de los equipos eléctricos debe asegurarse mediante dispositivos de protección diferencial. Cada punto de conexión deberá protegerse individualmente mediante un dispositivo de protección diferencial de corriente diferencial-residual asignada máxima de 30 mA, que podrá formar parte de la instalación fija o estar dentro del SAVE. Con objeto de garantizar la selectividad la protección diferencial instalada en el origen del circuito de recarga colectivo será selectiva o retardada con la instalada aguas abajo. Los dispositivos de protección diferencial serán de clase A.
- Los circuitos de recarga, hasta el punto de conexión, deberán protegerse contra sobrecargas y cortocircuitos con dispositivos de corte omnipolar, curva C. Cada punto de conexión deberá protegerse individualmente. Esta protección podrá formar parte de la instalación fija o estar dentro del SAVE.
- Todos los circuitos deben estar protegidos contra sobretensiones temporales y transitorias. Los dispositivos de protección contra sobretensiones transitorias deben ser instalados en la proximidad del origen de la instalación o en el cuadro principal de mando y protección, lo más cerca posible del origen de la instalación eléctrica en el edificio.

A2.3 Esquemas de instalación en viviendas unifamiliares

En el caso de una vivienda unifamiliar con aparcamiento se utiliza según ITC-BT-52 un circuito específico para la recarga (esquema 4a) denominado C_{13} tal como se muestra en la Figura AII.7.

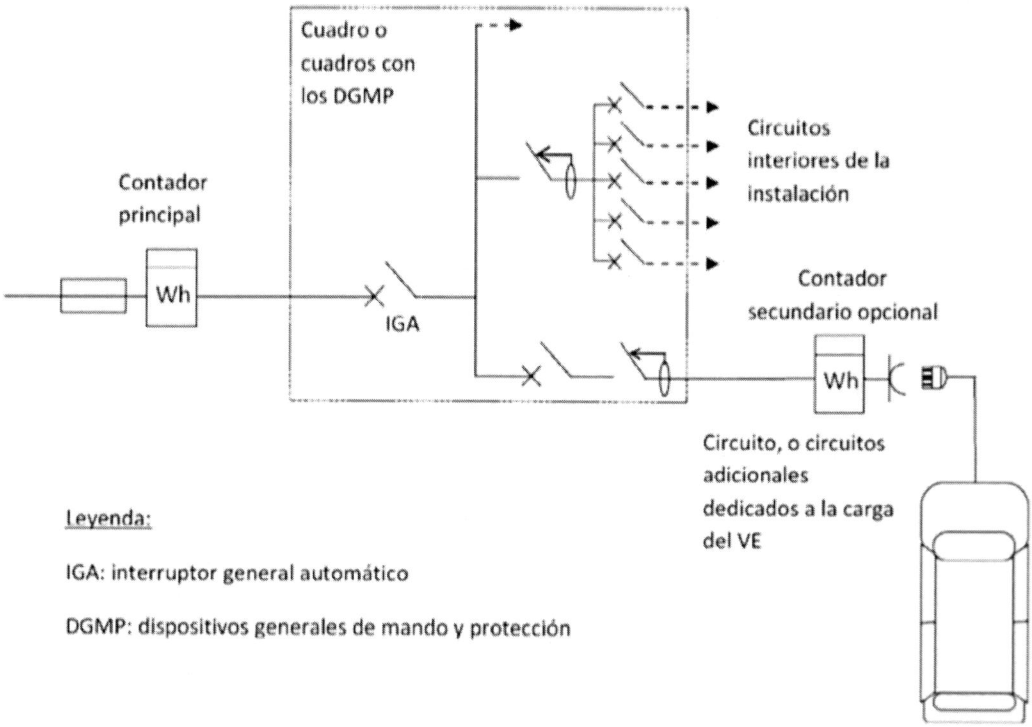

Figura AII.7. *Esquema 4a: instalación con circuito adicional individual para la recarga del VEHÍCULO ELÉCTRICO en viviendas unifamiliares*

La alimentación del circuito C_{13} puede ser monofásica o trifásica y la potencia instalada se escoge en general de alguno de los escalones de la Tabla AII.1.

Tabla AII.1. *Potencias instaladas normalizadas en un circuito de recarga para una vivienda unifamiliar*

$U_{nominal}$	Interruptor automático de protección en el origen del circuito	Potencia instalada	Estaciones de recarga por circuito
230 V	10 A	2.300 W	1
	16 A	3.680 W	1
	20 A	4.600 W	1
	32 A	7.360 W	1
	40 A	9.200 W	1
230/400 V	16 A	11.085 W	de 1 a 3
	20 A	13.856 W	de 1 a 4
	32 A	22.170 W	de 1 a 6
	40 A	27.713 W	de 1 a 8

Las condiciones de instalación del nuevo circuito en cuanto a dimensionado y protección son equivalentes a las del resto de circuitos de la vivienda.